节水型社会建设的理论与实践研究

郭晓东 著

科学出版社
北京

内 容 简 介

　　本书是面向国家节水型社会建设战略需求，着眼于社会、经济、制度、政策、技术等多重视角，系统深入研究中国节水型社会建设理论问题和现实问题的一本专著。全书主要内容包括节水型社会建设的研究背景；节水型社会建设的理论基础与研究进展；中国节水型社会建设的实践探索；甘肃河西地区节水型社会建设实践及理论分析；促进节水型社会建设的思路与对策。整体上贯穿了"理论-实证"的研究思路，突出了节水型社会建设基本问题研究的系统性、理论性和可实践性。本书资料翔实、逻辑清晰、分析透彻、观点鲜明。可为中国节水型社会建设实践和经济社会转型发展提供科学决策依据，对于拓展资源环境管理与可持续发展理论研究也具有重要的意义。

　　本书可作为高等院校及科研院所公共管理学、人文地理学、经济学、社会学、资源环境科学等学科的教学和参考书目，也可供水资源管理、区域发展、产业规划等领域的研究人员和政府管理部门使用。

图书在版编目（CIP）数据

节水型社会建设的理论与实践研究 / 郭晓东著. —北京：科学出版社，2018.1

ISBN 978-7-03-056234-0

Ⅰ.①节… Ⅱ.①郭… Ⅲ.①节约用水–研究–中国 Ⅳ.①TU991.64

中国版本图书馆 CIP 数据核字（2017）第 323804 号

责任编辑：刘　超 / 责任校对：彭　涛
责任印制：张　伟 / 封面设计：无极书装

科 学 出 版 社 出版
北京东黄城根北街 16 号
邮政编码：100717
http://www.sciencep.com

北京九州迅驰传媒文化有限公司 印刷
科学出版社发行　各地新华书店经销

*

2018 年 1 月第 一 版　开本：B5（720×1000）
2018 年 1 月第一次印刷　印张：15 1/2
字数：305 000

定价：138.00 元
（如有印装质量问题，我社负责调换）

前　言

21 世纪，人类已进入了一个水资源危机时代。水资源已成为 21 世纪的全球性问题。有关资料表明，目前全球约 60%的大陆面积淡水资源不足，有 100 多个国家严重缺水，20 多亿人口饮用水紧缺，近 80%的人口受到水荒的威胁。

节水型社会（WSS）是水资源集约高效利用、经济社会快速发展、人与自然和谐相处的社会，是人们在生活和生产过程中，在水资源开发利用的各个环节，贯穿对水资源的节约和保护意识，在政府、用水单位和公众的共同参与下，通过法律、行政、经济、技术和工程等措施，实现全社会用水的高效合理的社会形态。节水型社会建设是一场涉及生产力和生产关系的革命，是人类应对水危机的必然选择，具有广泛和深刻的内涵。

我国是世界上水资源严重短缺的国家之一，人均水资源量仅为 2200m^3，约为世界人均水平的 1/4；我国北方地区人均水资源量仅为 990m^3，不足世界人均水平的 1/8。随着人口的增长和社会经济的发展，我国水资源短缺的矛盾日益加剧，水资源利用情势日益严峻。然而，在水资源严重短缺的现实背景下，我国却存在着严重的水资源浪费现象，用水方式粗放，用水结构不合理，用水效率极为低下，日益严重的水污染更是加剧了水资源短缺的矛盾。河西地区位于甘肃省西北部，水资源总量为 74.8 亿 m^3，人均水资源量为 1145m^3，是全国人均水资源量的 50%。由于水资源短缺，河西地区用水矛盾十分突出。然而，河西地区用水结构不合理及用水浪费的现象十分突出，用水效率远低于全国平均水平。水资源利用效率的低下与水资源供需矛盾的加剧，严重影响到河西地区经济社会的可持续发展。

本书以节水型社会建设为研究内容，以全国节水型社会建设试点城市及甘肃省河西地区为实证研究区域，从社会、经济、制度、政策、技术等多重视角，运用理论分析与实证研究相结合、定性分析与定量分析相结合的研究方法，对节水型社会建设的理论和实践进行了系统分析与综合研究，对节水型社会的基本内涵及节水型社会建设的基本框架进行了解析和探讨。在理论探讨方面，本书对节水型社会建设的相关理论基础进行了总结分析，并对国内外相关研究进行了全面梳理和系统分析；在实践研究方面，本书选取 21 世纪以来我国不同区域和类型的国家节水型社会建设试点城市，对国家节水型社会建设试点实践的主要做法和经验进行了总结分析；本书在对社会水循环的概念与基本环节进行分析的基础上，对甘肃省河西地区的社会水循环过程及其现状特征进行了深入分析，并对河西地区的自然条件和社会经济发展状况、节水型社会建设所采取的主要措施及其节水效果、各行业节水潜力、节水型社会建设的主要影响因素等问题进行了系统深入的分析。在对各种节水措施的节水效果及农业节水潜力、工业节水潜力、生活节水潜力及综合节水潜力的计算分析和对经济发展规模与结构、人口规模与城镇化、水价、农作物的价值与市场规模等主要节水影响因素的分析中，本书以定量分析为基础，结合区域实际进行具体分析和理论总结，提出了反映水价与需水量变化关系的水需求曲线、农作物的价值及市场规模与节水技术应用关系等基本理论分析框架。根据国家节水型社会建设实践及甘肃省河西地区节水型社会建设中面临和存在的主要问题，本书提出了新时期促进我国节水型社会建设的对策措施与建议。

本书是在中国科学院咨询项目"中国水问题研究"子课题"我国北方重点区域水资源承载力与节水型社会建设"的基础上完成的，在研究过程中得到了中国科学院地理科学与资源研究所陆大道院士、刘卫东研究员、刘慧研究员、陈明星副研究员和西北师范大学白永平教授的直接指导和帮助，在实地调研过程中得到了甘肃省发展和改革委员会、辽宁省发展和改革委员会及武威市、张掖市、沈阳市、抚顺市水务局、节水办、发改委、农业局、林业局、统计局等部门的大力支持和帮助，在此一并表示衷心的感谢！

在本书写作过程中，参考了许多专家的论著和科研成果，并使用了大量统计数据，书中对引用部分作了注明，但仍恐有疏漏之处，诚请包涵。由于作者水平有限，书中定有许多尚待完善之处，恳请同行专家提出宝贵的意见和建议！

郭晓东

2017 年 10 月于兰州大学

目　录

3.2　节水型社会建设试点的实践 ··· 101
　　3.2.1　全国首批节水型社会建设试点城市的实践探索 ······················· 102
　　3.2.2　福建莆田节水型社会建设的实践探索 ··································· 106
　　3.2.3　广东东莞节水型社会建设的实践探索 ··································· 109
　　3.2.4　安徽铜陵节水型社会建设的实践探索 ··································· 112
　　3.2.5　湖北鄂州节水型社会建设的实践探索 ··································· 114
　　3.2.6　河北廊坊节水型社会建设的实践探索 ··································· 117
　　3.2.7　内蒙古鄂尔多斯节水型社会建设的实践探索 ······················· 119
　　3.2.8　陕西榆林节水型社会建设的实践探索 ··································· 121
　　3.2.9　甘肃庆阳节水型社会建设的实践探索 ··································· 123
　　3.2.10　宁夏节水型社会建设的实践探索 ······································· 125

| 第 4 章 |　甘肃河西地区节水型社会建设实践及理论分析 ······················· 129
4.1　区域自然条件与社会经济发展状况 ·· 129
　　4.1.1　自然条件 ·· 129
　　4.1.2　社会经济概况 ··· 141
　　4.1.3　河西地区水资源情势与开发利用现状 ································· 143
4.2　河西地区社会水循环分析 ··· 143
　　4.2.1　社会水循环的概念与基本环节 ·· 143
　　4.2.2　河西地区社会水循环过程及其现状特征 ······························· 146
4.3　河西地区节水型社会建设的主要措施 ·· 158
　　4.3.1　管理制度改革 ··· 158
　　4.3.2　产业结构调整 ··· 159
　　4.3.3　工程技术措施 ··· 160
4.4　河西地区节水型社会建设的节水效果分析 ····································· 161
　　4.4.1　各种节水措施的节水效果 ··· 161
　　4.4.2　综合节水效果分析 ··· 169
4.5　河西地区各行业节水潜力分析 ··· 170
　　4.5.1　农业节水潜力 ··· 171
　　4.5.2　工业节水潜力 ··· 172
　　4.5.3　城镇生活节水潜力 ··· 173
　　4.5.4　河西地区总节水潜力分析 ··· 174
4.6　节水型社会建设的主要影响因素分析 ·· 175
　　4.6.1　经济发展规模及结构 ·· 176
　　4.6.2　人口规模与城镇化 ··· 181

|第 1 章| 节水型社会建设的研究背景

　　21 世纪，人类已进入了一个水资源危机时代，水资源已成为 21 世纪全球性的问题。世界各地主要河流正以惊人的速度走向干涸，滋养着人类文明的河流在许多地方被掠夺式开发利用，加上工业活动造成的全球变暖，城市化及集约农业的发展，未来的水资源已受到严重威胁，全球 500 条主要河流中至少有一半严重枯竭或被污染；工业化、城市化和集约农业的迅速发展，使许多水域和河流受到严重污染，每天有 200 万 t 的垃圾被倾倒入水中，包括工业、化学、农业废物等。河流生态系统的"恶化和中毒"已"威胁到依赖河流来灌溉、饮用及用作工业用水的人们的健康与生计"。更加严重的情况是，1/5 的淡水鱼类已经或正濒临灭绝，河流的枯竭将对人类、动物以及地球生态系统造成一系列毁灭性影响；气候变化引发一些地区的水文异常，洪水、干旱、泥石流、台风等将可能增加，而河流在枯水期的流量将可能进一步减小，水质不断恶化。

1.1　全球水资源及开发利用现状

　　地球上的水资源，从广义上来说是指水圈内的水量总体。海水难以直接利用，因而我们所说的水资源主要指陆地上的淡水资源。通过水循环，陆地上的淡水得以不断更新、补充，满足人类生产、生活需要。事实上，陆地上的淡水资源总量只占地球上水资源总量的 2.53%，而且大部分主要分布在南北两极地区的固体冰川。虽然科学家正在研究冰川的利用方法，但在目前技术条件下还无法大规模利用。除此之外，地下水的淡水储量也很大，但绝大部分是深层地下水，开采利用的也很少。人类目前比较容易利用的淡水资源，主要是河流水、淡水湖泊水以及浅层地下水。这些淡水储量只占全部淡水资源总量的 0.3%，占全球总水资源量的 7/100 000，即全球真正有效利用的淡水资源每年约为 9000km^3。从全球水资源具体数量来看，全球海洋总储水量为 13.38 亿 km^3，占全球总水资源量的 96.53%；南极、北极和高山地区冰川积雪的储水量约为 0.24 亿 km^3，占全球总水资源量的 1.74%；全球地下水约为 0.23 亿 km^3，占全球总水资源量的 1.69%；存在于陆地河流、湖泊、沼泽等地表水体中的储水量约为 50.6 万 km^3，占全球总水资源量的 0.04%；其中全球淡水资源仅占总水资源量的 2.53%，这些淡水有 77.2%分布在南北极, 22.4%分布在很难开发的地下深处, 仅有 0.4%的淡水可供人类维持生命。此外, 全球水资源分布极不均衡, 在空间上, 世界各大洲的自然条件不同, 降水、径流和水资源概况差异较大。世界河流年径流量为 468 500 亿 m^3, 其中亚洲的年径流量最大, 占世界年径流量的 30.76%; 其次是南美洲, 占世界年径流量的 25.1%; 南极洲最小, 只占世界年径流量的 4.93%。各大陆水资源分布也不均匀, 欧洲和亚洲集中了全球 72.19%的人口, 但仅拥有河流径流量的 37.61%; 南美洲人口占全球 5.89%的人口, 却拥有世界河流径流量的 25.1%。在时间尺度上, 水资源的时间季节变化非常明显, 水资源年平均值往往掩盖了干旱季节水资源缺乏和雨季水资源过剩的问题。淡水资源分布的极不均衡, 导致一些国家和地区严重缺水。例如, 非洲刚果河(扎伊尔河)的水资源量占整个大陆再生水资源量的 30%, 但刚果河主要流经人口稀少的地区, 而一些人口众多的地区严重缺水, 再如美洲的亚马孙河, 其径流量占南美洲总径流量的 60%, 但也没有流经人口密集的地区, 其丰富的水资源难以充分利用(侯春梅和张志强, 2006)。

国际有关组织和一些水资源专家的研究表明, 世界正面临着四大水资源问题: 一是提供安全饮用水, 二是农业和工业进一步发展以及水电事业扩大对水资源需求量的增大, 三是水资源工程开发对水环境的不良影响, 四是开发国际河流引起水资源矛盾加剧。目前, 全球工业、农业和家庭用水分别占总用水量的 22%、70%和 8%。在高收入国家分别占 59%、30%和 11%, 在低收入国家分别占 10%、82%和 8%。有关资料表明, 全球 60%的大陆面积淡水资源不足, 100 多个国家严重缺水, 20 多亿人口饮用水紧缺, 近 80%的人口受到水荒的威胁。如果不科学合理利用水资源, 继续过度用水, 浪费和破坏宝贵的水资源, 到 2050 年世界将有近一半的人口生活在缺水地区。

2006 年《联合国世界水资源开发报告(Ⅱ)》指出, 全球用水量在 20 世纪增加了 6 倍, 其增长速度是人口增速的两倍。该报告对全球淡水资源做了全面的分析评估, 指出世界水资源管理面临诸多挑战, 包括: ①水资源管理不善。提出人类只要能够在公平分享水源与确保自然生态系统的可持续性之间保持平衡, 就可以使淡水资源维持地球人的生存与发展, 但许多地方目前尚未达到这种平衡。在水资源管理中, 至关重要的是决策, 如决定谁有权用水及其用水利益、谁分配水源、向谁供水, 以及供水的时间、地点和方式。饮用水不卫生、供水不能持续地进行, 这些已经成为制约国家经济发展的因素, 并对人体健康和生活环境造成负面影响, 使经济不发达的国家或地区"雪上加霜"。据统计, 全世界每年约 160 万人口由于缺乏安全饮用水和卫生设施而死亡。该报告呼吁, 国际社会充分认识到污染和超采地下水的危害性, 并积极资助与水资源有关的项目, 从而合理地控制水质和水量, 减少水污染对发展中国家的影响。②农业用水供需矛盾更加紧张。

随着人口和农产品需求的增长，农业将消耗更多的淡水资源，农业用水供需矛盾将更加紧张。到 2030 年，全球粮食需求将提高 5%，这意味着需要更多的灌溉用水，而这部分用水已经占到全球人类淡水消耗量的 70% 左右，而许多地区在农业灌溉过程中因设备和技术落后浪费大量淡水。③淡水生态系统破坏严重。许多地区水环境正在退化，生态系统的退化波及淡水生物，其退化速度往往快于陆地和海洋生态系统，而安全的淡水生态系统是保持生物多样性和人类健康的基础。④城市化使城市用水更加紧张。随着全球城市化水平的不断提高，城镇人口不断增长，城市用水需求激增。该报告估计，将有 20 亿人口居住在棚户区和贫民窟，缺乏清洁用水和卫生设施对这些城市贫民的打击最为严重。⑤水资源资金投入不足。据统计，用于水务部门的官方发展援助平均每年约为 30 亿美元，世界银行等金融机构还提供 15 亿美元非减让性贷款，但只有 12% 的资金用在最需要帮助的贫困人口身上。另外，私营水务部门投资呈下降趋势，增加了改善水资源利用率的难度。

2002 年蒙特雷会议和约翰内斯堡峰会上达成的协议及联合国千年发展目标（millennium development goals，MDGs）指出，经济增长需要将社会公平和环境职责放在中心位置。同时，世界舆论一致认为水资源和水服务是基本的，因为它们与所有千年发展目标有关。用于防洪抗旱、生产可再生能源、向城市和农村供水以及浇灌农作物的水利基础设施投资，是贫困国家经济增长和减贫的基本内容，已经成为其经济发展过程中要优先解决的问题。水是人类生存、生态系统、经济和社会发展的必需品。在全球，尤其是发展中国家，水资源在许多方面都受到威胁，生命本身也受到威胁。因此，需要在全球采取措施改变这一趋势，更好地管理水资源；不断增长的人口需要更多的水服务和水利基础设施来保证发展要求的基本经济活动，特别是保证供水安全和卫生，满足日益增长的粮食需要和工业用水。同时，向人类提供有价值服务和维持地球生命的生态系统也需要足够的水。因此，水资源的可持续开发和管理在经济平衡中势在必行。

1.2 我国水资源及开发利用现状

我国是一个水资源严重短缺的国家。根据全国第二次水资源评价结果，我国淡水资源总量为 2.8 万亿 m^3，占全球水资源量的 6%，仅次于巴西、俄罗斯、加拿大、美国和印度尼西亚，名列世界第 6 位。但我国的人均水资源量只有 2200m^3，仅为世界人均水平的 1/4，美国的 1/5，排在世界的第 121 位，是全球人均水资源量最贫乏的国家之一。特别是扣除难以利用的洪水径流和散布在偏远地区的地下水资源后，我国现实可利用的淡水资源量则更少，仅为 11 000 亿 m^3，人均可利用水资源量约为 900m³。按照国际公认的标准，人均水资源量低于 3000m³ 为轻度缺水，人均水资源量低于 2000m³ 为中度缺水，人均水资源量低于 1000m³ 为严重缺水，人均水资源量低于 500m³ 为极度缺水。同时，我国水资源空间分布极不均衡，长江以北水系的流域面积占国土面积的 63.5%，其水资源量却只占全国水资源量的 19%；长江流域及其以南地区国土面积只占全国的 36.5%，而水资源量却占全国水资源量的 81%；西北内陆河地区面积占全国土地面积的 35.3%，而水资源量仅占全国水资源的 4.6%。我国北方地区人均水资源量只有 990m³，不足世界人均水平的 1/8。20 世纪末，全国 600 多座城市中，已有 400 多个城市存在供水不足问题，其中比较严重的缺水城市达 110 个，全国城市缺水总量为 60 亿 m³。目前，我国干旱缺水省（直辖市、自治区）达 20 多个，其中 15 个省（直辖市、自治区）属严重缺水，有 6 个省、自治区（宁夏、河北、山东、河南、山西、江苏）人均水资源量低于 500m³。农业年缺水量为 500 亿 m³，其中灌区缺水量约为 300 亿 m³，受旱面积约为 2667 万 hm²，平均每年因旱减产粮食 280 多亿 kg；全国 669 个城市中有 440 多个城市缺水，其中近 118 个严重缺水，日缺水量达 1600 万 m³；城市工业年缺水量近 60 亿 m³，因此损失的工业产值约为 2300 亿元。据世界银行测算，我国每年因干旱缺水造成的经济损失约为 350 亿美元。据预测，我国人口在 2030 年左右将达到峰值 16 亿人，届时人均水资源量只有 1750m³。在充分考虑节水的情况下，届时用水总量将达到 7000 亿～8000 亿 m³，而全国实际可能利用的水资源量为 8000 亿～9000 亿 m³，用水量将逼近可利用水量的上限，如不采取有力措施，我国将会在未来出现严重的水危机。

在水资源严重短缺的同时，我国水体水质总体上也呈现恶化趋势。1980 年，全国污水排放量为 310 多亿 t，1997 年增加到 584 亿 t，并且受污染的河段也逐年增加。在全国水资源调查评价的约为 10 万 km 的河段中，受污染的河段占 46.5%。近年来，随着我国城市经济的发展，污水排放量也逐年增加，约有 80%的生活污水未经任何处理直接排入水体，有 63.8%的城市河段受到中度或严重污染。据统计，我国每年的工业废水和城镇生活污水排放总量已达到 631 亿 t，相当于人均每年排放 40 多吨的废污水，而其中大部分未经处理就直接排入了江河湖海。以长江流域为例，在废污水排放中，工业废水和生活污水分别占 75%和 25%。在流域涉及的 18 个省、直辖市和自治区中，四川、湖北、湖南、江苏、上海和江西的废污水排放量占流域总量的 84.6%，是废污水的主要产生地。主要污染物为悬浮物、有机物、石油类、挥发酚、氰化物、硫化物、汞、镉、铬、铅、砷等。在 21 个干流城市中，上海排放的废污水量约占 21 个城市排放总量的 30.7%，武汉占 18.1%，南京占 15.8%，重庆占 8.8%；四大城市合计占 73.4%，是长江最主要的污染源。由于污染严重，长江岸边形成许多污染带，在干流 21 个城市中，重庆、岳阳、武汉、南京、镇江、上海 6 市累计形成近 600km 的污染带，长度占长江干流污染带总长的 73%。据监测，目前全国多数城市地下水受到一定程度的点状和面状污染，且有逐年加重的趋势。日趋严重的水污染不仅降低了水体的使用功能，而且进一步加剧了水资源短缺的矛盾，对我国可持续发展带来了严峻的挑战，严重威胁到城乡居民的饮水安全和人民群众的健康。

然而，在水资源短缺的现实背景下，我国水资源利用方式却极为粗放，用水结构极不合理，在生产和生活领域存在严重的结构型、生产型和消费型浪费。在我国现状用水中，农业用水基本稳定在 4000 亿 m³ 以内，占用水总量的 60%～70%，生活用水呈持续增加趋势。从开发利用指标分析，2003 年我国万元 GDP 用水量[①]为 465m³，是世界平均水平的 4 倍。农业灌溉用水有效利用系数为 0.4～0.5，发达国家为 0.7～0.8；全国工业万元增加值用水量为 218m³，是发达国家的 5～10 倍，水的重复利用率为 50%，发达国家已达 85%。研究表明，解决水资源承载力不足而造成的缺水问题，节水、控制需水和转变生产方式具有重要的作用（表 1-1）。2001 年初，由 43 位院士和 300 名专家提交的《中国可持续发展水资源战略研究报告》认为，解决我国水资源的问题，核心是提高用水效率，建设节水型社会（water saving society，WSS），确立节流优先、治污为本、多渠道开源的指导原则。2002 年 8 月，新修订的《中华人民共和国水法》规定：要发展节水型工业、农业和服务业，建立节水型社会。建立节水型农业、节水型工业和节水型城市，采取工程、经济、技术、行政措施，减少水资源开发利用各个环节的损失和浪费，降低单位产品的水资源消耗量，提高水利用效率，是解决中国水资源问题的根本出路。

表 1-1　全国及水资源一级区现状用水指标与先进指标比较

分区	工业				农业				城镇供水管网漏损率（%）	
	现状水平		节水标准		现状水平		节水标准		现状水平	节水标准
	单位增加值用水量（m³/万元）	工业用水重复利用率（%）	单位增加值用水量（m³/万元）	工业用水重复利用率（%）	亩均用水量（m³/亩）	灌溉水利用系数	亩均用水量（m³/亩）	灌溉水利用系数		
全国	148	62	35	88	450	0.48	380	0.62	20	10
松花江区	181	56	40	85	490	0.52	380	0.60	20	11
辽河区	93	68	21	88	385	0.50	300	0.64	19	10
海河区	62	76	18	90	250	0.64	230	0.75	17	9
黄河区	104	62	33	86	430	0.49	345	0.61	19	11

① 万元 GDP 用水量是指某一区域每形成一万元国内生产总值（gross domestic product，GDP）所用的平均水量。

分区	工业				农业				城镇供水管网漏损率（%）	
	现状水平		节水标准		现状水平		节水标准			
	单位增加值用水量（m³/万元）	工业用水重复利用率（%）	单位增加值用水量（m³/万元）	工业用水重复利用率（%）	亩均用水量（m³/亩）	灌溉水利用系数	亩均用水量（m³/亩）	灌溉水利用系数	现状水平	节水标准
淮河区	84	62	24	85	290	0.50	250	0.62	18	10
长江区	234	62	57	84	508	0.46	425	0.60	20	11
其中：太湖	160	74	43	88	505	0.66	435	0.75	16	9
东南诸河区	143	52	42	85	580	0.52	495	0.64	21	10
珠江区	145	58	32	86	836	0.45	710	0.56	19	10
西南诸河区	283	52	81	80	705	0.40	510	0.50	22	12
西北诸河区	146	50	46	83	700	0.43	610	0.52	21	11

注：① 1 亩≈666.67m²；

②表中现状数据为 2008 年统计值，工业增加值采用 2000 年可比价。

资料来源：徐春晓等，2011.

1.3　我国北方水资源情势及开发利用现状

我国北方地区包括 15 个省（直辖市、自治区）①，地区面积占国土面积的 60.4%，2008 年人口和 GDP 分别占全国的 41.5%和 40.3%，而多年平均水资源总量为 5259 亿 m³，只占全国水资源总量的 18.6%。2006 年全区总用水量达到 2262 亿 m³，约占当年全国用水总量的 43%，是我国水资源短缺及用水问题最为严重的地区。经过半个多世纪以来的大规模水资源开发，我国北方地区依赖"开源"解决缺水问题已经面临着极限的挑战，尤其以海河、淮河、黄河、辽河和西北诸河最为严重。统计数据表明，我国北方地区缺水量合计占全国总缺水量（约 300 亿 m³）的 63%～83%，其中海河流域在平水和中等干旱情况下缺水量分别达 73 亿 m³ 和 117 亿 m³，缺水率分别为 17%和 24%。根据世界各国的实践经验，当一个流域水资源开发利用率超过 40%时，将会出现水资源胁迫，而我国北方地区大多超过 40%，其开发潜力已接近或达到极限，其中海河流域的水资源开发已超过其全部水资源总量。随着经济社会的快速发展，这种趋势仍在延续，已引发了"生态恶化、地面沉降、

---

① 北方地区指北京、天津、河北、山西、内蒙古、辽宁、吉林、黑龙江、陕西、甘肃、宁夏、青海、新疆、河南和山东 15 个省（直辖市、自治区）。

海水入侵、河湖断流萎缩"等一系列问题。

我国西北地区多年平均水资源总量为 1635 亿 m^3，仅占全国水资源总量的 5.84%。2000 年人均水资源量为 1781m^3，为当年全国人均水资源量的 80.5%；2000 年全区总用水量为 817 亿 m^3，其中农业用水量占 89.3%，扣除工农业和生活用水的回归水量后，2000 年全区净耗水总量为 547 亿 m^3，耗水率为 62.8%。同时，西北地区水资源分布差异悬殊。在西北地区的东南部，如陕西秦巴山区、陇南、甘南及青海的东南部，水资源比较丰裕，但这些地区大部分水资源难以利用；陕西、甘肃、宁夏的开发程度相对较高，人口、经济比较密集，但水资源比较短缺。此外，西北地区还存在水土流失严重、水资源污染日趋严重等问题。虽然西北地区水资源紧缺，但却存在着人均用水量高、农田灌溉用水定额高、单位 GDP 用水量高等问题。农田平均亩灌溉定额为 671m^3，比全国平均水平高 40%；万元 GDP 耗水量为 1736m^3，比全国平均水平高 1.85 倍。目前全国平均水资源开发利用率为 20%，而西北地区却高达 53.3%，其中河西走廊诸河、新疆的塔里木河和天山北坡诸河均超过了 70%，有的甚至超过了 100%。部分内陆河流域由于超采地下水，水资源开发利用率高达 79%~154%，严重影响到区域经济社会的可持续发展。

|第2章| 节水型社会建设的理论分析

节水型社会是水资源集约高效利用、经济社会快速发展、人与自然和谐相处的社会。节水型社会以提高水资源利用效率和效益为中心，以实现水资源的可持续利用和社会经济可持续发展为目标，具有广泛和深刻的内涵。节水型社会建设是一项涉及经济社会等各个层面的综合性系统工程，是通过体制创新、制度建设、结构调整、公众参与等措施和途径，形成科学高效的节水型社会运行机制和自觉节约水资源的社会风尚，促进人水和谐相处，实现水资源可持续利用和经济社会的可持续发展。节水型社会建设，既有其深刻的社会经济背景，也有其广泛的理论基础。

2.1 节水型社会建设的理论基础

2.1.1 可持续发展理论

可持续发展是指既满足当代人的需要，又不对后代人满足其需要的能力构成危害的发展，以公平性、持续性、共同性为三大基本原则：①公平性是指机会选择的平等，一方面是指本代人的公平即代内之间的横向公平；另一方面是指代际公平性，即世代之间的纵向公平性。可持续发展要满足当代所有人的基本需求，给他们机会以满足他们要求过美好生活的愿望。可持续发展不仅要实现当代人之间的公平，而且也要实现当代人与未来各代人之间的公平，因为人类赖以生存与发展的自然资源是有限的。从伦理上讲，未来各代人应与当代人有同样的权力来提出他们对资源与环境的需求。可持续发展要求当代人在考虑自己的需求与消费的同时，也要对未来各代人的需求与消费负起历史的责任，因为同后代人相比，当代人在资源开发和利用方面处于一种无竞争的主宰地位。各代人之间的公平要求任何一代都不能处于支配的地位，即各代人都应有同样选择的机会空间。②持续性是指生态系统受到某种干扰时能保持其生产力的能力。资源环境是人类生存与发展的基础和条件，资源的持续利用和生态系统的可持续性是保持人类社会可持续发展的首要条件。这就要求人们根据可持续性的条件调整自己的生活方式，在生态可能的范围内确定自己的消耗标准，要合理开发、合理利用自然资源，使再生性资源能保持其再生产能力，非再生性资源不至过度消耗并能得到替代资源的补充，环境自净能力能得以维持。③要实现可持续发展的总目标，必须争取全球共同的配合行动，这是由地球整体性和相互依存性所决定的。因此，致力于达成既尊重各方的利益，又保护全球环境与发展体系的国际协定至关重要。正如《我们共同的未来》中写的"今天我们最紧迫的任务也许是要说服各国，认识回到多边主义的必要性"，"进一步发展共同的认识和共同的责任感，是这个分裂的世界十分需要的。"这就是说，实现可持续发展就是人类要共同促进自身之间、自身与自然之间的协调，这是人类共同的道义和责任。

可持续发展理论（sustainable development theory）的形成经历了相当长的历史过程。20 世纪 50～60 年代，人们在经济增长、城市化、人口、资源等所形成的环境压力下，对"增长=发展"的模式产生怀疑并展开讨论。1962 年，美国女生物学家 Rachel Carson（雷切尔·卡逊）在其发表的一部著作——《寂静的春天》中，描绘了一幅由于农药污染所引起的可怕景象，惊呼人们将会失去"春光明媚的春天"，在世界范围内引发了人类关于发展观念的争论；10 年后，两位著名美国学者 Barbara Ward（巴巴拉·沃德）和 Rene Dubos（雷内·杜博斯）的著作——《只有一个地球》问世，把人类对生存与环境的认识推向可持续发展的新境界；同年，罗马俱乐部发表了其著名的研究报告，即《增长的极限》（*The Limits to Growth*），明确提出"持续增长"和"合理的持久的均衡发展"的概念。1988 年以前，可持续发展的定义或概念并未正式引入联合国的"发展业务领域"。1987 年，以挪威首相 Gro Harlem Brundtland（布伦特兰）为主席的联合国世界与环境发展委员会发表了题为《我们共同的未来》的报告，受到世界各国政府和舆论的高度重视。报告不仅对人类共同关心的环境与发展问题进行了全面论述，而且正式提出了可持续发展概念并对其给出了如下定义，即"可持续发展是指既满足当代人的需要，又不损害后代人满足需要的能力的发展"，成为国际社会普遍接受的布氏定义的可持续发展。

可持续发展包含两个基本要素，即需要和对需要的限制。满足需要，首先是要满足贫困人口的基本需要。对需要的限制主要是指对未来环境需要的能力构成危害的限制，这种能力一旦被突破，必将危及支持地球生命的自然系统中的大气、水体、土壤和生物。关于可持续发展，发达国家与发展中国家在认知层面上达成了空前的一致，这在 20 世纪所有涉及发达国家与发展中国家国际问题的讨论中绝无仅有的。与此同时，人们也注意到，目前可持续发展的思想更多的是在发达国家中得到实践和探索。而在人类社会通往和谐发展的道路上，可持续发展理念的实施依然面临重重障碍。一方面，发达国家不仅通过两次工业革命获得了经济发展上的优势，而且占有和消费了大量的自然资源，但却又力图回避与逃脱自身对全球环境应负的责任，这也成为全球可持续发展道路上的绊脚石。2000 年，在海牙举行的 20 世纪最后一次《联合国气候变化框架公约》缔约方大会，就因个别发达国家的阻挠而未能达成协议。另一方面，发展中国家拥有发展经济和提高居民生活水平的权利，但其发展是否应该重走发达国家大量消耗自然资源和大量排放污染的老路，成为发展中国家可持续发展面临的重大困惑与挑战。

目前，可持续发展的理论流派主要有资源永续利用理论、外部性理论、财富代际公平分配理论和 3 种生产理论。①资源永续利用理论流派认为，人类社会能否可持续发展，决定于人类社会赖以生存发展的自然资源是否可以被永远地使用下去。基于这一认识，该流派致力于探讨使自然资源得到永续利用的理论和方法。②外部性理论流派认为，环境日益恶化和人类社会出现不可持续发展现象和趋势的根源，是人类迄今为止一直把自然（资源和环境）视为可以免费享用的"公共物品"，不承认自然具有经济学意义上的价值，并在经济生活中把自然的投入排除在经济核算体系之外。基于这一认识，该流派致力于从经济学的角度探讨把自然纳入经济核算体系的理论与方法。③财富代际公平分配理论流派认为，人类社会出现不可持续发展现象和趋势的根源是当代人过多地占有和使用本应属于后代人的财富，特别是自然财富。基于这一认识，该流派致力于探讨财富（包括自然财富）在代与代之间能够得到公平分配的理论和方法。④三种生产理论流派认为，人类社会可持续发展的物质基础在于人类社会和自然环境组成的世界系统中物质的流动是否通畅并构成良性循环。他们把人与自然组成的世界系统的物质运动分为三大"生产"活动，即人的生产、物资生产和环境生产，致力于探讨三大生产活动之间和谐运行的理论与方法。

可持续发展能力建设是可持续发展目标得以实现的必要保证，即一个国家的可持续发展在很大程度上依赖于这个国家的政府和人民通过技术的、观念的、体制的因素表现出来的能力。经济、人口、资源、环境等内容的协调发展构成了可持续发展战略的目标体系，管理、法制、科技、教育等方面的能力建设则构成了可持续发展战略的支撑体系。具体而言，可持续发展的能力建设包括决策、管理、法制、政策、科技、教育、人力资源、公众参与等内容：①实现可持续发展需要有一个非常有效的管理体系。历史与现实表明，环境与发展不协调的许多问题是决策与管理的不当造成的。因此，提高决策与管理能力就构成了可持续发展能力建设的重要内容。可持续发展管理体系要求培养高素质的决策人员与管理人员，综合运用规划、法制、行政、经济等手段，建立和完善可持续发展的组织结构，形成综合决策与协调管理的机制。②与可持续发展有关的立法是可持续发展战略具体化、法制化的途径，与可持续发展有关的立法的实施是可持续发展战略付诸实现的重要保障。因此，建立可持续发展的法制体系是可持续发展能力建设的重要方面。可持续发展要求通过法制体系的建立与实施，实现自然资源的合理利用，使生态破坏与环境污染得到控制，保障经济、社会、生态的可持续发展。③科学技术是可持续发展的重要基础因素。没有科学技术的支持，可持续发展的目标就不可能实现。科学技术对可持续发展的作用是多方面的。它可以有效地为可持续发展的决策提供依据与手段，促进可持续发展管理水平的提高，加深人类对人与自然关系的理解，扩大自然资源的可供给范围，提高资源利用效率和经济效益，提供保护生态环境和控制环境污染的有效手段与方法。④可持续发展要求人们有高度的知识水平，明白人的活动对自然和社会的长远影响与后果，要求人们有高度的道德水平，认识自己对子孙后代的崇高责任，自觉地为人类社会的长远利益而牺牲一些眼前利益和局部利益。这就需要在可持续发展能力建设中大力发展教育事业。可持续发展教育不仅使人们获得可持续发展的科学知识，也使人们具备可持续发展的道德水平。这种教育既包括学校教育，也包括广泛的社会教育。⑤公众参与是实现可持续发展的必要保证，也是可持续发展能力建设的主要方面。这是因为可持续发展的目标和行动，必须依靠社会公众和社会团体的认同、支持和参与。公众、团体和组织的参与方式和参与程度，将决定可持续发展目标实现的进程。公众和社会团体不仅要参与有关环境与发展的决策，更需要参与对决策执行过程的监督。

可持续发展理论的目的，是达到共同、协调、公平、高效、多维的发展。伴随人类面临的日益严峻的资源、环境等问题，可持续发展理念在世界范围内已得到广泛认同，可持续发展研究很快拓展到众多学科。与此同时，可持续发展目标下的水资源管理问题日益受到重视，并逐渐形成了"可持续水资源"的概念。20世纪 80 年代，国际水文科学协会（International Association of Hydrological Sciences，IAHS）成立了一个致力于研究水文科学发展的由年轻水文学家组成的水文学 2000 工作组。他们认为："淡水不能再看作是廉价的自然资源，或者是排放工业、城市、农业废水的蓄水池。我们不能耗竭子孙亦必需的地球水资源"。90 年代以来，联合国可持续发展委员会（United Nations Commission on Sustainable Development，UNCSD）与很多国外学者开展了许多相关的研究工作，国际水资源学术界多次召开学术研讨会专题讨论有关问题。

节水型社会是建立在可持续发展理论基础上的产物。可持续发展水利是在可持续发展理论的基础上，在实践中形成和发展的治水思路，是人水观念和实践方式的重大变革。1996 年《世界淡水资源综合评估》指出：水资源利用须达到保持人类社会持久地发展至无限未来的能力，既不损害水循环的整体性，也不损害依赖水而生存的各种生态系统。要实现可持续发展水利，满足当代人的需要，又不对后代满足需要的能力构成威胁和危害，必须树立体现着当前利益与未来利益、整体利益与局部利益、理性尺度与价值尺度的统一的人水观，树立满足持续性、共同性、公平性三原则的人水观，概括起来就是人与自然和谐相处的治水思路。根据这一思路，人类不能无节制地向自然索取自身用水需求，要自觉地控制用水行为，通过改进生产方式和消费方式，通过提高水资源利用效率和效益满足不断增长的用水需求。从我国的实际情况看，我国水资源总量短缺，靠修水库和建调水工程不能从根本上解决水资源短缺问题。为此，要通过建设节水型社会来解决干旱缺水的问题，通过体制创新与制度创新，辅之以工程建设，形成以经济手段为主的节水机制，才能提高水资源利用效率，使生态环境得到改善，增强经济社会的可持续发展能力。

2.1.2　承载力理论

承载力（carrying capacity）原为力学中的一个指标，指物体在不产生任何破坏时的最大极限荷载。承载力引用到生态学上，是衡量人类经济社会活动与自然环境之间相互关系的概念，用以衡量特定区域在某一环境条件下可维持某一物种个体的最大数量，是人类可持续发展度量和管理的重要依据。随之出现的另一概念是土地资源承载力，之后才被引用到水资源上来。

承载力理论起源于人口统计学、应用生态学和种群生物学，最早可以追溯到1798 年的英国学者马尔萨斯提出的人口论。在 200 多年的发展过程中，承载力理论取得了长足的发展，各个时期生态学及其他相关学科最新、最前沿的理论研究成果都被吸纳和应用于承载力的分析与研究，其应用范围也越来越广，从以生物种群增长规律研究逐渐转向人类经济社会发展面临的实际问题。但与此同时，承载力理论方法也不断地受到批评、质疑甚至否定，承载力研究也几乎涉及或引发了各个时期生态学最激烈的学术争论，这些争论在 200 多年的时间里一直没有停息过。在人口统计学方面，1798 年马尔萨斯的人口论，为承载力理论起源奠定了坚实的基础，比利时数学家 Verhulst 和美国学者 Pearl 及其同事 Reed 分别独立提出的逻辑斯谛方程（logistic equation），为承载力理论提供了数学表达公式；在应用生态学方面，20 世纪 20 年代，美国西部牧场最大载畜量管理及野生动物种群保护实践的需要，促使承载力概念被明确提出；在种群生物学方面，20 世纪早期开展的实验室环境下和野外生物种群数量增长研究，为承载力理论提供了大量实证。这些研究和随后 Odum 的《生态学基础》一书，以及罗马俱乐部发表的《增长的极限》，都成为承载力研究起源和理论发展过程中的重要里程碑（张林波等，2009）。

从承载力理论的发展阶段来看，从 1798 年马尔萨斯提出人口论，到 1953 年 Odum 的《生态学基础》一书出版，是承载力的起源奠基阶段。在这一阶段，世界各国的学者分别从人口统计学、种群生物学和应用生态学的角度，对生物在某一资源环境约束下的种群数量增长规律进行了描述，提出了生物种群增长的数学表达式，分析研究了生物种群增长的调控机理，并开展了大量的实证研究，这一阶段的一些研究成果，成为世界各国教科书的经典案例和基础理论。马尔萨斯在 1798 年发表的 *An Essay on the Principle of Population* 中认为，粮食的线性增长赶不上人口的几何增长或指数增长，人类将面临饥饿和营养不良，最终产生疾病、饥荒或战争等后果，从而对人口数量产生抑制作用，因此人口数量将不可能无限制地增长下去。马尔萨斯人口论认为，生物具有无限增长的趋势，而自然因素是有限的，生物的增长必然受到自然因素的制约。马尔萨斯人口论中隐含的这些假设条件构成了承载力理论的基本要素和前提，后来研究承载力的学者，都是基于这些基础假设条件。因此，马尔萨斯人口论为承载力理论起源奠定了基石。承载力理论起源的另外一个里程碑，是承载力理论数学表达公式逻辑斯谛方程的提出。1838 年，比利时数学家 Verhulst 首次用逻辑斯谛数学公式表达了马尔萨斯人口论，为承载力理论提供了数学模型，并用 19 世纪初法国、比利时、俄罗斯和英国艾塞克斯 20 年的人口数据检验了方程结果，这些国家和地区的实际人口数据与逻辑斯谛方程吻合较为理想。大约一个世纪以后，1920 年美国 Pearl 教授及其同事 Reed 在并不知道 Verhulst 研究工作的情况下，同样独立地提出了逻辑斯谛增长曲线方程。在随后的 20 世纪早期，世界各地的科研人员分别利用实验室或野外条件下的生物种群数据开展逻辑斯谛方程拟合与实证研究，如昆虫、微生物、绵羊、驯鹿等，发现在实验室培养环境下的生物种群数量增长能够较好地遵循逻辑斯谛曲线特征，而野生生物种群则很难找到符合逻辑斯谛曲线增长特征的例子。1953 年，Odum 首次将承载力的概念和逻辑斯谛曲线的理论最大值常数联系起来，将承载力概念定义为"种群数量增长的上限"，即逻辑斯谛方程中的常数 K。从此，生物在自然条件制约下的种群数量增长规律，就统一在承载力这样一个形象直观的概念下面。此后，学者在理论分析时用逻辑斯谛方程的常数 K 表示承载力的数学意义，而在管理和解决实际问题时常用承载力概念。上述研究和探索，为承载力起源打下了坚实工作基础。

20 世纪 50～80 年代中后期，承载力理论发展进入应用探索阶段。六七十年代，全球爆发了资源环境危机，生态学开始积极参与解决人类发展与自然界之间的关系问题，处于生态学理论前沿的承载力研究，不再囿于自然的环境和实验室以及局限于单纯的理论研究，而是由以非人类生物种群增长规律和粮食制约下的人口问题为主，转向以研究资源环境制约下的人类经济社会发展问题为主，开始探讨全球资源环境危机背景下人类社会面临的资源环境问题。1972 年罗马俱乐部发表的《增长的极限》，70 年代后期和 80 年代初期联合国粮食及农业组织（Food and Agriculture Organization of the United Nations，FAO）、联合国教育、科学及文化组织（United Nations Educational Scientific and Cultural Organization，UNESCO）和经济合作与发展组织（Organization for Economic Cooperation and Development，OECD）等先后开展的承载力研究以及澳大利亚的人口承载力研究，都是这一时期较有影响的承载力研究工作。在该阶段，承载力研究大多是简单地套用生物种群承载力理论方法，往往只是考虑粮食、能源等某一种自然因素对人类承载力的制约，而忽略人类自身文化社会因素对承载力的巨大影响。因此，实验室条件下依据生物种群规律建立起来的承载力理论，在应用于人类社会时大多是不成功的，不能有效地指导人类经济社会的实践，其实际应用的主要意义，是唤醒人类承载力的意识。

20 世纪 80 年代中后期至今，文化承载力或社会承载力概念的提出，使人类承载力理论研究不再简单地套用生物种群承载力理论方法，开始从非人类生物种群承载力脱胎出来，而成为真正意义上的人类承载力。除考虑资源环境等自然因素的影响外，人类承载力研究开始分析研究科技进步、生活方式、价值观念、社会制度、贸易、道德和伦理价值、品味和时尚、经济、环境效应、文化接受力、知识水平和机构的管理能力等人类自身文化社会因素对承载力的影响，并尝试着将这些因素纳入承载力方法之中。在实际应用方面，可持续发展理念的普及以及综合考虑人类文化和社会因素的生态足迹方法的提出，推动了人类承载力更加广泛地应用于人类社会。综观承载力理论研究的发展历史，承载力理论自起源以来，不仅一直是生态学研究的热点、难点和理论前沿，而且更是由一个生态科学命题上升到关系人类未来命运的哲学问题。虽然承载力理论研究仍有大量尚未解决的问题并存在诸多争议，而且更多是一种纯理论性的研究探讨，但仍然吸引着各国学者不断地进行研究和完善（张林波等，2009）。

国内有关水资源承载力主要存在两种观点，一种观点是水资源开发容量论或水资源开发规模论，另一种观点是水资源支持持续发展能力论。其中，以蔡安乐为代表的水资源开发规模论认为：水资源承载力是在一定社会技术经济阶段，在水资源总量的基础上，通过合理配置和有效利用获得最合理的社会、经济与环境协调发展的水资源开发利用的最大规模，或在一定经济技术水平和社会生产条件下，水资源可供给工农业生产、人民生活和生态环境保护等用水的最大能力，即水资源的最大开发容量。王浩等（2003）认为，水资源承载力是在某一具体历史发展阶段下，以可预见的技术、经济和社会发展水平为依据，以可持续发展为原则，以维护生态环境良性发展为前提，在水资源合理配置和高效利用的条件下，区域社会经济发展的最大人口容量；陆大道（2009）认为，一个区域（在一定水资源可利用量的前提下）水资源承载力是经济社会发展规模、结构、水资源管理水平和政策的函数。水资源承载力评估必须与用水成本、用水效益和节水成本联系起来。这两种观点的不同之处在于考虑问题的角度不同。前者从水资源系统出发，试图用一个具体的量，如供水能力作为水资源承载力的指标；后者从人类社会经济系统出发，用人口和社会经济规模作为水资源承载力的指标。水资源承载力具有有限性与动态性两个基本特征。有限性是指在一定的社会发展阶段和技术水平条件下，人类可利用水资源量的有限性与水资源对社会经济发展支撑能力的有限性；动态性是指随着经济社会发展和技术进步，人类开发利用水资源的能力和水资源对社会经济发展的支撑能力是可变的，是可以提高的，一定的水资源承载力总是与特定的社会发展阶段及其科技发展水平相对应。水资源承载力的有限性与动态性特征，充分反映了节水型社会建设的必要性与可能性。

一个地区（流域）具有客观存在的水资源承载力和水环境承载力，建设节水型社会，首先要根据水资源与水环境的承载力，确定水资源宏观控制指标和微观定额指标，明确各地区、各行业、各部门乃至各单位、各灌区的水资源使用权指标；其次要规定社会的每一项工作或产品的具体用水量要求，通过控制用水指标达到节水目标；最后要重视和加强对水资源的配置、节约和保护，通过经济结构调整和科技进步，努力提高用水效率和效益。

2.1.3　水权理论

水权理论来源于产权理论。产权理论是新制度经济学的核心理论之一，是关于产权的功能、起源、类型、属性及产权与经济效率的理论。新制度经济认为：产权是一种权利，是一种社会关系，是规定人们相互行为关系的一种规则，并且是社会的基础性规则。产权经济学大师阿尔钦认为："产权是一个社会所强制实施选择一种经济物品的使用的权利"。这揭示了产权的本质是社会关系。在鲁滨孙一个人的世界里，产权是不起作用的。只有在相互交往的人类社会中，人们才必须相互尊重产权。产权是一个权利束，是一个复数概念，包括所有权、使用权、收益权、处置权等。当一种交易在市场中发生时，就发生了两束权利的交换。交易中的产权所包含的内容影响物品的交换价值，这是新制度经济学的一个基本观点之一。产权实质上是一套激励与约束机制，影响和激励行为，是产权的一个基本功能。新制度经济学认为，产权安排直接影响资源配置效率，一个社会的经济绩效如何，最终取决于产权安排对个人行为所提供的激励。

科斯的论文——《社会费用问题》被公认为产权理论的经典著作，他的主要思想被总结为著名的科斯定理。此后，阿尔钦、登姆塞茨等对科斯定理进行了修正和拓展。登姆塞茨认为，产权是界定人们如何受益及如何受损，因而必须向谁提供补偿以修正人们所采取的行动。产权是一种社会工具，其重要性就在于事实上它能帮助形成交易时的合理预期。阿尔钦认为，产权是一个社会所强制选择一种经济产品的使用权利。菲吕博腾认为，产权是指由物的存在及关于它们的使用所引起人们之间相互认可的行为关系，对共同体中通行的产权制度是一系列用来确定每个人相对于稀缺资源使用时的地位的经济和社会关系的制度。产权具有可分割性，权利各部分的自愿分割与让渡能实现有利的专业化，从而提高资源的利用效率。通常意义上的产权分离，即所有权和使用权的分离。使用权通常又把产权中其他一些权利包含在内，又可称为用益权（usufruct），使用权的范围和大小又由法律、合同等其他的社会规范来确定。根据资源配置的方式不同，产权可分为私有产权和共有产权。私有产权具有较强的排他性和可让渡性，共有产权排他性和可让渡性较差。不可能也不要期望所有制是一种完全不受限制的权利，资源配置的方式介于"完全"的私有产权和"安全"的共有产权之间。"完全"的私有产权向"完全"的共有产权过渡过程中，所有制权利束中一些权利不断地被删除和削弱。产权明晰指的是所有制权利束相对完整，产权不明晰指所有制权利束中私有权利的残缺比较严重。

产权理论诞生以来，不断向经济、社会和法律等各个领域扩散并得到广泛运用。随着水资源短缺问题的日渐凸现，人们开始对水的价值予以重新审视和评估，逐渐形成了水资源经济商品观。裴丽萍（2001a）认为，按照现代各国水法的一般规定，水权就是依法对地面水和地下水取得使用或收益的权利。此定义有两层含义：第一，水权是独立于水资源所有权的一项法律制度；第二，水权是水资源的非所有人依照法律的规定或合同的约定所享有的对水资源的使用或收益权。因此，水资源所有权乃为水权之母，水权系由水资源所有权派生而来。按照商品的市场规律，水资源的价值通过市场运作得以体现，水资源通过市场的价格信号引导得以优化配置，并且在价值规律的作用下，形成对市场主体节约和合理利用水资源的有效激励和约束，以达到水资源使用效率的提高。水权是依靠市场配置水资源的基础，在明晰水权的基础上，市场主体交易形成水价。水价反映水资源的稀缺程度和需求的变动，引导水生产者和消费者调整生产和消费行为，从而实现资源的重新配置。明晰水权是前提，只有明晰水权，才能使市场在水资源配置中发挥基础性作用；水价是杠杆，通过水价可以调节水资源的供求关系；水市场的建立既为水权交易提供了必要的条件，也形成了实现水资源经济价值的机制。

水权理论是产权理论在水资源领域的运用，主要表现在"水权及水的外部性问题"和"水权的双重属性及水权的可割性"两个方面（赵海林和赵敏，2003）。

①在水权及水的外部性问题方面，随着工业化和城市化的不断发展，水资源越来越成为稀缺资源，具有共有产权性质的水往往会导致"公地悲剧"①。根据科斯定理，在水权明晰的情况下，水权交易结果必是帕累托有效。若交易成本为零，水资源的有效配置与水权初始界定无关；若交易成本不为零，初始权利的界定会对水资源配置产生影响。交易成本为零是一种理想状态，不可能实现，因而水权制度的初始安排极为重要。从经济学角度讲，一个水权结构是否有效率，主要视它是否为人们提供最大化激励。水资源领域的外部性是水权经济分析的一个核心，水权问题直接发端于外部性的影响和效果，并直接牵涉到水资源配置的效率以及水权制度的安排。外部性造成个人成本和社会成本的不一致，导致实际价格不同于最优价格。科斯等的观点是，必须对外部性相联系的所有成本进行适当评价，并建立基本的交易机制。从原则上讲，一个人 A 为了修正另一个人 B 的行为（B 产生了外部性），A 可以与 B 进行交易。这样双方都能朝向一个由帕累托均衡所支持的"合约曲线"上更令人满意的境况发展。②在水权的双重属性及水权的可割性方面，水资源具有多重特性，可以循环再生但储量有限，同时又要满足生态需要的自然特性；长期供给具有自然极限，短期供给依赖于水利设施，水供给具有区域自然垄断性且上游地区处于自然领先地位的生产特性；弹性较小的基本用水和弹性较大的多样化用水的消费特性；水利服务既有私人物品属性，又有公共物品属性的混合经济特性；水资源是一个完整体系，客观上要求统一管理的独特区域特性。水资源的多重特性决定了水权的双重属性，一方面，许多国家把水资源作为一种特定的自然资源逐渐从土地资源中分离出来，作为一种公共资源来进行规范，法律中规定水资源为国家所有；另一方面又对水的部分使用权进行分配，促使水资源优化配置。水权制度的变迁过程也就是在共有产权和私有产权之间寻求最佳契合点的过程。水权具有可分割性，所有权和使用权能够分离，使用权可分配给具体使用者，成为能够进行交易的财产权。进行水权交易时，当交易成本高于交易带来的收益，交易将无法进行，政府的干预成为必要。水权明晰，指水使用权具有强的排他性和可让渡性；水权不明晰，使水使用权具有弱的排他性和可让渡性。水权是否明晰有时可通过比较获得，如现在水权制度与历史的水权制度，本国的水权制度与别国的水权制度。水权所有权和使用权分离，以及水使用权合理的初始分配，使水权交易成为可能，并促进水权配置到最有效率的领域，价格趋于合理。

从水资源使用权的角度来看，国外水权制度主要有河岸所有权体系、优先占用权体系、公共水权体系、混合水权体系和比例水权体系 5 种制度体系（柴方营

---

①当资源或财产有许多拥有者，他们每一个人都有权使用资源，但没有人有权阻止他人使用，由此导致资源的过度使用，即为"公地悲剧"。

等，2005）。

（1）河岸所有权体系最初源于英国的普通法和 1804 年的《拿破仑法典》，后来为美国东部、东南部和中西部地区所采用，逐渐演变为国际上现行水法基础理论之一。目前仍然是英国、法国、加拿大和美国东部水资源丰富的国家和地区制定水法和水资源管理政策的基础。河岸所有权是指合理使用与河岸土地相连的水体但又不影响其他河岸土地所有者合理用水的权利。其基本特征体现在：为了拥有河岸水权，必须拥有河岸土地的所有权；河岸权只针对某一天然水道内的水流，从其他水道引入的水体不能算作天然水流，不适用河岸权；人们不能获得任何针对人工设施中的水流的河岸权；河岸权必须在流域内河岸土地上运用，如果河岸土地不在水体所属流域内，即使它们与流域内河岸土地相邻，也不能运用河岸权；河岸权是和土地所有权连接在一起的，当河流经过的土地所有权发生转移时，水权也随土地所有权自动转移；河岸权一般不适用于城市用水；河岸权的使用必须是合理的，一般规定生活用水、灌溉用水、工业用水、采矿用水和水力发电用水等都属于合理使用范围；当一块土地被分割后，任何不再与水体相邻的土地便丧失河岸权，因水权所有者不合理使用水资源，其河岸权也将丧失。虽然河岸所有权体系历史悠久，但随着人口增长和经济高速发展，即使在水资源十分丰富的地区也出现了水资源供给矛盾，暴露出河岸所有权体系的先天不足。例如，与河流不相邻的城市和工业用水受到限制，与河流不相邻的土地也无法得到有效灌溉，造成水资源极大的浪费。因此，作为河岸所有权体系的补充，有些国家和地区实行了非河岸用水者用水许可证制度，有效解决了不同用水者的需求。

（2）优先占用权体系的理论和制度，源于民法理论中的占有制度和 19 世纪中期美国西部干旱缺水地区的水资源开发实践。优先占用权是河流中的水资源为公共所有，谁先使用水资源，谁就占有了水资源的优先使用权。优先占用权具有以下基本特征：优先占用体系的核心是优先权，占用的日期决定了用水户用水的优先权，最早占用者拥有最高级别的权利，最晚占有者拥有最低级别的权利。在缺水时期，那些拥有最高级别水权的用户被允许引用他们所需的全部水量，而那些拥有最低级别水权的用户被限制甚至全部削减他们的引用水量，即所谓的"时间优先，权利优先"；与河岸所有权不同，优先占用权仅仅针对水的利用，水权占有者无权拥有那些与水道有关而与水利用无关之权利；在需要将农业用地改变为城市用地时，占用权可以转移或调整，以满足改变以后的情况；占用权允许使用原流域以外的水；占用权允许储蓄水，以保证适时地而不是在天然状态下利用水。在干旱和半干旱的美国西部各州，储蓄水的权利对整个水权体系来说是具有决定意义的。人们还可以获得占用外部水体的权利。外部水体是指通过人工努力而非天然形成进入水道的水；美国西部各州关于优先占用水权的转移规定不相一致，有些州不允许出售优先占用权，有的州允许出售。水权出售后，占用权相应转移，原有的优先权丧失，新的优先权顺序按出售日期重新排序；用水者 2～5 年不用水，就会失去引水和用水的权利；用水者不合理用水或改变申请用水的用途时，也将丧失优先占用权。优先占用权体系弥补了河岸所有权体系的不足，主要适用于干旱少雨、水资源矛盾比较突出的地区。

（3）公共水权是水资源所有权归国家所有，个人和单位可以拥有水资源使用权。公共水权体系的理论和法律制度源于苏联的水资源管理理论和实践，我国目前也实行公共水权法律制度。水除用于消耗性用途外，人们还希望拥有公共水权，包括航运、渔业、游泳、水上娱乐、休闲、科学研究以及为满足生态和环境要求对河道内的水资源进行保护等方面的内容。实行"河岸所有权"及"优先占用权"的国家和地区属于英美法系，实行公共水权制度的国家和地区属于大陆法系。其特征体现在：所有权和使用权分离；水资源开发利用必须服从国家经济计划和发展规划；水资源配置和分配通过行政手段进行；水资源使用权、优先权、耗水量界定不清；公共水权制度是基于水资源的合理开发和利用，必须通过计划管理来实现，计划决策才能促进经济的增长和繁荣。但是，水权界定不清，导致水资源使用效率低下，浪费比较严重。还可能引起恶性竞争，如同一流域不同行政区之间争水，工业和农业之间争水。

（4）混合水权体系既包括像加利福尼亚州那样最初由习惯做法演变成优先占用权体系，而后吸收了河岸所有权体系部分要素的内容，也包括最初建立的河岸所有权体系，而后经过调整又与优先占用权体系相适应的内容。在采用混合水权体系的地方，规定了优先占用权和河岸所有权的相对优先性。在大多数国家，河岸所有权优先于优先占用权。为了确保河岸所有权的行使不会对较低级水权占有者的权利造成损害，美国所有采用混合水权体系的州都在合理的基础上对用水作了某些限制。即对河岸所有权的要求同优先占用权一样，其用水必须是合理有益的。

（5）比例水权体系是按照一定认可的比例并体现公平的原则，将河道或渠道里的水分配给所有相关的用水户。比例水权是智利和墨西哥在确认初始水权中运用的一种主要方法。在墨西哥，多余和短缺的水资源将简单地按比例分配给所有的用水者。如果流量比正常低20%，那么所有水权拥有者得到的水资源也将低于20%。该制度有效地将计量水权转变成按比例的流量权利。在智利，水权是可变的流量或水量的比例，这有效保证了水权拥有者在一定的地方拥有一定数量的水权份额。如果水资源充足，这些权利以单位时间内的流量表示；如果水资源不充足，就按比例计量。

2.1.4　水市场理论

市场是人类对固定时段和地点进行商品交易场所的称呼，指买卖双方进行交易的场所。经过长期的发展和完善，现代市场已具备了两种含义，一是指交易的场所，如传统市场、股票市场、期货市场等，二是指交易行为的总称，即市场不仅仅指交易场所，还包括了所有的交易行为。水市场即水权市场，是水权分配与流通活动的总称，是指在水的使用权确定以后对水权进行的交易和转让，通过水的买卖，用经济杠杆推动和促进水资源的优化配置，从而提高水的利用效益和效率。水市场作为社会大市场的一个重要组成部分，既有一般市场的共性，又有其特有的个性，水市场的作用主要体现在以下几个方面：提供商品水买卖和水权有偿转让的场所及途径；在政府宏观指导下，根据水资源的紧缺程度和交易成本，逐步形成商品水买卖和水权交易的市场价格；通过调剂余缺，调节水资源供求关系；运用市场机制和经济杠杆，促进节约用水，提高用水效率；通过商品水买卖和水权交易，缓解用水竞争，减少水事纠纷；通过废污水排放和处理领域的市场化，加大水环境保护力度；通过取水、供水、用水、排水、污水处理等领域的市场化，增强全社会水是战略性经济资源的意识和水资源与水环境有偿使用、水权有偿取得和有偿转让的观念；运用市场机制，拓宽资金筹集渠道，促进水利基础设施建设。

水市场形成，必须有必要的软环境和硬条件。软环境主要包括建立比较完善的水权制度和明晰的产权体系，即首先要有水权，才谈得上水权的转让与交易；水资源短缺、用水竞争激烈。在水资源比较丰富和用水矛盾不突出的地方，一般不会产生对水权交易和商品水买卖的迫切需求；具有合法的供需主体；具有合法的交易场所、交易渠道和供需双方可接受的交易成本；具备合理的价格形成机制和配套的市场规范。硬条件主要包括具备基本的蓄水、调水、提水设施和输水、配水、供水网络，才能形成一定规模的供水市场；具备基本的废污水排放、收集管网和储存处理设施，才能形成一定规模的废污水排放处理市场；建立较为完善的水资源和水环境监测、调控、计量系统；建立水市场信息管理系统（李原园等，2004）。有学者进一步指出，水市场机制的建立，必须具备以下前提条件。一是水资源产权（包括所有权、经营权和使用权）要明晰。我国《中华人民共和国宪法》与《中华人民共和国水资源法》都明确规定了水资源属国家所有，即水资源的所有权属于国家。只有在有了使用权的前提下，才能谈经营权。现代产权制度的发展导致资源（资产）的所有权、经营权和使用权都可以分离和转让，这也完全符合我国水资源的现状。这种情况下，水市场中所说的水资源产权基本上就是指水资源的使用权。二是要有发育良好的市场。很多资源的市场尚未发育起来，表现为无市场、薄市场和市场竞争不足。目前，我国水市场就属于这种状况，因此，依靠政府调控、培养、建立乃至完善水市场机制，将是今后我国水资源体制改革的一项重要内容。三是交易费用要低。市场的正常运转不是没有成本的，交易费用是交易中取得信息、互相合作、讨价还价和执行合同的费用。交易费用同市场交易的收益相比微不足道，否则，当交易费用很高乃至超过交易收益时，交易将难以进行。政府的合理介入与调控将有助于减少交易费用。四是要尽可能减小或克服不良的外部效应。外部效应是指团体或个人的行为对活动以外的团体或个人产生的影响，外部效应有好坏之分。水资源交易的不良外部效应是指交易对未直接加入交易的第三方的不良影响，包括对个人、团体以及生态环境的不良影响，如果产生不良的外部效应，就需要对第三方进行补偿。因此，只有尽可能减少不良的外部效应才有利于水市场的交易（冯耀龙和崔广涛，2003）。

我国地广、人多、水少，水资源供需矛盾日益突出，用市场经济手段管理水资源十分必要和迫切，水市场在我国具有广阔的前景。按照《中华人民共和国水法》和《取水许可证制度实施办法》，我国实行水资源有偿使用制度，一切开发利用水资源的单位和个人都必须缴纳水资源费，向水体、水域排放废污水的单位和个人必须缴纳污水排放费和污水处理费，这实际上就形成了一种最简单的水资源市场，今后的问题是进一步发展和完善这个资源市场。进一步完善水资源有偿使用制度，建立与水资源的稀缺性和多功能性相适应的资源环境价格，逐步建立起比较完善的水资源一级市场。同时，农业用水、工业用水、城市生活用水和其他经济用水，一般都是由水管单位和供水企业供水，并由用户向供水单位和供水企业缴纳水费，相对于水资源的一级市场而言，实际上形成了一个水的二级市场。即供水企业从水资源所有者——向国家那里"批发"水资源，然后向用户出售商品水。对一个特定的供水区域来讲，往往只有一个供应商，因而是一种垄断性的单向市场或卖方市场。今后应借鉴电力系统厂网分开、竞价上网的改革模式，引入市场竞争机制。

清华大学 21 世纪发展研究院和中国科学院联合课题组研究指出，我国目前的水市场刚刚起步，水资源管理正处于转型期，正在从单纯的政府调控型转为政府调控和市场调节相结合型，还需要经过很长一段时间才会逐步过渡到以水市场为主的水资源配置模式。在现行的条件下，我国的水市场是一个"准市场"，是在兼顾各地区的基本生活需求，兼顾上下游防洪、航运、生态等其他方面需要的基础上，在上下游省份之间、地区之间，以及区域内部交易的水市场。建立和完善水市场要设计合理的框架模型，正视建设水市场中的困难，建立一个有效、公平和持续发展的水市场，并通过多种措施推进和实施。这些措施包括：一是要提高全社会的水商品意识。要认识到水资源的自然属性和商品属性，自觉遵守自然规律和价值规律，合理运用市场机制配置水资源，保证人类对水资源的需求。二是要明晰水权，合理分配初始水权，创建可交易的水权制度，确定合理的水价。三是建立必要的基础设施，完善输水系统，促成买卖水权，提高市场效率，降低交易成本。四是建立管理水权和水市场运行的机构，包括管理机构、仲裁机构、监督机构。五是建立对第三方不良影响的补偿机制，充分发挥流域机构的作用，可以由流域机构在综合各方面意见基础上利用其技术和资源优势，评估跨流域、跨地区水权交易对第三方的影响，当水权交易对第三方损害超过交易所得的利益时，有权组织可延迟交易。六是加强政府的宏观调控和法制建设。必须认识到水资源是一种特殊的自然资源，其合理配置离不开国家的宏观调控，水市场的发育和完善需要政府的扶持和保护，同时水市场也要有相应的法律制度来保证其高效的运作（郑忠萍和彭新育，2005）。

我国学者（冯耀龙和崔广涛，2003）也指出，水资源是一种有价值的稀缺资源，节水与水资源的优化配置是实现水资源高效利用的根本措施，市场和政府调控是资源配置的两大根本途径。但由于种种原因，我国水资源的利用是低效率的。以往通过行政手段由政府来配置水资源，靠国家养水、福利供水的模式，不仅导致水资源价格严重扭曲，而且造成水资源的严重浪费与水资源的低效利用。理论及实践均已证明，水市场是重新配置水资源的一种有效机制，水市场能够根据用水的边际效益配置水资源，从而促使水资源从低效益用途向高效益用途转移。水市场的优势在于：通过市场作用，使水资源从低效益的用户转向高效益的用户，从而提高水资源的利用效率，部分消除指令分配各地区各行业水量的不合理性；市场交易具有动态性，能够反映总水量的变化和用水需求的变化，一定情况下能够通过市场重新分配现有水资源，来满足城市化与工业化对水资源的需求，而抑制或避免新建供水工程；通过市场交易机制，还可使买卖双方的利益同时增加，如上游用水就意味着丧失潜在收益，即用水要付出机会成本，而下游多用水要付出直接成本，这就为上下游都创造了节水激励；地区总用水量通过市场得到强有力的约束，必然会带动其内部各区域水资源配置的优化，区域又会拉动基层各部门用水优化，这样通过一级一级地"制度效仿"，可以大大加快微观层次上的水价改革，促进节约用水。因此，在我国培育和发展水市场，允许水权交易具有迫切的现实意义。

2.1.5 交易成本理论

交易成本理论是新制度经济学的理论支柱之一，是 20 世纪 70 年代中后期逐渐形成和发展起来的一门新兴经济理论。它的出现不仅丰富了经济学的研究内容，扩大了经济学的研究范围，而且还使西方经济学的整个研究基础发生了改变。新制度经济学的经典理论认为：企业经济规模的形成、不同管理模式下的效益差异以及不同的经济制度之所以会产生不同的经济绩效，其根源都在于交易成本的制约。所谓交易成本（transaction cost），就是在一定的社会关系中，人们自愿交往、彼此合作达成交易所支付的成本，即人-人关系成本，与一般的生产成本（人-自然界关系成本）是对应概念。从本质上说，有人类交往互换活动，就会有交易成本，它是人类社会生活中一个不可分割的组成部分。交易成本理论由诺贝尔经济学奖得主科斯（Coase，1937）提出，其根本论点是对企业的本质加以解释。由于经济体系中企业的专业分工与市场价格机制之运作，产生了专业分工的现象；但是使用市场的价格机制的成本相对偏高，而形成企业机制是人类追求经济效率所形成的组织体。科斯交易成本理论分析的启示是：计划方式配置资源的有效性只存在于企业这种较小的范围之内，超出企业的范围，再采用计划方式配置资源、其效率就会大大降低，甚至无效率。一个社会的资源配置，既存在市场机制配置方式，也存在计划配置方式，只不过两者的适用范围不同。过去，我们采用计划方式对全社会的资源进行配置，并不是计划配置这种方式本身不对，而是用错了地方，把适用于企业的资源配置方式用于整个社会的资源配置，效率就大打折扣。

20 世纪 70～80 年代，威廉姆森对交易成本理论的贡献主要表现在：对交易成本的具体内容和形式进行了研究；提出了具有自我意识的个人行为假设前提；提出了关于资产专用性的假设前提；建立了现代企业理论的雏形。

交易成本理论中另外一个重要的命题是行为假设。科斯提出交易成本理论应该以现实制度为研究对象，对人类行为的研究也应该以现实的人作为研究对象。威廉姆森秉承科斯的观点，提出了"契约人"命题，他的所谓"契约人"假设在两个方面不同于"经济人"假设：一是"经济人"假设以个人行为的完全理性化为前提，而"契约人"假设却认为人们了解和处理信息的能力有限，因此人类的行为属性是有限理性的（bounded rationality），而且人类都是"自身利益的寻求者"（self-interest seeking），都有一种共同的倾向，当个人利益受到损害时，诚实和自我约束力会失去作用，威廉姆森将人的这种行为属性称为机会主义；二是"经济人"假设以传统的企业制度（所有权和经营权相结合）为基础，企业的经营者和所有者是统一的，经营者追求的利益也就是所有者的利益。而"契约人"假设却以现代企业制度（经营权与所有权相分离）为前提，实行的是委托代理制，这就意味着代理人与所有者的利益可能会不一致，代理人在交易活动中可能会从自身利益出发做出一些损人利己的行为，从而使所有者的利益和社会的利益受到损害。威廉姆森认为，人类行为的有限理性和机会主义属性大大增加了经济活动的不确定性。他认为正是由于人类行为的有限理性和机会主义特性，才使一切合作或协议都变得不稳定，使一切合同都不完备，一切承诺都不可信（Schmalensee and Willig，1989）。

20 世纪 90 年代以来，西方交易成本理论又有了新的进展，尤其是关于有限理性及机会主义行为假设、交易成本最小化、社会制度及企业制度等问题的研究上，西方学者又提出了许多新见解。在威廉姆森早期的交易成本理论中，制度环境因素一直未受到重视。但 90 年代后，他在其理论中加入了制度因素对企业制度和个人行为的影响，指出制度规范、法律准则及其他一些环境因素会影响到各种经济组织结构及个人行为，特定的制度环境将会有特定的组织结构与之相适应。1994 年威廉姆森对他的交易成本理论从 3 个层次上加以总结。第一个层次是政治制度环境问题，认为影响各种经济管理制度的首要因素是政治制度环境，不同的制度环境（如政治主张、法律制度、文化习俗等）下的经济组织的交易成本是不一样的；第二个层次是人类行为对经济管理制度的影响，认为个人行为中有限理性和机会主义直接影响到管理制度，但企业的约束和激励机制的设置也会对个人的行为产生间接的影响；第三个层次是市场、企业及其他契约关系等经济管理制度，认为企业与市场是不同的组织制度，它们两者的界限是以交易成本的节约为基准的，而交易成本的高低又受到环境制度的影响（牛晓帆和安一民，2003）。

从水资源最优配置的角度讲，只要有两个人用水的边际效用不等，水的交易就是必要的。现实生活中，这种不相等比比皆是，但这并不表明市场交易一定是最有效率的资源配置方式，原因就在于市场交易成本。在交易成本非零的现实世界，资源配置方式有两种：通过自由契约在水平的市场交易中进行或通过行政命令在垂直的企业管理中进行。科斯指出："如果交易成本为零，只要初始产权的界定是清晰的，即使这种界定在经济上是低效率的，通过市场的产权交易可以校正这种低效率并达到资源的有效配置"。将科斯定理应用到水资源的管理中，就形成了水权交易制度，即通过市场的水权交易提高水资源的优化配置和利用效率。水市场的建立既为水权交易提供了必要的条件，也形成了实现水资源经济价值的机制。在美国，水权制度就是要让市场而不是联邦、州这类超级企业配置水资源。在美国中西部，企业模式配置水资源的情况局限于一些运河公司、城市供水公司，水资源总体上是市场配置的。为了减小企业规模，政府还把自己控制的大额水权分割给更小的合同水权人。例如，SWP（State Water Project，州水工程）的全部水量就用于供给 29 个合同水权人。参与水资源配置活动的，不是 SWP 的水权人（加利福尼亚州水资源局），而是这些更小的合同水权人。在美国东部，许可证水权一般也可以自由交易，不存在公权力配置水资源的情况。

2.1.6　环境伦理学理论

伦理是一种自然法则，是有关人类关系的自然法则，是按照某种观念建立起来的一种规范的秩序。环境伦理是为协调人类与自然环境的关系，约束自己的行为而建立起来的一种新秩序，是人类在长期的实践过程中的经验总结。环境伦理学是关于人与环境关系的道德研究，是研究人类在生存发展过程中，人类个体与自然环境系统、社会环境（人类群体）系统以及社会环境系统与自然环境系统之间伦理道德行为关系的科学，研究内容涉及道德行为主体的环境意识、环境道德观念、环境道德情感、环境道德信念、环境道德规范等许多方面。环境伦理学研究最早可追溯到 1864 年美国人马希写的《人与自然》一书，书中对动植物、森林、河流、土地与人类文明互动关系作了系统的研究。

自 20 世纪中期以来，随着科学技术的突飞猛进，人类以前所未有的速度创造着社会财富与物质文明，但同时也严重破坏着地球的生态环境和自然资源，如人类无节制地乱砍滥伐，使森林锐减，加剧土地沙漠化，生物多样性减少，地球增温等一系列全球性的生态危机。70 年代之后，环境伦理概念开始频繁出现，在解决生存危机的探寻里，道德的关怀或道义的力量被纳入调整人与自然关系的序列中，人们希望借助道德调控的力量来实现人与自然的和解。目前世界各国已认识到生态恶化将严重影响人类的生存，不仅纷纷出台各种法律法规以保护生态环境和自然资源，而且开始思考如何谋求人类和自然的和谐统一，环境伦理观由此得以形成并快速发展。环境伦理是人类道德关怀范围的扩展和延伸，它把原来适用于人类社会的伦理道德观念应用到人与自然的关系上。它要求人们在道德上不仅要关爱人，而且还要把这样的关爱扩展到生态系统中的自然物，给予它们良知上的尊重，用道德来约束人类对待大自然的行为。西方生态保护之父奥尔多·莱奥波德曾提出人类道德观发展的 3 部曲：最初的道德观念是处理人与人之间关系的，后来增加了处理个人与社会关系的内容，而随着社会的发展，道德向处理人与自然的关系延伸已经成为一种进化中的可能性和生态上的必然性。这 3 部曲的伦理学顺序实际上引出了 3 种类型的伦理学概念。其中前两类是传统伦理学讨论的对象，第三类则是对传统伦理学理论的突破。道德维度的扩展把人置于人与自然和人与社会两种关系序列中来进行价值判断，试图从自然与社会相统一的角度来建立起一种新的道德评价体系。这实际上依据了这样一个理论前提：人不仅要生活在社会中，而且还需要生活在自然中。道德的维度不能只受到人与人关系的限制，它必须要扩展到人与自然的关系之中。

环境伦理注重人与生态环境之间的利益分配和善意和解的紧密关系，包括人与动物的和谐共生，动物与动物的和谐共生，人与植物的和谐共生，以及动物与植物的和谐共生，甚至是植物与植物之间的和谐共生关系。具体而言，就是保护所有动植物以及其所在的环境。环境问题的实质不是环境对我们的传统的需要而言的价值，而是对后现代文明而言的价值，简单地说，就是环境在满足人的生存需要之后，人类如何去满足环境的存在要求或存在价值，而同时人类满足自身的较高层次的文明需要。现代系统科学和环境科学已经告诉我们，人是自然生态系统的一个重要组成部分。自然系统的各个部分是相互联系在一起的；人类的命运与生态系统中其他生命的命运是紧密相连、休戚相关的。所以，人类对自然的伤害实际上就是对自己的伤害，对自然的不尊重实际上就是对人类自己的不尊重。作为环境伦理的重要原则之一，环境正义强调权利与义务之间的平衡，它要求那些享受了一定权利的人要履行相应的义务。如果一种社会制度的安排使那些履行相应义务的人获得他们应该得到的东西（利益、地位、荣誉等），那么，这种社会制度就是正义的。环境正义就是在环境事务中体现出来的正义。从形式上看，环境正义有两种形式，即分配的环境正义和参与的环境正义。前者关注的是与环境有关的收益与成本的分配。从这个角度看，我们应当公平地分配那些由公共环境提供的好处，共同承担发展经济所带来的环境风险；同时，那些污染环境的人或团体应当为污染的治理提供必要的资金，而那些因他人的污染行为而受到伤害的人，应当从污染者那里获得必要的补偿。参与的环境正义指的是每个人都有权利直接或间接地参与那些与环境有关的法律和政策的制定。我们应当制定一套有效的听证制度，使有关各方都有机会表达他们的观点，使各方的利益诉求都能得到合理的关照。参与正义是环境正义的一个重要方面，也是确保分配正义的重要程序保证。

自 18 世纪后期，特别是 20 世纪以来，一些西方学者开始反思工业文明时期经济发展的模式及其运行机制，重新审视人类与自然、生物个体与生态整体、当代人与后代人之间的伦理关系，提出了不同的学术主张，形成了风格不同的环境伦理思潮和流派。这些环境伦理流派将传统的用于协调人与人之间道德规范和道德行为的善恶、责任、义务、权利等理念拓展到自然界的领域，探讨人与自然之间道德评价的标准、道德规范的尺度以及价值观念的选择，引导人们正确处理人类利益与生物利益、经济系统与生态系统之间的关系，规范人类自身在社会系统中的行为。这些环境伦理流派具有不同的学术渊源，其主张和观点不完全相同，划分的标准也不完全一样。目前，人类中心主义和非人类中心主义的划分被学界普遍认可，而非人类中心主义又可划分为动物中心论、生物中心论和生态中心论等。

（1）人类中心主义。所谓"人类中心"，美国学者默迪认为"人类被人评价得比自然界其他事物有更高的价值"，《韦伯斯特新世界大辞典》将其界定为两层意思：一是把人视为宇宙的中心实事或最后目的；二是按照人类的价值观来考虑宇宙间的所有事物。而所谓人类中心主义，学者杨通进认为，其在认识论、生物学和价值论 3 种意义上使用。综合以上观点，人类中心主义可以界定为以实现人类利益为终极价值目的，将人类的价值观作为评判非人类存在物价值的尺度，强调人类本质的社会性、利益的优先性、责任的主导性的一系列主张的统称。概括而言，人类中心主义尤其是现代人类中心主义从人类的整体利益和长远利益出发，将人类和自然二元对立，认为只有人类是认识世界的中心，是道德权利主体和价值存在物，人类之外的自然仅仅具有经济价值与工具价值而无内在价值及整体价值，提出具有社会性的人应该合理调节人与自然之间的关系，努力实现自然界工具价值和经济价值的持久和谐。正如学者默迪所言："按照自然物有益于人的特性赋予它们价值，这就是在考虑它们对人种延续和良好存在的工具属性。这是人类中心主义的观点"。这些观点关注人的社会性，对强化环境危机中人类的主体责任、主导义务具有极其重要的意义。然而，人类中心主义在哲学基础和方法论上，强调分析实证和经验的机械唯物主义方法，排斥形而上学的同时也回避了对历史的反思，体现了"人本主义的傲慢"。在价值观念上，它认为人类主体性是环境伦理的价值尺度，道德只是调节人类利益关系的规范，人类是唯一的道德顾客兼道德代理人，而自然只是满足人类无限需要的工具而已，"既没有资格充当道德的执行者，也没有资格充当道德的承受者，而只能充当道德的中介"，人类对之仅负有间接的道德义务。在实践中，人类中心主义容易导致在生产及消费活动中夸大人类的主观能动性，忽视自然的不可逆性与有机性，既将自然视为资源库，也将自然斥为垃圾箱和污水池，引起资源的高消耗、低利用和环境的高污染。结果是，在"征服和改造自然"口号的引领下，自然界的自身特质和内在属性被人类的文治武功逐渐剥离，环境危机作为工业文明的陪伴品显现，并最终反过来影响人类自身的生存和发展。

（2）动物中心论。动物中心论者认为应该把价值主体的界限从人类扩展到动物。自 20 世纪 60 年代，在全球动物保护运动的影响下，"动物解放""动物权利"的伦理主张开始进入人们的视野并日益受到重视。这种学说认为，动物具有道德权利和生存价值，应得到特殊保护，反对商业饲养和滥杀动物。动物中心论可以分为动物权利论和动物解放论，主要代表人物分别是彼得·辛格和汤姆·雷根。动物解放论和动物权利论都承认动物的生产价值和道德权利；反对商业性的饲养和肆意捕杀动物；反对将动物残忍地用于科学实验；反对只承认人的权利价值而忽视动物的道德权利和价值。这种主张对唤醒人们尊重自然进而保护大自然，具有十分重要的意义。但存在的问题是：很难界定动物权利和人类权利的界限，难以把握和正确处理动物物种之间关系的尺度，难以发现个体物种价值和整个生态系统价值的统一性。此外，他们试图解放人类工厂中动物的想法，与人类的社会生活实践相差很远。因此有学者批判性地指出："环境主义者不可能是动物解放论者，动物解放论者也不可能是环境主义者"。

（3）生物中心论。施韦泽最早提出了生物中心论的观点，后来泰勒进一步完善了生物中心论的理论体系。他们突破动物中心论者认为的道德权利只局限于动物的看法，而把生存价值扩展到生物界，认为任何生命体都具有其内在的价值属性和道德权利，都同样值得我们尊重与保护。施韦泽是当代环境伦理的代表人物之一，其伦理思想深受我国和印度文化的影响，尤其受到我国儒家环境伦理思想的影响，代表作《敬畏生命：五十年来的基本论述》以生命平等为基点展开了关于生物中心的阐述，提出伦理与人对所有存在于其范围内的生命行为有关，唯有敬畏生命的伦理才是真正的伦理："善是保持、促进生命，使可发展的生命实现其最高的价值。恶则是毁灭、伤害生命，压制生命的发展。这是普遍的、绝对的伦理原则"。所以，地球上的所有生物体都是平等的，没有人类所赋予的高低贵贱之分，没有"高级的和低级的、富有价值的和缺少价值的生命之间的区分"，只不过人的意志比其他的生物更加强烈而已。他认为"动物与我们一样渴求幸福，承受着痛苦和畏惧死亡"，人类作为"思考型"的动物，应该"如体验自己的生命一样体验其他生命"，因为只有人具有仁爱、宽厚、怜悯等德行，"能够认识到敬畏生命，能够认识到休戚与共，也能够摆脱其余生物苦陷其中的无知"。施韦泽还指出："我们不仅与人，而且与一切存在于我们范围之内的生物发生了各种联系。关心他们的命运，在力所能及的范围之内，避免伤害他们，在危难中救助他们"，即使人类与生物之间发生了冲突，人类也应该本着仁慈的思想保护自然界的一切，并改变不人道的（如斗牛、斗鸡和围猎等）行为。对生物造成的伤害，人类应该尽最大努力去补偿。生物中心论者强调尊重自然生物，保护生物价值的主张，并制定了一系列处理人与生物关系的生态法则，使环境伦理具有规范性、可操作性和科学性。但是，过于细化的法则也带来了诸多的问题。施韦泽提出：有道德的人"不打碎阳光下的冰晶，不摘树上的绿叶，走路时小心谨慎以免踩死昆虫"，难免有乌托邦之嫌。泰勒看来，杀死一个人的错误并不重于杀死一个动物或砍倒一束植物的错误，砍死一株野花的错误不亚于杀死一个人的错误，他甚至提出："从生命共同体及其现实利益的视角看，人在地球上的消失无疑是值得庆幸的"大好事"，这就完全泯灭了人的社会属性，无疑在理论上是站不住脚的。

（4）生态中心论。生态中心论的代表人物有利奥波德、卡逊、罗尔斯顿、奈斯等，大体分为 3 个流派：大地伦理学、生态整体主义和深层次生态学。概括地说，生态中心论整体上是以生态学为理论的支撑点，强调完善的生态环境伦理赋予整个生态界以道德关注，而不仅仅是动物和植物，还应该包括山川、村庄、大地和河流等非生命的客体，由此构成生态的关联性和整体性。他们认为生态整体就是一种由它与它自己的部分互相作用、并与它所隶属的更大的整体互相作用而规定的结构，生物共同体的和谐、和善、美丽是最高的善，生态系统的整体价值就是最高的价值。大地伦理学主张生态的和谐性和整体性，认为生态共同体的价值要高于生物个体的价值，整体的价值要优先于个体生命的价值，这就超越了强调人类个体的价值、尊严和自由的人本主义的思想，革除了动物权利论所强调的生命个体的价值和道德权利，有一点进步意义。也正是因为此，利奥波德的著作《沙乡年鉴》被誉为"现代环境主义运动的一本圣经"，他本人也被尊称为"当之无愧的自然保护之父"。但是他以保护生态整体的观点而忽视生命个体的价值和权利，实际上是以整体的利益抹杀个体的价值，所以有学者称其思想为"环境法西斯主义"。罗尔斯顿提出了生态整体主义的观点，主要思想体现在其著作《哲学走向荒野》中。生态整体主义强调人类对自然的改造应该控制在可承受的、降解和恢复的范围内，主张尊重具有创造功能的生态系统的整体利益和长远利益，同时应该兼顾动植物的个体的权利和价值，这符合生态环境学的基本观点。但生态中心主义笼统地强调生态的整体价值要求，忽视人类在自然面前权利的不均衡性和义务的不对等性，漠视发展中国家在经济发展优先和环境保护优先选择上的艰难性，掩盖了发达国家不断地全球扩张是世界环境危机的重要根源这一事实，因此遭受了发展中国家环境学者的谴责。

我国环境伦理学研究始于 20 世纪 80 年代中期，30 多年来，我国学者围绕这一学科基础理论问题进行探讨、争论，取得了许多有价值、有特色的研究成果。从西方流传到我国的环境伦理学本身就有着许多争论，流派众多，存在人类中心主义、动物解放论、动物权利论、生物中心主义、生态中心主义等各种学说。早在 1994 年，余谋昌教授就发表了《走出人类中心主义》一文，提出非人类中心主义的伦理观点，随即引发了一场涉及环境伦理学根基的大讨论。有人把争论形成的 3 类不同观点总结为：以余谋昌、叶平为代表的非人类中心派，主张把道德关怀的领域扩展到自然界；以刘福森、章建刚为代表的一方认为非人类中心论存在逻辑上的弱点和缺陷，主张坚持人类中心立场，认为由此亦可确立环境保护的理论基点；以杨通进为代表的一方则认为，人类中心主义和非人类中心主义各有其合理性和缺陷，因而提出"超越和整合"两者的思路。

2.1.7　环境社会学理论

环境社会学是研究环境与社会——人类自然的、物理的、化学的环境与人类群体、人类社会之间相互关系的学科，是环境科学与社会学交叉渗透的产物。帕森斯的社会系统理论、批判（法兰克福学派）理论以及世界系统论是 20 世纪中期 3 个最重要的社会学理论（王芳，2006）。20 世纪以来，社会学研究的中心从欧洲转移到了美国。美国社会学研究的中心地位由于互动理论、功能理论以及反主流社会学传统的冲突理论、交换理论和现象理论等而得以加强。社会学研究中心转移的一个直接后果，是 20 世纪 30 年代芝加哥学派的成立，他们对城市发展进程中环境与社会关系进行了思考，开创了环境社会学思想的先例。进入 60 年代，公众环境保护运动开始发展。理论上的准备和实践中的呼应，最终促发了环境社会学的诞生。70 年代早期，关于环境的社会学研究类的文章开始出现在主流社会学杂志。这一时期的文章主要关注环境运动和污染。70 年代末，美国社会学家 Catton 和 Dunlap 发表的两篇文章，奠定了环境社会学的坚实基础，被认为是环境社会学正式形成的标志，环境社会学逐步取得了社会学分支学科的地位。这两篇文章分别是他们在《美国社会学家》（*The American Sociologist*）上发表的《环境社会学：一种新范式》和在《社会学年刊》（*Annual Review of Sociology*）上发表的《环境社会学》。他们认为：传统的涂尔干式的社会学研究范式，在强调以社会事实解释社会事实的同时，忽视了环境因素对社会事实的影响，同时，各种社会学理论尽管表面上分歧对立，但是都具有人类中心主义这一共同点。环境社会学基本观点认为，社会系统中至少有 4 种变量是全球生态系统变化的驱动力：一是人口规模的增长；二是制度安排与变化；三是文化，包括态度、信仰、社会范式等；四是技术变化。生态系统和人类社会系统是相互依赖的，改善人类社会与环境之间的关系，使人类社会与自然环境之间和谐相处、协调发展，社会公众的参与是关键。一般认为，环境社会学的研究内容应当围绕环境问题的社会原因和社会影响来进行。

西方环境社会学在其发展历程中，自身的理论研究在不断深化，研究领域不断拓展，其学科地位也不断得到提升。20 世纪 70 年代晚期，卡顿与邓拉普在社会学的理论视野内提出了一个具有"绿色思想"的新范式——"新生态范式"（new ecological paradigm，NEP）。这一范式力求突破古典社会学理论的方法论传统，即迪尔凯姆主张的"一种社会现象只能通过其他社会现象去解释"的方法论原则，认为这一方法论原则为社会学的理论研究划定了人类中心主义的理论边界，由此也在一定程度上限定了社会学对人类赖以生存的自然环境的理论关注。为了突破这一方法论原则，卡顿与邓拉普提出的"新生态范式"主张将生态学法则引入到社会学的理论研究中。在他们看来，几乎所有的社会现象（如经济增长和社会发展等）都存在着自然的和生物学上的潜在限制，这种限制是难以超越的。所以，我们不应当无视这种限制的存在，而应当警醒和反思社会学理论研究中的"人类中心主义"的倾向，以及这种倾向有可能导致的人类理性的社会行动所带来的不利的社会后果。

20 世纪 90 年代以来，环境社会学的理论研究开始逐步走向一个稳步发展和研究领域不断拓展的时期。正如巴特尔所分析的那样，这一时期主要表现为两个特征：一是一些主流社会学家，如吉登斯（A.Giddens）、卢曼（N.Luhmann）等，开始关注和强调"生态信条"（ecological beliefs）作为一种方法论原则在我们理解环境与社会的关系中所应具有的积极的理论指导作用；二是环境社会学的经验主义的视野扩展到 3 个领域，即科学社会学、风险社会以及新社会运动理论。吉登斯作为当代较有影响的社会学家已经敏锐地看到科学技术的发展所具有的两重性质，认为科学技术的进步既是经济发展和科学技术创新的源泉，也可能是导致不可预见的危害性后果的根源。因为科学技术发展的速度太快，以至于我们在理论上很难做到同步发展，无法及时地对其可能导致的后果和社会价值做出相应的认知和判断。这意味着，科学技术的进步和风险是紧密相关的，当下我们所面临的各种风险问题，如技术风险（转基技术）、生态风险（全球气候变暖、环境污染），乃至经济发展与生态环境恶化之间的关系等问题，都变得更加难以把握。因此，他提出要加强地区性的和全球性的生态管理政策，以应对未来那些不确定的和不可预知的各种风险问题。而环境社会学向科学社会学、风险社会以及新社会运动理论领域的扩展，表明该学科意欲从这 3 个领域汲取相应的理论和经验现实方面的借鉴和支持。此外，社会建构主义学者汉尼根在其新版的《环境社会学》一书中，就"环境流动的社会学"（sociology of environmental flows）理论进行了详细的阐述和积极的展望，认为这一理论可能预示着环境社会学未来发展的一个新的理论生长点。这里所谓的"环境流动"，不仅是指物质性的流动或作为技术和生产的供给性结构，而且也是"社会-环境"之间的节点式的以及网状结构式的复杂的交互关系。"环境流动的社会学"其核心的理论是"突发性理论"（emergence theory），这一理论是对一系列新凸现的环境危机（如印度洋海啸、SARS 病毒、疯牛病等）的积极的理论反映，认为这种新形式的环境危机比以往的生态环境问题更具有突发性、复杂性的特点，危害性及破坏性也较大，且更加难以预料和应对，这使环境与社会的关系呈现出愈加复杂化的"突发性流动"（emergent of flows）的特征。这一特征的出现要求我们在理论上应当重新反省以往的"自然-社会二分法"（nature-society divide）的观念是否还具有其相应的合理性，也进一步对环境社会学的理论研究提出了社会建构主义和经验主义相结合的要求（林兵，2007）。

王芳（2006）认为，在过去的大约 15 年中，西方社会学有四大变化在环境社会学的发展过程中影响甚大。这四大变化分别是：①新的现代性理论的出现，特别重要的是吉登斯关于现代性和反思性现代化的研究以及贝克对"风险社会"的研究；

②涌现很多后现代性和后现代化方面的专著；③文化社会学扩大了观察问题的视角，不仅包括后现代性的视角，还包括评论——分析、社会框架和新社会运动的视角；④社会建构主义的视角已经大体上从科学社会学延伸至政治运动和社会运动的领域，特别是延伸到了环境、资源以及环境知识和运动方面。指出四大变化不仅对主流社会学来说令人瞩目，同时对环境社会学这个分支学科来说也具有某些特别而有意义的启示。

我国环境社会学以我国社会历史为背景，以政治文化传统为基点，搭建符合我国本土的环境社会学的理论架构，使环境社会学的主题、理论、构架及研究方法与社会学在我国的复兴进行呼应。我国环境社会学的发展可划分为两个时期，20世纪90年代中期以前和90年代中期以后。在前一阶段，我国环境社会学处于"无学科意识的自发介绍与研究"时期，它没有被认为是社会学的一门分支学科，而只是被当作环境研究中的一种独特视角；在后一阶段，我国环境社会学进入了"有学科意识的自觉研究与建构"时期，它逐渐进入了自觉研究和学科建构的轨道。特别是进入21世纪以来，我国环境社会学在理论框架和研究取向上取得了突破。在理论框架上，我国环境社会学在社会学理论框架（如功能、冲突、网络、建构、反思性、现代性等）的指导下，探索我国环境问题与我国特定社会背景之间的关系，试图从中观或微观的层面上发展具有一定解释力的关于环境问题及其社会影响的理论；在研究取向上，我国环境社会学重点关注环境污染、流域管理、气候变化、生态移民、灾害研究等，强调从综合性的视角研究导致环境衰退的复杂社会原因，对转型中的我国社会与日益加剧的环境风险进行审视，从而逐步形成了风格迥异的研究流派和风格。需要指出，我国环境社会学在迅速发展的同时亦面临巨大挑战，在转型期的我国社会经济条件下，环境体系的复杂多变、时间与空间的快速置换、社会与环境互动维度的重叠交织。虽然我国环境治理逐步走向制度化，但这种环境治理具有形式性、外生性和脆弱性等特征，并且存在着治理主体不完整这一内在的、结构性的缺陷，由此导致我国环境治理的局部失灵（黄齐东，2015）。

2.2 节水型社会建设研究进展

水资源是基础性的自然资源和战略性的经济资源，更是维系流域生态安全与经济社会和谐发展的决定性因素。我国国家层面的节水工作始于20世纪80年代初。1983年，全国第一次城市节约用水会议成为我国强化节水管理的重要标志；国家"七五"计划提出，要把有效保护和节约使用水资源作为长期坚持的基本国策；1990年全国第二次城市节约用水会议提出，要创建"节水型城市"；1997年国务院审议通过的《水利产业政策》规定，各行业、各地区应大力普及节水技术，全面节约各类用水；2000 年，《中共中央关于制定国民经济和社会发展第十个五年计划的建议》首次提出建立节水型社会，2002 年节水型社会这一名词正式被《中华人民共和国水法》以法律的形式确定下来。《中华人民共和国水法》总则第八条规定"国家厉行节约用水，大力推行节约用水措施，推广节约用水新技术、新工艺，发展节水型工业、农业和服务业，建立节水型社会"。2005 年中国共产党十六届五中全会进一步明确提出，要建设"建设资源节约型、环境友好型社会"，并首次把建设资源节约型和环境友好型社会确定为国民经济与社会发展中长期规划的一项战略任务。《中共中央关于制定国民经济和社会发展第十一个五年规划的建议》中，也将"建设资源节约型、环境友好型社会"作为基本国策，提到前所未有的高度。伴随日益严峻的水资源短缺问题及国家对节水型社会建设的高度重视，国内学术界对节水型社会建设的基础理论、模式成效、体制机制、对策措施等问题进行了大量的理论探讨和分析。

2.2.1 节水型社会的基础理论探讨

1. 节水型社会的概念与内涵

节水型社会是一个较新的名词，其概念目前尚未形成统一的认识。我国学者李佩成（1982）认为，节水型社会是社会成员改变不珍惜水的传统观念，改变浪费水的传统方法，改变污染水的不良习惯，深刻认识到水的重要性和珍贵性，认识到水资源并非取之不尽用之不竭，认识到为获取有用的水需要花费大量的劳动、资金、能源和物质投入。并从工程技术上变革目前的供水、排水技术设施，使其成为可以循环用水、节约用水、分类用水的节水系统，实行有采有补，严格有序的管理措施，并将节水认识和节水道德传教于后世，从而把现在浪费水的社会，改造成为"节水型社会"。王浩等（2002）认为，节水型社会就是人们在生活和生产过程中，在水资源开发利用的各个环节，贯穿对水资源的节约和保护意识，以完备的管理体制、运行机制和法制体系为保障，在政府、用水单位和公众的共同参与下，通过法律、行政、经济、技术和工程等措施，结合社会经济结构的调整，实现全社会用水在生产和消费上的高效合理，保持区域经济社会的可持续发展；程国栋（2002）、Falkenmark 和 Rockstrom（2004）指出，节水型社会是在明晰水权的前提下，通过调整水价、发展水市场等手段，建立以水权为中心的管理体系、量水而行的经济体系，最终实现水资源集约高效利用、社会经济又好又快发展、人与自然和谐相处的一种社会形态；胡鞍钢等（2003）认为，节水型社会的核心是正确处理人和水的关系，通过水资源的高效利用、合理配置和有效保护，实现区域经济社会和生态的可持续发展。节水型社会的根本标志是人与自然和谐相处，它体现了人类社会发展的现代理念，代表着高度的社会文明，也是现代化的重要标志。综上所述，尽管已有研究对节水型社会概念的表述不尽相同，但实质上并无太大差异，大都强调通过体制创新和制度建设，建立起以水权管理为核心的水资源管理制度体系、与水资源承载力相协调的经济结构体系、与水资源优化配置相适应的水利工程体系，形成政府宏观调控、市场引导、公众参与的节水型社会管理体系，形成科学高效的节水型社会运行机制和自觉节约水资源的社会风尚，切实转变全社会对水资源的粗放利用方式，促进人水和谐相处，实现水资源可持续利用，保障经济和社会可持续发展。

节水型社会较传统意义的节水有着更为丰富的内涵。国内一些学者认为，节水就是采取各种措施，使用水户的单位取水量（用水量、耗水量、水质污染量）低于本地区、本行业现行标准的行为，凡是有利于减少取水量的行为均应视为节水（刘戈力，2002）；节水就是最大限度地提高水的利用率和水的生产效率，最大限度地减少淡水资源的净消耗量和各种无效流失量（沈振荣等，2000）；节水型社会不是在现有的社会系统上加上节水的内容，而是在社会各个层面和各个领域的具体实践活动中，都以节水作为其社会行为的基本准则之一，建立健全相关机制体系，协调社会经济结构，实现社会系统、生态系统和水资源的良性发展，保障水资源的持续利用对社会经济发展的永续支撑。王修贵和张乾元（2005）指出，节水型社会的内涵应包括相互联系的几个方面。第一，在水资源的开发利用方式上，节水型社会是把水资源的粗放式开发利用转变为集约型、效益型的开发利用，是一种资源消耗低、利用效率高的社会运行状态；第二，在管理体制和运行机制上，节水型社会强调明晰水权、统一管理、宏观调控、民主协商、市场运作和用水户参与的管理和运行机制；第三，在产业结构上，节水型社会涵盖节水型农业、节水型工业、节水型城市、节水型服务业等具体内容，是由一系列相关产业组成的社会产业体系；第四，在社会组织上，节水型社会又涵盖节水型家庭、节水型社区、节水型企业、节水型灌区、节水型城市等组织，是由社会基本单位组成的社会网络体系；第五，在制度建设上，节水型社会应是在以生产力和生产关系变革为前提的社会上层建筑变革的基础上，以水权制度建设为核心，建立起与节水型社会相适应，涵盖节水管理制度、水价制度、水权交易制度、水信息发布制度及用水协调制度等诸多内容完备的法律制度体系，依法保障用水户的水权，合理分配水资源，保证社会公平。陆大道（2009）根据水资源承载力影响因素的作用框架，将节水型社会的基本框架界定为以下 5 个方面。①要素框架一，经济发展规模及结构，包括 GDP，工农业和第三产业比例，能源重化工与制造业的比例，种植业的内部结构，水资源利用的技术结构。②要素框架二，农业用水取决于播种面积及种植结构，农作物的价值及市场范围可能决定节水技术的应用和节水量。③要素框架三，社会发展规模及结构，包括人口总量、城乡人口比例、城镇规模结构等。④要素框架四，水价及其他区域性政策。水价对区域需水量具有巨大作用，制定水价政策的依据包括实际供水成本、用户收入和生活水平、用水部门生产的产品的价值和市场范围等。⑤要素框架五，水资源的重复利用，中水、海水淡化，分质供水（需经技术经济分析论证），政策、法规的制定等。陆大道院士关于水资源承载力影响因素及节水型社会的分析，不但提出了节水型社会建设的基本框架，而且从经济、技术、社会、政策等层面揭示了节水型社会的基本内涵。

总体来看，要全面准确地把握节水型社会的深刻内涵，一是应从我国社会经济发展战略的高度来认识节水型社会。水资源是经济社会发展不可替代的自然资源，而节水型社会建设是实现水资源的可持续利用的关键，节水型社会不是为节水而节水，而是为了提高用水效率和水资源承载力，以满足经济、社会、环境与生态对水资源的需求，以水资源的可持续利用支持经济社会的可持续发展。二是应从社会结构变革的高度理解节水型社会建设。节水型社会建设是社会生产方式和生活方式的根本变革，这一变革不是简单地以节水为目标，而是通过社会生产力、生产关系和上层建筑各个层面的变革，以达到优化水资源配置，实现经济社会可持续发展的根本目标。同时，节水型社会建设作为一项全新的探索，其内涵还将随着实践的深入而不断完善和发展。

2. 节水型社会的特征与实质

除对概念和内涵的分析之外，学术界对节水型社会的基本特征、节水型社会建设的内容与实质等问题也进行了探讨。胡鞍钢（2003）指出，节水型社会包含效率、效益和可持续 3 重相互联系的特征（表 2-1）。效率是降低单位实物产出的水资源消耗量，效益是提高单位水资源消耗的价值量，可持续是水资源利用不以牺牲生态与环境为代价。并指出节水型社会也包含治污的内容，节水型社会实际上是节水防污社会。节水型社会的效率、效益和可持续 3 重特征体现在微观、中观和宏观 3 个层面：①节水型社会在微观层面上表现为水资源利用的高效率。即通过采取工程、经济、技术和行政措施，建立节水型农业、节水型工业和节水型城市，减少水资源开发利用各个环节的损失和浪费，降低单位产品的水资源消耗量，提高产品、企业和产业的水利用效率。②节水型社会在中观层面上表现为水资源配置的高效益，构建节水型经济。非农产业的用水效益大大高于农业，低耗水产业的用水效益高于高耗水产业，经济作物的用水效益高于种植业。这要求通过结构调整优化配置水资源，将水从低效益用途配置到高效益领域，提高单位水资源消耗的经济产出，节水型社会一定是"节水"和"增长"双赢的发展，而不是以牺牲经济发展为代价换取用水量的下降。③节水型社会在宏观层面上表现为区域发展与水资源承载力相适应，塑造持续发展型社会。节水型社会要求一个流域或地区量水而行，以水定发展，打造与当地资源禀赋相适应的产业结构，通过统筹规划，合理布局和精心管理，协调好生活、生产和生态用水的关系，将农业、工业的结构布局和城市人口的发展规模控制在水资源承载力范围之内。经济社会发展在水资源承载力以内就能实现可持续发展，否则就会造成生态系统的破坏和生存条件的恶化。宏观上严重短缺、微观上效率低下是我国水资源及其利用现状的最基本的特征；汪恕诚（2005）指出，节水型社会的本质特征是建立以水权、水市场理论为基础的水资源管理体制，形成以经济手段为主的节水机制，不断提高水资源的利用效率和效益，促进经济、资源、环境的协调发展。

表 2-1 节水型社会的特征与量度

特征	标志	指标	我国现状	发达国家
效率	节水型农业	农业水有效利用系数	0.45	0.7～0.8
	节水型工业	工业水重复利用率	0.3～0.4	0.75～0.85
		单位产品耗水量（m³/吨钢）	23～56	6
	节水型城市	城市管网漏失率	>0.3	0.12～0.25
		城市污水处理率	0.2	0.8～0.9
效益	节水型经济	农业用水比	0.69	0.09～0.64
		每立方米水产出 GDP（美元）	1.9	19～46
		总体	2	14～48
		农业	0.5	1.4～5.8
		工业	4.2	8～100
		服务业	12.6	27～175
可持续性	持续发展型社会	水资源承载力供需平衡指数	<0（华北、西北部分地区）	>0

注：表中的指标只是衡量节水型社会的部分指标，选取标准主要是数据的可获得性与可比较性；效益指标的数据来源见《现代水资源管理概论》（吴季松，2002）。

需要指出的是，尽管我国开展节水工作已走过了 30 余年，但用水效率低下的状况并没有大的改观。《中国可持续发展水资源战略研究报告》认为，"根本原因是提高用水效率不单纯是水资源本身的问题，而是一场涉及生产力和生产关系的革命"。王亚华和胡鞍钢（2003）认为，建立节水型社会是一场深刻的社会变革，需要观念革命、管理革命、透明革命、参与革命，归根到底需要制度革命。如果说调水主要是工程建设，那么节水主要是制度建设，节水型社会的建立需要大规模的制度建设。从传统用水粗放型社会走向节水型社会，本质上是从浪费水的旧体制转向高效用水的新体制，需要经历大规模的制度创新和制度变迁。建立节水型社会的核心是建立有效的制度安排，节水意识和观念的全面树立、节水投入的大幅度增加、节水技术的大规模普及，只有在一个有效的制度框架下才可能发生，而较高的变迁成本会阻碍新制度的引进，这是节水型社会难以建立的根本原因。汪恕诚（2005）进一步指出：节水型社会的本质特征是建立以水权、水市场理论为基础的水资源管理体制，形成以经济手段为主的节水机制，不断提高水资源的利用效率和效益，促进经济、资源、环境的协调发展。

3. 节水型社会建设的原则与模式

构建节水型社会最终要实现区域水资源集约高效利用、经济社会快速发展、人与自然和谐相处的目标。国内外对节水型社会建设模式的探索实践，以及节水型社会建设的经济模式和"国家-区域-基层（CRL）"模式，也反映了人们对节水型社会认识的不断深化。刘七军（2009）指出，节水型社会的构建和其目标的实现，需遵循区域差别性原则、普遍适用性原则、动态性原则、多目标性原则和阶段性原则。各地自然条件和经济发展水平的差异，客观上决定了节水型社会建设必须体现区域差别性原则。节水型社会建设的最终目标是要在全社会推广，无论在水资源丰沛地区还是水资源短缺地区，节水型社会建设都是实现其经济社会可持续发展的必由之路，因此节水型社会建设必须遵循普遍适用性原则。节水型社会建设同社会发展的水平直接相关，在不同的社会发展阶段，人类开发利用水资源的方式和手段不同，节水型社会建设的内容也不尽相同，因此节水型社会建设必须遵循动态性原则。节水型社会建设包含相互联系的微观、中观和宏观 3 个层面的目标。微观目标是通过建立节水型农业、节水型工业和节水型城市，实现水资源利用的高效率。中观目标是指通过构建节水型经济，实现水资源配置的高效益。宏观目标是坚持区域发展与水资源承载力相适应，以塑造持续发展型社会，实现水资源利用的可持续性（黄建才，2004），这就决定了节水型社会建设具有多目标性原则。节水型社会的发展是随着水资源的需求发展阶段逐渐形成的，由于不同地区的水资源条件、自然条件和社会经济发展水平各不相同，节水型社会所处的阶段也不尽相同。一般而言，节水型社会总体上可划分为 4 个阶段，即起步阶段、初步实现阶段、基本实现阶段和建成阶段，这 4 个阶段分别代表了节水水平由低到高的发展过程（阮本清等，2001）。

在节水型社会建设模式研究方面，学术界探讨提出了基于不同区域自然和社会经济特征的不同建设模式。例如，刘丹等（2004）根据我国各地区和流域的水资源特点和开发利用程度将全国分为华北资源、水质型缺水区，西北管理、生态环境型缺水区，东北工程、管理型缺水区，南方管理、水质型缺水区和南方工程型缺水区共 5 个"节水型社会"建设区域，探讨了每个区域的建设模式和战略措施。王亚华（2007）指出，我国地域辽阔，各区域水资源条件、开发利用状况、经济结构、社会经济发展阶段存在明显差异。在实践中，不同地区针对本区域自然条件，量水而行，因水制宜，形成各具特色的建设模式。朱厚华等（2017）认为，我国在长期的治水实践中，不断推进水治理改革，探寻新的治水模式，创造性地提出了节水型社会建设的理念，并在实践中不断推进。经过十余年的实践，基本形成了具有代表性的华北地区建设模式、西北能源化工基地、东南沿海经济发达地区、东北地区和南方丰水地区 5 种典型模式，积累了建设经验，但依然存在一些问题和困难，影响着节水型社会建设。例如，华北地区针对水资源开发利用过度的状况，突出用水总量控制，实行用水精细化管理，强化水资源承载力对经济社会发展的刚性约束，节水压采。重点推进区域用水指标分解，严格用水总量控制，促进产业结构调整，鼓励发展再生水、雨水、海水等非常规水源。大力实施各行业节水技术改造，严格用水定额和计划管理，实行取、供、用、耗、排水及回用的全过程管理。以地表水和再生水替代地下水，保护地下水源。西北能源化工基地针对水资源短缺和不合理利用的状况，大力发挥市场配置资源的作用，推进工农业间水权转换，提升区域水资源承载力。主要是工业反哺农业，投资节水灌溉，建设节水工程，发展高效节水农业，减少农业用水量；开展节水型企业建设，推进节水技术改造，促进水循环利用，提高工业水重复利用率，高标准建设现代企业，实现农业、工业用水协调发展。长三角、珠三角等经济发达地区针对水污染严重问题，着力实施各行业节水技术改造，加快推行清洁生产，大力发展循环经济，节水挖潜。以农业工业节水技术改造为重点，大力推广先进适用的节水技术、工艺和设备，大幅度提高水资源利用效率，减少水资源消耗，降低废水排放；加大污水处理回用力度，鼓励水资源循环利用，实现污水不入湖少入湖，改善水生态环境；褚俊英等（2008）在综合考虑试点区水资源条件和社会经济发展特征，并结合试点区位特征的基础上，将我国目前的 42 个国家级节水型社会建设试点划分为四大类，即经济发达丰水类（A 类）、经济发达缺水类（B 类）、经济欠发达丰水类（C 类）和经济欠发达缺水类（D 类）。其中 B 类主要包括我国东北、华北与华东的一些城市，如大连、廊坊、天津、淄博和张家港等，经济发展水平较高，水资源条件较差，缺水、地下水超采及水污染等问题十分突出。其中黄淮海平原属于全国人均水资源量最少的地区，现状用水已接近或超过水资源可利用量。节水型社会建设重点，是加大经济结构调整与优化力度，合理调整产业布局；实行严格的用水总量控制制度，并在此基础上推行水权的分解、分配与流转；南水北调受水区应结合调水工程建设，合理调配地表水、地下水、本地水、外调水和非常规水源，增强水资源优化配置的调控能力；加大工业污染源防治的力度，推行清洁生产，积极发展高效农业；加强水资源管理信息化和现代化建设。该类型区应依靠自身的经济实力，针对面临的突出水问题有的放矢地进行建设。D类主要包括我国东北、华北、华东、西北和西南的一些城市，以西部地区为主，如张掖、宁夏回族自治区、敦煌等，社会、经济发展的基础较差，水源严重缺乏。一些地区面临严重的水土流失问题，相当一部分内陆河流的生态环境用水被挤占，生态环境十分脆弱。节水型社会建设过程，应以水资源的安全供给和维系生态相对平衡为基本前提，加强大江大河源头生态系统的保护，保障水安全；加快退耕还林还草进程，控制水土流失；严格按照水资源可利用量对用水总量进行控制；应建立严格的水管理制度，积极培育水权交易市场；在调整农业种植结构的同时，积极发展旱作农业节水技术，建设节水增效灌区示范工程。政府应对节水型社会建设予以重点扶持，加大政府投资与优惠的力度。

4. 节水型社会制度体系建设

节水型社会的建立需要制度建设的支撑，建立节水型社会的核心是有效的制度安排。在节水型社会制度体系建设研究方面，学术界围绕我国现行制度体系存在的问题与不足，对节水型社会建立所需要的制度体系进行了大量研究。陈康宁等（2012）指出，目前我国的节水型社会制度体系呈现出明显的"缺两头"特征，一头指宏观指导性制度，另一头指地方节水型社会制度体系。在中华人民共和国全国人民代表大会和全国人民代表大会常务委员会颁布《中华人民共和国水法》《中华人民共和国水土保持法》《中华人民共和国水污染防治法》等法律，国务院出台《取水许可和水资源费征收管理条例》《中华人民共和国水土保持法实施条例》等法律条例以及各省级行政区颁布相关地方性法规的背景下，当前我国地方层面上主要执行的是以上"上位制度"，缺乏一个总体控制制度将这一系列制度作总的收拢，既吸收所有"上位制度"对节水型社会建设的总体规定性，同时又起到承上启下的作用，统领地方节水型社会制度体系。认为"十二五"时期是我国加快建设节水型社会的关键时期，在此过程中，制度建设的核心地位将进一步凸显，并针对当前我国地方节水型社会制度建设存在的总体控制制度缺位、分项操作制度不完善、基础保障体系不健全三大突出问题，基于对节水型社会制度体系的理论基础研究，借鉴"层次分类"形式，采用"总体控制制度—分项操作制度—基础保障制度"的逻辑主线，形成地方节水型社会制度体系的"金字塔"逻辑结构。基于最严格水资源管理制度和节水经济调节机制，提出地方节水型社会制度体系的框架。王福波（2011）指出，开展节水工作，制度建设是关键。当前，我国水资源管理体制相对混乱，水资源产权虚置，水权交易制度不健全，水价制定机制缺乏科学依据以及公众参与节水缺乏体制性渠道等，已经成为节水工作深入进行的"瓶颈"。认为我国对水资源实行流域管理与行政区域管理相结合的管理体制存在较大缺陷，不利于节水工作的开展。表现在多龙治水所导致的认识不统一、利益不一致、工作有交叉、职责分不清、科学规划难、同步建设难、统一调度难、管理协调难等许多方面，这种体制上的相互矛盾必然减弱政府对水问题的治理。同时，我国流域管理机构的职能主要是专业设计、政策咨询等，在协调利益关系和行使水资源管理方面缺乏相应的权限，不能制定流域全局性的宏观决策、政策法规。

节水型社会建设应完善流域管理和行政区域管理相结合的水资源管理体制，建立初始水权分配制度。流域用水权分配是区域水权分配的依据，必须以流域水资源统一管理为基础，从整个流域的角度综合考虑水权分配。所以要加强流域水资源统一规划、统一配置、统一调度，合理划分流域管理与行政区域管理和监督的职责范围，依法界定流域和区域的事权，实现多水源调度、水量与水质统一管理。要尽快改变长期形成的条块分割的水资源管理体制，地方水行政主管部门要依法负责行政区域内的水资源统一管理和监督工作，加强水资源的统一规划、统一配置、统一调度，实现城乡水资源的统一管理，促进水资源的可持续利用（龚安国和蒋吉，2007）。陆益龙（2009）指出，制度建设对节水型社会来说之所以是必要的，是因为一个社会的节水目标的实现，离不开对社会成员过多用水和无效耗水行为的调节和控制，以此达到节约和保护有限水资源的目标。制度建设就是要根据所要达到的社会目标，建立起规范社会行为、引导行动方向的规则系统。节水型社会通过法律、制度、市场和社会的机制与力量，形成人们自觉将节约、保护和可持续作为用水基本原则的社会状态。实现节水型社会，需要从文化系统、法律系统、政策系统和操作系统 4 个层面加强节水核心制度体系的建设（表 2-2）。建设核心制度体系，就是完善和强化节水制度的实际效力，使各种制度间形成协调一致的作用。如果从制度体系的结构来看，一套行之有效的制度体系应由文化层次的规则、法律层次的规则、行政执法层次的规则和操作层次上的规则构成。要建立节水型社会，必须在每个层次形成相互衔接、协同作用的规则或制度体系，而且各个层次上的制度、规则都对节水目标的实现起到关键性或核心的作用。他强调，在节水核心制度体系建设的策略或路径上，应重视培育新型的节水文化，构建支撑节水型社会的文化系统，给社会成员提供一个可以习得节水价值、观念和行为的环境或氛围。而要使社会成员具有某种观念，养成某种行为习惯，就必须通过教育，使相应规则成为核心价值体系的构成要素。他指出，文化教育的途径有两种：一是正规学校教育，二是大众宣传教育。学校教育是文化培育的最基本、最有效的途径。目前，我国基础教育的应试导向使文化培育和核心价值的培养受到一定程度的削弱，较多学校过于注重应试知识和技巧的训练，而对传播新型文化观念和价值则没有给予足够的重视，学校更多注重现代科学知识的传授，而轻视现代文化的传播以及现代人的培育。在构建节水型社会的文化建设方面，需要加强学校对节约资源、保护自然环境的文化观念和价值的教育和传播。在大众宣传教育方面，需要通过大众传播途径，向公众灌输节水意识、节约观念和可持续发展理念，通过倡导新型的价值、道德准则和行为方式，形成一种有利于节约用水、水资源可持续发展的氛围。李晓西和范丽娜（2005）指出，建设节水型社会首要的是建立起合理的水价形成机制，用价格杠杆推进水资源的优化配置。要明晰水权，实施水权管理，重视节水技术的创新，针对不同用水户建立起有利于调动他们节水积极性的激励机制，通过宣传和采用经济手段建立起水资源的保护机制。在节水技术创新上，要通过政策制定鼓励发明创造和技术创新，推动各种节水技术的应用，加速节水技术成果转化，使各种节水技术能尽快应用于生产和生活领域。

表 2-2　节水型社会核心制度体系的构成及功能

制度层次	制度结构	制度功能
文化系统	节水文化教育行动计划、节水意识宣传行动计划	形成节水文化、增强节水意识
法律系统	《中华人民共和国水法》及实施细则、《中华人民共和国水污染防治法》及实施细则、《节水法》及实施细则	规范用水行为、保护水资源、促进节约用水
政策系统	取水许可与水资源费征收条例、水资源规划与定额管理条例、水资源评估与论证条例	控制用水行为、控制用水总量、调控社会与水的关系
操作系统	流域管理体制、水权及水市场体制、节水技术推广和应用条例	保障法律、制度实施、调节稀缺与效率的关系、为节水提供技术和激励

资料来源：陆益龙，2009。

2.2.2　节水型社会评价研究

节水型社会评价是节水潜力评价的进一步发展，开展节水型社会理论和综合评价方法研究，是水资源管理的重要内容。我国建立节水型社会还处于起步阶段，依据我国的具体情况，提出一套完整的节水型社会建设的理论体系，制定一套符合生产实际的节水型社会评价指标体系及标准，研究科学合理的区域或流域节水水平评价方法，规范用水系统，提高用水效率和效益，具有重要的现实意义。从研究内容和进展分析，国内外在农业节水灌溉、城市节水器具、水价、污水利用等节水的各个单项技术上已经进行了极为深入广泛的技术方法研究（陈晓燕和陆桂华，2002），但关于开展全面节水型社会建设方面缺乏系统理论和量化评价研究，现有评价指标体系大多是为评价区域的社会经济可持续发展水平、水资源开发利用水平、区域用水水平和区域水资源承载力等建立的，关于节水型社会的定量评价指标体系尚未真正建立。节水型社会指标体系以提高水资源利用效率为核心、保证经济社会可持续发展为目标，以加强水资源管理、节约用水为主要内容，与建设和谐社会进程密切相关，综合考虑农业、工业城镇及农村生活用水的需求，考虑开源与节流、需水与供水的关系，考虑农业节水与工业节水、城镇生活节水之间，节水措施的投入与产出，节水与经济、社会、环境之间的关系（王浩等，2003）。

节水型社会评价是一个多指标评选问题，常规综合评价方法有加权算术平均法和加权几何平均法。近年来随着应用数学的发展，新的综合方法也被应用于实际评价工作中。例如，将灰色关联分析理论应用于区域用水水平的评判，建立区域用水水平多层次灰色关联综合评价模型（阮本清等，2001）。陈莹等（2004）在综合考虑节水水平、生态环境建设、经济发展、社会保障等方面指标的基础上，构建了一个具有层次结构的节水型社会的评价指标体系，利用层次分析法确定了指标权重，通过对各指标的发展趋势及与国外用水水平进行横向比较后，确定了不同指标的标准值，通过构建"综合目标分层次评价模型"进行节水型社会发展水平的量化综合评价。该评价模型由节水型社会目标模型和节水型社会发展子模型（D_t）、节水型社会保障系统子模型（S_t）两个子模型构成。以中华人民共和国水利部（简称水利部）确定的节水型社会试点城市绵阳为例，进行了节水型社会综合评价的实证研究，对绵阳节水型社会评价综合指数、节水型社会发展子系统和节水型社会保障子系统的实现指数进行了计算分析。徐海洋等（2009）以郑州为例，建立了节水型社会定量评价指标体系，采用层次分析法对建立的评价指标体系做了评价。指出水资源系统、经济系统、社会系统的复杂性决定了节水型社会建设这个涵盖 3 个复杂系统的研究将是一个不断发展的过程，评价指标的定量化筛选、权重的确定和群决策理论方法的研究还不够成熟，建立完整、通用的节水型社会建设控制指标体系还有待进一步研究。车娅丽等（2014）针对节水型社会建设评价指标体系因果关系不明确和指标分析方法复杂烦琐的缺点，结合节水型社会建设的特点，应用"压力-状态-响应"（PSR）模型对节水型社会建设的评价指标进行筛选和归纳，构建了基于 PSR 模型的节水型社会建设评价指标体系，同时运用主成分分析法，对所选指标进行综合评价分析，提出了一个新的节水型社会建设评价模型，并以扬州为例，对扬州各地区节水型社会建设水平进行了评价。张熠和王先甲（2015）针对水资源开发利用的现状和所面临的一系列问题，对节水型社会评价的研究现状和进展进行了分析。基于节水型社会是水资源、生态环境、经济社会协调发展的这一认识，构建了由水资源系统、生态环境系统以及经济社会系统相互耦合形成的节水型社会评价系统。同时，在遵循节水型社会评价指标体系指导思想和设计原则的基础上，通过对各子系统及其影响因素进行分析，采用频度统计法和理论分析法相结合来初步设计节水型社会评价指标体系，并运用专家调研法对初选指标进行了筛选，最终构建了由水资源子系统、生态建设子系统和经济社会子系统构成的节水型社会建设评价指标体系。节水型社会建设评价指标体系由"目标层""准则层""要素层"和"指标层" 4 个层次构成，它包括农业节水、工业节水、生活节水、综合节水、节水管理、生态建设、生态治理和经济发展 8 个评价要素，共涵盖 28 项评价指标。在设计评价指标体系的过程中，全部采用了普遍认可的指标，具有一定的权威性。

李岱远等（2017）认为，节水型社会综合评价对全面深入推进节水工作具有重要作用。针对评价指标之间相互影响的客观事实，将网络层次分析法（analytic network process，ANP）引入节水型社会综合评价中。以常熟为例，首先构建节水型社会评价指标体系，并分析各指标之间的相互作用关系，运用 Super Decisions 软件建立 ANP 模型，通过求解超矩阵确定指标权重。其次对 2008～2012 年节水型社会建设程度进行综合评价计算，并与层次分析法（analytic hierarchy process，AHP）的评价结果比较。结果表明，常熟节水型社会建设推进迅速，2008 年综合评价分值低于合格值，节水型社会水平较低；2012 年分值接近 90，达到较优水平，基本建立了与现代化相适应的节水防污型社会。该评价结果与 AHP 的评价结果基本一致，且更加符合常熟的实际情况，验证了 ANP 的科学合理性以及在综合评价节水型社会建设中具有良好的应用前景。总体来看，国内学者对节水型社会评价指标的研究已涵盖生活、节水、工业、农业、生态和经济发展等方面，但相对于节水型社会建设这个复杂的系统来讲，评价指标体系的科学合理性仍需结合实践进一步深入研究。此外，水利部于 2005 年制定了《节水型社会建设评价指标体系（试行）》（表 2-3），对指导和规范节水型社会建设也发挥了重要作用。

表 2-3　节水型社会建设评价指标体系与计算分析方法

类别	序号	评价指标	计算分析方法
综合性指标	1	人均 GDP 增长率	用平均法计算
	2	人均综合用水量	评价取用水资源总量/地区总人口
	3	万元 GDP 取水量及下降率	地区总取水量/GDP；用平均法计算
	4	三产用水比例	
	5	计划用水率	计划内实际取水量/总取水量×100%
	6	自备水源供水计量率	所有企事业单位自建供水设施计量供水量/自备水源总供水量×100%
	7	其他水源替代水资源利用比例	海水、苦咸水、雨水、再生水等其他水资源利用量折算成的替代水资源量/水资源取用量×100%

类别	序号	评价指标	计算分析方法
节水管理	8	管理制度与管理机构	定性分析
	9	制度法规	定性分析
	10	节水型社会建设规划	定性分析
	11	用水总量控制与定额管理两套指标体系的是建立与实施	定性分析
	12	促进节水防污的水价机制	定性分析
	13	节水投入保障	定性分析
	14	节水宣传	定性分析
生活用水	15	城镇居民人均生活用水量	城镇综合生活用水量（不含第三产业用水）/城镇人口数
	16	节水器具普及率（含公共生活用水）	第三产业和居民生活用水使用节水器具数/总用水器具数×100%
	17	居民生活用水户表率	居民家庭自来水装表户数/总用水户数×100%
生产用水	18	灌溉水利用系数	灌溉农作物实际需要的水量/灌溉水量
	19	节水灌溉工程面积率	投入使用的节水灌溉工程面积/有效灌溉面积×100%
	20	农田灌溉亩均用水量	实际灌溉水量/实际灌溉面积
	21	主要农作物用水定额	主要农作物（平水年）亩均灌溉用水量平均值
	22	万元工业增加值取水量	评价年工业水资源取用总量/工业增加值
	23	工业用水重复利用率	工业用水重复利用量/工业总用水量×100%
	24	主要工业行业产品用水定额	统计高用水行业主要产品实际用水定额
	25	自来水厂供水损失率	（出厂水量-收费水量）/出厂水量×100%
	26	第三产业万元增加值取水量	评价年第三产业取用水量/第三产业增加值
	27	污水处理回用率	污水处理后回用量/污水处理总量×100%
生态指标	28	工业废水达标排放率	达标排放的工业废水量/工业废水排放总量×100%
	29	城市生活污水处理率	城市处理的生活污水量/城市生活污水总量×100%
	30	地表水水功能区达标率	水功能区达标水面面积/划定水功能区水面总面积×100%
	31	地下水超采程度	按照 SL 286—2003《地下水超采区评价导则》进行
	32	地下水水质Ⅲ类以上比例	评价区地下水Ⅰ、Ⅱ、Ⅲ类水面积／评价面积×100%

2.2.3　节水型社会建设的利益相关者分析

利益相关者理论是通过确定系统中的主要角色或利益相关方，评价其在该系统中的兴趣、需求、能力和影响等，从而确定各利益相关方在系统设计和实施过程中的协调机制，以及做出负面反应的利益相关方的风险所在的一种方法和过程。利益相关者理论的萌芽始于多德的研究，但利益相关者作为一个明确的概念是在1963 年由斯坦福研究所（Stanford Research Institute，SRT）提出，而利益相关者观点形成一个独立的理论分支则得益于瑞安曼（Eric Rhenman）和安索夫（Igor Ansoff）的开创性研究，并经弗里曼（Freeman）、布莱尔（Blair）、多纳德逊（Donaldson）、克拉克森（Clarkson）等学者的共同努力，利益相关者理论形成了比较完善的理论框架，在实际应用中取得了较好的效果，自此利益相关者理论开始引人关注（李洋和王辉，2004）。利益相关者理论的发展取决于两个问题：其一，对利益相关者概念的定义；其二，能够把利益相关者划分不同种类，以理解利益相关者之间的关系（李凌，2005）。20 世纪 80 年代初，利益相关者分析及其相关方法在管理科学领域逐步建立起来；90 年代中期以后，开始应用于发展实践领域，尤其是自然资源管理；它从管理科学，快速乡村评估（rapid rural appraisal，RRA）和参与性乡村评估（participatory rural appraisal，PRA），共同财产资源理论，环境经济学，农事系统经济学和政治经济学中提取理论、概念和方法（李小云，2001）。国内的相关研究始于 90 年代，主要用于公司治理、国有企业改革、企业管理等，随后在旅游、林业、资源管理等方面也有一些应用。近年来，该理论也开始应用于灌溉管理体制改革的实践中，并取得了一些初步成果。

陈菁等（2008）从利益相关者的角度探讨了灌溉水价改革的相关问题，采用利益相关者理论，对灌溉水价改革的利益相关者进行了定义，分析了传统利益相关者的属性，对关键利益相关者进行了认定，研究了灌溉水价改革驱动下相关利益主体的互作关系及其演变规律，以此提出了灌溉水价改革的相关对策和建议。认为"灌溉水价改革的利益相关者"是指那些能影响灌溉水价改革目标的实现或被灌溉水价改革目标实现所影响的个人或群体。指出采用利益相关者理论分析灌溉水价改革过程，应对主要的利益相关者进行界定和分类，即确定受到直接影响、间接影响和潜在影响，或正面影响和负面影响的各利益相关者，并通过识别和平衡这些利益相关者之间的利益需求，有效地确保灌溉水价改革目标的实现。认为用水农户、灌区管理单位、供水经营者、基层政府、水行政主管部门等机构、群体或个人均是灌溉水价改革的利益相关者。①政府部门包括水利部门、物价部门、农工办、灌溉管理机构、民政部门等，包括省、市、县、镇等不同级别。不同职能的政府部门之间以"条条块块"为界,凭借不同的权力属性、按照不同方式对灌溉水价体系的建立和发展施加影响。不同级别和职能的政府相关部门所制定的法律规范规章、建立的管理体制、配备的人员素质均对灌溉水价改革的发展具有深远的影响,其过程也必将涉及这些政府部门的权责分配和利益格局。②我国灌区专管机构一般是水利厅(局)的下属事业单位,使政府代替灌区专管机构成为灌区运行管理的主要决策者,从而导致政府与专管机构之间的利益矛盾。专管机构受制于政府,没有独立的经营自主权、财产权、人事权,造成政事不分、事企不分、体制僵化、自身缺乏动力。在这种体制下,水费计收管理缺乏有效的监督机制,其利益的驱动使相关政府部门仅考虑自身的短期利益,而灌区专管机构水费不到位,加之地方财政困难,难以维持灌区的长期正常运行。③灌区所在的行政村是指镇(乡)级以下管理机构所管辖的区域,由于我国传统行政管理体制权力相对集中,村委一般只负责传达上级指示,使用水农户的参与意识和民主意识淡薄,集体观念不强。"税费改革"所带来的资金困难,也导致部分设施无法得到正常维护,农村水利基础设施难以正常运行。④用水农户是灌溉的受益者,也是灌溉水价的承受主体,因此是灌溉水价改革顺利进行的基础。大部分农民对灌溉用水的资源属性缺乏认识,加之水费的计收、管理不透明等,难以形成对灌溉水价的正确认识,甚至存在抵触情绪,使其对灌溉工程的建设和管理漠不关心。

在此基础上,陈菁等(2008)还根据利益相关者理论,采用"利益相关者图解法",对灌溉水价改革的关键利益相关者进行了认定:①政府部门通常是灌溉水价改革的发起者、组织者,政府部门在灌溉水价改革的初期和整个过程均具有较大的影响力,其政策、决策质量的优劣,对灌溉水价改革的方式选择和发展方向,以及这一事件的社会经济环境调控能力,往往决定了灌溉水价改革最终效果的好坏;②科研学术机构作为当地灌溉水价改革的外来方、技术支持者和整体规划者,受委托对灌溉水价改革的发展策略、实施步骤等进行规划,并提供理论依据和技术指导,对灌溉水价改革的发展具有较大的影响力,但其收益只是一种必要劳动的补偿,与规划对象的后期收益无显著关系;③水价改革与节水更多地表现为社会效益,其受益方具有一定的广泛性和不确定性,一般以政府为代表对灌溉水价改革实施影响,因此其属于高利益、低影响力的群体;④灌溉供水经营者是资本的投入者,凭借其资金或技术的投入获得收益分配,因此是具有高利益高影响力的利益相关者;⑤用水农户作为灌溉水的消费者,是灌溉水成本回收的根本来源,其灌溉用水的有效需求和满意度直接影响灌溉水费收取率和总收入,因此用水农户是灌溉水价改革目标实现的关键环节,是具有高影响力的利益相关者。

赵文杰等(2016)认为,在农村水资源管理依然存在较多困难的情况下,十分有必要探索农村社区内不同利益群体共同参与的水资源管理模式。通过对云南克木村水资源管理模式的实地调查发现，该村水资源管理中得到了政府部门的大力支持，在共同的文化背景下，该村以村民自治为基础进行水资源管理取得很好的效果。指出克木村属于相对封闭的社会系统，其内部形成了一个以同一民族为基础的熟人社会，在共同的水资源管理意愿下，村主任等村干部引导村民采取行动保护水资源，同时村民也可向村主任等村干部反馈对水资源管理的意见与建议，而村民推选出水管员负责村庄内部水资源日常管理，水管员与村主任等村干部、普通村民之间也能够有效沟通，实际上减轻了村干部的工作压力，也以相对专业化的方式尽可能满足了村民的意愿。在相对民主的村庄内部环境下，村干部与村民两大利益群体实现良性互动。同时，村民缴纳水费用于支付水管员工作报酬并用于维护自来水系统运行，这部分资金在公开透明的情况下由村主任总体负责，能够基本保证该村内部水资源管理体系运行。在此基础上，村内部设定了一套以村民意愿为基础的水资源管理村规民约，在共同文化和民族背景下，村内部潜在规则间接指导着这一体系的正常运行。朱海彬和任晓冬（2015）为了研究跨界地区流域的综合管理问题，以云贵川 3 省交界处的赤水河流域为个案，运用利益相关者理论和共生理论的定性分析方法，对赤水河流域内的利益相关者进行了界定，将其划分政府管理部门、沿河居民企业、社会公益组织 3 类，指出虽然各利益相关者有不同的利益取向，但在流域管理中却发挥着不可替代的作用。通过分析他们之间的共生关系和共生驱动力，指出要实现流域的可持续发展，既需要政府、公众、社会组织的多方协力，也需要高效的合作机制和健全的法律法规。杜伊等（2017）指出，我国环境管理过程中存在的问题主要有科学研究停留在水环境管理的认识层面，对影响利益相关者参与效果的因素以及如何使利益相关者参与到流域水环境管理中来的研究存在不足。为了促进利益相关者参与流域水环境管理，政府应发挥主导作用，完善公众参机制和参与评价机制，通过整合各自不同的视角，协调利益相关者之间的利益冲突，产生更多创造性的方案来提高环境管理的决策质量。

博弈论又被称为对策论（game theory），既是现代数学的一个新分支，也是运筹学的一个重要学科，在金融学、证券学、生物学、经济学、国际关系、计算机科学、政治学、军事战略和其他很多学科都有广泛的应用。从 20 世纪 80 年代开始，博弈论逐渐进入主流经济学。在水资源研究方面，博弈论已被用来分析水量、水质、水价及制度等问题，国外已运用博弈论对水资源管理、污水处理厂的定点及费用分摊、发展新的供给水源、水权分配、地下水开采及灌溉用水地区合作等问题进行了广泛的研究。近十余年来，伴随我国节水型社会建设实践的开展，我国学者运用博弈论对我国水价与水权交易、水务设施管理企业与政府之间的关系、农户节水灌溉技术供给行为等问题进行了深入分析（卢清萍，1999；杨念，2003；

刘晓君，2004；韩青，2004）。例如，胡和平和彭祥（2005）运用博弈论和新制度经济学的基本理论和方法，系统探讨了节水型社会制度建设的基本内涵、组成结构和基本表征，指出制度是社会的博弈规则而非博弈参与人或组织。水法规、水政策与水文化相互作用与互相补充，完善并发展了水制度，强调制度具有内生性、普遍性和多重性。指出在节水型社会建设过程中，制度的普遍性体现在博弈参与人的多样性。由于我国水管理体制的特殊性，节水型社会建设不仅在横向上涉及多个行业和部门，在纵向上也必然涉及多个层面和组织，这种相对复杂的组织背景，一方面制约着博弈参与人的策略互动方式，另一方面其中的策略基本特征和博弈方式也被所有博弈参与人所共享，甚至为全社会所感知。认为政府因其自身的角色和被赋予的行政职能，对社会发展趋势和危机具有更为敏锐的视角。面对我国当前严峻的水资源紧缺形势，仅仅依靠个人或团体的诱致性制度变迁来改进全社会的用水模式，既不太可能也时不我待，因此政府是节水型社会制度建设无可争议的主要实施者。汪国平（2011）指出，我国农业水价低导致农业用水浪费严重，合理的农业水价能有效提高水资源的使用和配置效率，减少水资源浪费，促进节水技术和节水农业的发展。我国农业水价改革关系到用水农户、供水单位、政府、水利部门、物价部门等多个利益相关者，其中供水单位和用水农户是首要利益相关者。从博弈论角度分析了农业水价改革中两个首要利益相关者的策略选择，并提出了农业水价改革要兼顾经济利益与社会利益，调动各利益相关者的积极性。指出农业水价改革的根本是用水管理体制改革，要加强农业用水监督和管理体制，建立节水补偿机制，建立良好的农业水价改革环境，引导农民参与用水管理。付湘等（2016）基于非合作博弈博弈论，建立主从关系的用户博弈模型分析河流水资源分配，基于个体效益不能达到帕累托最优状态，采用合作博弈方法，建立水资源用户合作博弈模型。指出合作博弈增加了总效益，但使上游用户的效益比非合作时减少，有必要对上游用户进行效益补偿。通过引入微观经济学的无差异曲线与合作联盟形成的条件构建合作效益分配的可行解集，提出基于边际贡献的效益分配方法在可行解集中挑选唯一的效益分配解。研究表明合作博弈总效益大于非合作博弈的总效益，达到帕累托最优状态；通过合作效益分配，处于先动优势的上游用户的分配效益大于非合作的效益，有利于行动占先者加入合作联盟。

2.2.4 节水型社会建设实践与成效研究

"十五"期间，我国在进行节水型社会建设方面进行了积极的实践和探索。2000年，水利部推出了水权和水市场的理论框架，2001年正式提出节水型社会建设，

2003 年张掖等节水型社会建设试点的实践经验，直接推动了我国节水型社会建设理念的发展，试点建设经验为全面推进节水型社会建设打下了坚实的基础。在此背景下，学术界对节水型社会建设的实践与成效也进行了大量研究。例如，廖梓龙等（2012）对 2006 年以来包头节水型社会建设情况进行评估，选用 16 个代表性指标从综合节水、农业节水、工业节水、生活节水和生态节水 5 个方面进行了效果评估。评估指标主要从建设内容上进行考虑，将评估指标分为两个层次，一级指标主要反映综合、农业、工业、生活、生态各系统间的协调程度及发展特性；二级指标是衡量综合、农业、工业、生活、生态各系统节水效果的关键参数。单一指标直观对比评估结果表明，有 4 个指标评估效果优，有 7 个指标评估效果良好，用水效率和效益显著提高，宏观用水结构得到优化。基于灰色聚类的综合评估结果表明，工农业节水效果显著，综合、生活、生态节水效果中等，但仍有较大的节水潜力。张爱胜等（2005）系统总结了甘肃张掖建设节水型社会的实践经验和成果，提出了在西北地区建立节水型社会的对策体系，主要包括建立和完善以流域管理为主体的水资源综合管理体制，建立和完善以水资源市场化配置为核心的节水型社会运行机制，优化区域产业结构，提高水资源利用效率，大力调整农业种植结构，逐步形成节水型农业种植体系，加强工业"三废"治理，逐步建立节水防污型工业体系。李兴江（2005）研究指出，张掖以现代水权和水市场理论为基础，改革用水方式和管理模式，建立政府调控、市场配置、公众参与的水资源管理运行机制，采取行政、经济、工程、技术等综合措施，确立指标，明晰产权，实施总量控制、定额管理，推行水票运转方式，组建农民用水者协会（Water Users Association，WUA），促进水市场形成，实现城乡水务一体化管理，并紧紧围绕地方经济发展的思路和规划，通过经济结构调整与水资源优化配置的双向互动，提高水的利用效率和效益，实现人与水、经济与生态的和谐统一，为干旱缺水地区解决水资源矛盾，建设节水型社会，推进经济社会可持续发展提供了一条可资借鉴的成功范式。袁进琳等（2006）研究认为，建立与水资源承载力相适应的经济结构体系是建设节水型社会的关键。针对日益严重的水资源危机，应通过产业布局调整、加快城镇化建设、农业结构调整、种植结构调整，建立与水资源承载力相适应的经济结构体系，引导水资源向高效益行业流转，提高水资源的利用效益。指出宁夏是以农业为主导产业的西部欠发达自治区，建立与水资源承载力相适应的经济结构体系，是对社会经济进行的战略性结构调整，需要在一个较长时期内坚持不懈的努力，政府在社会经济转型时期的宏观调控与管理能力是建立与水资源承载力相适应经济结构体系的关键。政府必须要在经济结构战略性调整过程中，一是要增强政府对结构调整的宏观调控能力，确定科学的调整方向和调整步骤，完善制度，健全体制和机制，如土地管理、农产品标准化生产等；二是要提高政府对市场经济的指导、管理和驾驭能力；三是要增强政府对经济转型的服务意识与能力，包括信息服务、教育与科技服务等。王修贵等（2012）在对节水型社会建设试点后评价方法进行综述的基础上，以湖北襄阳为例，分别利用逻辑框架法和指标评价法对节水型社会建设试点进行了后评价。表明通过两年多节水型社会试点建设，用水效率不断提高，生态环境得到改善，公众节水意识不断增强，实现了水资源可持续利用支撑襄樊经济社会平稳较快发展的预期目标。但资金投入没有完全到位，管理机构改革涉及面广，后期还有大量的工作要做。褚俊英等（2008）选取西部欠发达的张掖和东部经济发达的大连作为典型代表，通过第一手的社会调查的方式，系统考察节水型社会建设所带来的社会群体节水意识和节水行为状况，并对节水型社会建设主要措施的影响力大小及其实际发挥的效果进行评价。研究表明，张掖和大连通过节水型社会建设，从整体上推动了社会群体节水意识的提高与节水行为的采纳。相对而言，大连的节水意识水平略高于张掖，这主要得益于大连城市居民的节水意识宣传比较到位；张掖的节水行为采纳率略高于大连，大连在农村居民节水生产方式的推广和节水器具的采用以及工业节水措施方面需要进一步加强；从社会群体节水减污措施的选取看，改变用水频率与耕作方式、严格管理制度、重复用水、推广清洁生产与末端治理是社会群体在节水型社会建设中普遍采用的节水减污方式；从不同对象各种措施影响程度看，宣传教育与加强用水管理是促进城市和农村居民节水的主要因素。企业节水最主要的影响因素是宣传教育和企业文化，排污费标准的提高以及执法和监督检查力度的加大有利于推动企业防污和治污；节水型社会建设的主要制度措施发挥了应有的作用，制度整体评估值为 70.6%。相对而言，水资源有偿使用制度和用水定额制度的效果需要进一步改善。

　　宁夏在节水型社会建设实践中，把节水管理规章与标准、水资源管理体制和机制、推进用水计量和节水型产品应用、水价体系等制度建设作为核心，采取以农业节水为重点、整种植结构、推广节水技术、促进水权流转、实施新型工业化战略、推进传统产业改造升级、开展节水型城市载体建设、加大宣传培训力度等多种措施。建设实践的经验与启示主要体现在：①制度建设是节水型社会建设的核心，建立总量控制和定额管理指标体系、合理的水价机制，实施取水许可是确保节水型社会建设顺利推进的关键；②水权转换是实现水资源优化配置、提高水资源利用效率、保障宁夏经济社会可持续发展的革命性措施；③农民+用水者协会+水管单位三位一体，三费合一，一价制、一费一票收费到户是农业用水管理改革的方向；④推行井渠结合、渠井水同价、联户承包管理，是实施水资源优化调配、实现灌区农业生产良性发展的保障；⑤建立以经济手段为主的宏观调控机制是推行节水型社会建设的前提，树立科学治水新思路、营造公众参与的社会氛围是节水型社会的重要支撑与推动力；⑥核算水价，实施"小步快跑"，使农业水价逐步达到成本水价，以经济杠杆调节农业节水，实现量水到户、按方收费是农业水价改革的目标；⑦建立职能清晰、权责明确、管理科学、经营规范、运营高效的水管机制与体制，是完善节水型社会水管改革的主要任务；⑧加大科学研究力度，建立高素质的科技队伍，深入开展水权转换理论、节水技术体系、节水型社会载体和基础平台研究，是推进节水型社会建设的强力支撑（何宝银和刘学军，2009）。

2.2.5　公众参与节水型社会建设研究

公众参与是节水型社会建设的重要内容和途径，公众能否有效地参与到节水型社会建设中来，对增强公众参与节水型社会建设的热情、提升建设水平和提高工作效能都有着重要意义。《中共中央国务院关于加快水利改革发展的决定》要求，动员全社会力量关心支持水利工作，加大力度宣传国情水情，提高全民水患意识、节水意识、水资源保护意识，广泛动员全社会力量参与水利建设。在公众参与节水型社会建设研究方面，学术界对公众参与的途径与内容、公众参与面临的挑战以及精英决策等问题进行了广泛的探讨。王新和李晓南（2009）指出，知情权、参与权和监督权是公众在节水型社会建设中享有的主要权利，其中知情权是公众参与的前提和基础。公众只有获取准确的环境信息，才能有效地行使参与权和监督权。政府应当引导和动员公众积极参与节水型社会建设，通过听证、公开征求意见等形式，鼓励公众参与水量分配、水价制定、水权转让等决策，倡导文明的生产和消费方式，完善公众参与机制，畅通参与渠道，创造和扩大参与机会。应建立信息公开制度，增强管理的透明度，通过固定媒体，包括报纸、网络、杂志等及时向全社会公布水资源利用状况、《中华人民共和国水法》的贯彻执行情况、水行政执法监督结果、水价及收费形成细则等相关信息。认为公众参与的核心是建立一套完整的参与制度，如水情咨询制度，水价听证制度，用水、节水和水交易信息公布制度，听证会制度，群众有奖举报制度以及其他充分体现公众知情权、参与决策权、监督权的制度。因此，应完善法规制度，建立公众参与有效性保障制度，保障公众参与的渠道畅通，提高参与效能，并通过加强公众节水知识和技术培训，提高公众参与的能力和质量。

孟俊良（2013）分析了公众参与北京节水型社会建设的必要性，指出公众参与节水型社会建设面临诸多挑战，表现在：①水务和节水工作的专业性很强，涉及水资源、水文、统计、水务科技、管理、经济、法律、传播学等方面的知识，对公众深入参与节水型社会建设的要求较高。由于公众相关知识的欠缺，在参与中可能提出不符合实际的观点，在实际工作中难以执行，使节水管理工作更加复杂。②在节水型社会建设中，必须坚持政府的主导地位。公众参与节水型社会建设给政府转变观念、公众组织管理和引导、涉水决策成本增加等方面带来挑战。③涉水政策广受媒体和公众关注，往往成为社会的热点问题，各种观点针锋相对，有的观点带有明显的倾向性，在现代传播手段多样发达的今天，有些不实言论的迅速传播会产生误导，甚至可能引发一些管理危机，给社会舆论管理带来挑战。在此基础上，对公众参与的途径进行分类研究，即根据参与程度，分为直接参与和间接参与；根据参与主体性质，分为个人参与和组织参与；根据参与形式，分为传统型参与和网络型参与（传统型参与是指公众通过参加听证会、组织志愿活动、参与节水宣传等实地参与的途径。网络型参与是指利用互联网参与节水型社会建设的途径，如利用 QQ、微博、网络社区论坛、电子邮件等进行的参与活动）；根据参与效果，分为有效参与和无效参与；根据参与阶段，分为决策型参与和执行型参与；根据参与的原动力，分为政府主导的公众参与、民间自发的公众参与和非政府组织主导的公众参与。

有学者指出，我国节水型社会建设的制度安排，具有浓厚的精英决策色彩（魏淑艳，2006），强调领导、专业人员和专家（或统称为"精英"）的作用，对社会因素的考虑相对较少（王钰，2004；金剑锋，2008）。由这种方式形成的制度安排，会在执行过程中受阻于未曾考虑到的困难和障碍，实施的成本高、效率低。制度安排的前提是对制度对象的动态和信息的充分把握，尽可能多地考虑公众的利益诉求，使制度能够体现和顺应民意（朱水成，2008）。特别对建设节水型社会而言，其制度体系的建立需要充分考虑社会各方的利益诉求，广泛听取有关利益主体的意见，唯有如此才能赢取社会的支持，切实扩大公众的参与程度，使节水型社会建设成为全社会实实在在的行动而非政府的一厢情愿。在我国仍以精英决策为主导的环境中，洞察民意可确保制度安排的合理性、可行性和可操作性，降低实施成本；辨明民意的未来走向可增强制度安排的灵活性和适应性，提高实施效率。因此，民意研究对节水型社会建设的制度安排具有不可忽视的作用（高阳等，2011）。赵海莉等（2015）通过问卷调查和实地调研，运用二项逻辑斯谛模型分析了张掖农户对节水型社会建设的参与意愿，结果表明张掖农户对节水政策认知度偏低。主要原因在于政府宣传方式单一，宣传效果不理想；农业种植结构调整作为农业节水的关键环节，对节水绩效的贡献率低；影响张掖农户节水参与意愿的主要因素是政府对节水政策的宣传度、农户对政府行为的满意度、农户对当地水资源短缺的认知度、农户对节水政策的了解度及支持度、政府对节水政策的扶持度、农户的受教育程度、农户的耕地亩数及收入变化，而受访者的年龄、性别等个体特征对节水参与意愿的影响不大。

此外，国内学者也对志愿者参与、用水户参与、利用便民窗口参与和开展创建活动等实践效果较好的 4 种途径进行了重点研究，进一步明确其含义、优缺点、适用对象和范围。例如，志愿者积极参与节水型社会的建设，有以下几点优势，一是志愿者本身关注、珍惜水资源，他们的参与是自身的强烈需求，能心甘情愿地参与进来，产生实实在在的作用；二是志愿者活动受到社会关注度较高，容易产生轰动效应和舆论氛围；三是志愿者分布在水务系统内和系统外不同的行业，通过"以点带面"的方式，能产生较广的社会影响；四是志愿者的身份强调"奉献、友爱、互助、进步"的精神，容易消除因社会地位、职业、性别、年龄等造成的隔阂，集中精力为节水护水事业贡献力量；五是可参与的内容广泛。与此同时，志愿者参与节水型社会建设还可能会带来以下一些问题，一是部分志愿者的水务、节水护水等知识储备有限，对一些专业性问题不能准确解答，在参与制定政策、节水宣传等方面能力不足；二是志愿者队伍的人员流动性较大，工作休息时间差异较大，给组织工作带来不便；三是有的志愿者队伍一味追求宣传效应，忽视实际效果，"华而不实"，会带来一定的负面影响（孟俊良，2013）。

2.3 节水型社会建设相关研究及进展

2.3.1 国外节水型社会建设相关研究及进展

国外关于节水工作的理论研究和实践起步较早，理论研究和具体实践相互促进。早在 1965 年，美国国会就通过了《美国水资源规划法》。1990 年，美国召开了由各州主要供水公司参加的节水会议，由此节水成为供水管理的一个可行的和永久性的组成部分。国外有关节水的理论研究主要集中在水权、水权交易、水市场、基于水权观的水资源优化配置、水价、水资源承载力、公众参与水资源管理及水资源管理组织等方面。

（1）在水权研究和实践方面，国外许多学者持水权，即水资源的使用权（水权的"单权说"）的观点。Rosegrant 和 Scheleyer（1994a）研究了智利和墨西哥在初始水权确认和分配中的比例水权问题，认为比例水权就是按确认的一定比例并在不失公平的情况下将河道中的水资源分配给相关用水户使用的水权安排。Singh（1991a）对滨岸水权、优先占用水权等问题进行了研究，指出滨岸水权就是合理使用与滨岸土地相连的水体但又不影响其他滨岸土地所有者合理用水的一种权利，或者说滨岸水权就是指毗邻水体和水域的土地所有者对水资源的使用权（李燕玲，2003）。

在实践层面，由于各个国家水资源状况、水资源管理体制和水法规制订主体不同，所实行的水权管理体系也不尽相同。例如，英国、澳大利亚、法国的水权体系为滨岸权系，而加拿大、日本的水权体系则为优先占用权体系。即便是同一个国家，由于地理、自然条件不同，经济发展水平不同，其水权管理体系也不一样。例如，美国的阿肯萨斯、特拉华、佛罗里达、佐治亚等州，由于水资源较为丰富，采用的是滨岸使用权许可体系；而美国密西西比河以西的大部分州，如犹他州、科罗拉多州和俄勒冈州等，由于干旱缺水，用水较为紧张，采用的则是优先占用水权体系。但总体来说，国外所实行的水权管理体系不外乎两种：滨岸权体系和优先占用权体系。

河岸所有权体系源于英国的普通法和 1804 年的《拿破仑法典》，河岸权是属于与河道相毗邻土地所有者的一项所有权。河岸权不论使用与否都具有延续性，它不会因不使用而丧失，也不会因被利用的时间先后而建立优先权，河岸权附着于河流的天然径流，它本身不要求水资源的有效利用。河岸权是在土地开发初期自然存在并发展的一种水权形式，有其自然的合理性，直至今日，世界上许多地区仍然保留着河岸所有权体系，如在美国东部。但是该体系限制了非毗邻水源土地的用水需求，影响了用水效率和经济发展，即便仍然保留河岸所有权体系的地区也已经对其进行不同程度的约束和规范，如与优先占用权体系并行，以及其他的法律规定和行政约束。澳大利亚最初实行的是河岸所有权体系，将水权与土地紧密结合在一起。后来，人们对水管理的法律和法规进行了修正，设立"可转让的水条例"，允许水权与所授权的土地分离出来单独出售。

优先占用水权则是以占用日期决定用水户优先用水的一种权利，其基本原则是时先权先（first in time，first in right）。美国西部是优先占用原则（prior appropriation doctrine）历史悠久且发展较为完善的地区。美国西部开发早期，土地开发和利用中对水资源的引取不受河岸权的限制，后来通过通报取水意图并在地方司法部门记录该报告的形式而正规化，1849 年以后，采矿活动促进了时先权先原则的发展，受西班牙法律以及穆斯林判例的影响，逐步形成法律。优先占用原则不认可用户对水体的占有权，但承认对水的用益权。其主要法则：一是时先权先，先占用者有优先使用权；二是有益用途（beneficial use），即水的使用必须用于能产生效益的活动；三是不用即作废（use it or lose it）。优先占用原则也是随着社会的发展不断得到完善。最初，美国许多州为保护优先占用体系，对水权转让设置了或多或少的限制。例如，怀俄明州要求申请人必须提交没有触犯第三方权利的有力证据；内布拉斯加州干脆禁止农业用水向非农业用水部门转移。这些限制成了优先占用体系下水市场发展缓慢的主要原因。为了改变这种局面，西部各州已经利用公共所有权对用户用水权进行不同程度调整，采用公共托管原则（the public-trust doctrine），削弱用水权的保障程度以增加优先占用原则的灵活性，以适应公共利益部门用水需求。有些州开始制订或修改有关规定，如客观上承认水权转让为有益用途，促进水权的销售和转让。水市场和水银行等已经开始成为水权转让的主要形式。水资源从边际效益低的使用者向边际效益高的使用者转移，其典型代表是由灌溉农业用水向城市和工业用水的转让。日本所采用的水权原则基本上与优先占用原则相同，即各种水权中的优先权应当是以批准水权的时间顺序为基础决定。但日本也对这种原则规定了一些例外情况，如实行地惯例水权原则、堤坝用益权原则、条件水权原则等，以适应不同的实际情况（苏青和施国庆，2001）。

对于地下水、地表水以及跨流域调水，尽管各国所采用的水权管理模式不尽相同，但不论哪一种管理模式，它们在水权的分配、获取、转让以及水市场的规范管理方面大多都具有下述特点：①按水权配置水资源。大多数国家，特别是一些市场化程度较高的国家，如美国、澳大利亚、日本、加拿大等，对水资源都建立了按水权管理的水资源管理制度体系，将水权制度作为水资源管理和水资源开发的基础。这些国家，有的是各州针对自己的实际情况，制订出自己的水法，建立各自的水权管理制度，有关部门从各州获取水权，再逐级分解，将水权落实到各个用水户；有的则是一个国家建立一部总的水法，建立一套完整的水权管理制度，各级部门从国家获取水权，然后逐级层层分解，将水权落实到各个用水户。但不管哪种方式，最终用水户都是根据自己所取得的水权进行用水，从而避免了水资源开发、管理以及水资源利用方面的矛盾冲突。②按照优先用水原则进行水权分配。从各国的用水优先权来看，几乎所有国家都规定家庭用水优先于农业和其他用水，但在时间上则根据申请时间的先后被授予相应的优先权。当水资源不能满足所有要求时，水权等级低的用户必须服从于水权等级高的用户的用水需求。例如，西班牙的《水法》规定，首先应根据用水权优先等级进行供水。在用水权优先等级相同的情形下，依照用水的重要性或有利性的顺序进行供水；当重要性或有利性相同时，先申请者享有优先权。而日本的水法则规定，对两个以上相互抵触的用水申请，审批效益大者，不再考虑"先提出者优先"的传统做法。③获取水权需要缴纳费用。美国调水工程的受益者要取得调水，就需要支付资源水价，它包含在容量水价之中，属于一次性支付。以美国科罗拉多州——大汤普逊调水工程为例，该工程的调水量约为 3.82 亿 m^3，将其分成 31 万份，农业、城市和工业各自持有的份额可以买卖和交换。法国对获取水权和污水排放也收取一定的费用，用于建设水源工程和污水处理工程，以达到"以水养水"的目的。④规范水权转让，培育水权交易市场。在许多国家，正在广泛运用水市场作为改善水分配的重要手段。政府通过水权转让进行水的再分配，由于放弃水权的一方得到了经济补偿，促使水从低价值使用向高价值使用的转让，提高了水的利用效率和使用价值，并保证了水长期稳定的供给。在美国，水权作为私有财产，其转让程序类似于不动产，水权的转让必须由州水机构或法院批准，且需要一个公告期（刘洪先，2002）。

国外基于水权观的水资源优化配置研究始于 20 世纪 90 年代，以科斯等经济学家的理论为基础，西方国家重新发现了市场、财产权的价值，并普遍摒弃了罗斯福新政以来的立法潮流，认为财产权应该赋予任何一项资源，只要被称为财产的一组权力将带来那种资源使用的更大效率并由此增加社会财富。2000 年在海牙召开的世界水论坛部长级会议上，Faisal 提出从体现综合性、面向市场、用水户参与和环境保护四大方面改进水资源管理，提出依靠市场和水价来改进各部门的用水量分配。

（2）在水权交易研究和实践方面，Rosegrant 和 Scheleyer（1994）认为，水权交易是水资源使用权的部分或全部转让，它与土地转让是相分离的。Robert A.Yong（1986a）在分析了水的供给特性、需求特性以及影响水配置机制选择的其他因素（如交易成本、运水和储水成本等）的基础上，模型化地分析了水权交易的可行性条件（杜威漩，2006）。Martha W.Gillil, Gerald P.Wallin, Ronald Smaus（1989a）对美国内布拉斯加州水权转让的经济可行性及其影响（如对地下水开采、内流河流流量、生活质量及当地经济等方面的影响）进行了研究，并提出了最高效和最优化地使用水资源、对环境质量和对第三方利益加以保护等相关政策建议。Rosegrant 和 Scheleyer（1994a）提出了水权交易的基本前提、水资源政策的基本要素并分析了水权交易所面临的复杂的操作性问题，认为水权的交易应该具备 3 个基本前提，即可交易的水权——意味着水资源使用者同意再分配水权，并且他们可以从水权交易中得到补偿；定义良好的水权——提高了农民个人或农民群体对公共灌溉管理部门讨价还价的能力；安全的水权——用水者在考虑了全部机会成本之后，可以在卖水和用水之间做出合理选择，从而促进了投资和节约用水（王金霞和黄季焜，2002）。指出利用基于市场的方法进行水资源分配面临着许多制约因素，这些因素包括管理这样一个系统可能遇到的政治、制度和技术方面的制约，这样的市场分配方式还可能导致不公平性的产生。Robert 和 Easter（1997a）认为，由于水权交易市场中存在交易成本和第三者负效应（外部性）两大问题，水权交易制度在实际应用上仍然十分困难（杜威漩，2006）。水质能力降低而导致的水质恶化也影响着水权市场的效率（Marian L.Weber, 2001a）。

在水权交易的实践层面，国外水权交易分临时交易和永久交易。既包括地表水资源，也包括地下水资源。在一些情况下，水权被永久转让，而在更多情况下，水权占有者将自己过剩的或因减少使用而节省的水资源进行转让，但同时保留水权。在自由市场条件下，销售和转让是由买卖双方自愿进行的，多数水权的转让是水使用收益较低者向收益较高者转让，典型代表是由农业灌溉用水向城市和工业用水的转让（王万山，2004）。不同于永久水权转让带来的位置、使用性质的永久改变，临时水权转让形式多种多样，包括水权租赁、水市场和水银行等，同时存在较多争议。存在的问题是，由于优先占用原则中不用即作废的条款，那些承认拥有富余水资源又希望转让的所有者经常担心他们可能会失去优先权。此外，国外水权的交易既可以是正规的，也可以是非正规的。根据水权交易的不同类型及对社会经济和环境等影响程度的不同，有些水权交易是不需要向政府有关部门申报的，如灌区之间或灌区内部农民之间的交易，水权交易前后不改变水资源用途的交易，以及其他一些由政府有关部门特许的不应申报的交易；而其他一些水权交易是必须向政府有关部门申报的，特别是部门之间（如农业和工业部门之间）、地区之间或流域内部较大范围内的水权交易等。向政府部门申报水权交易是政府干预水权市场、防止水权交易造成对第三者和环境等造成潜在负面影响的十分有效和常用的办法（王金霞和黄季焜，2002）。

　　智利自1981年重新修订《水法》以来，已经有了30余年水权交易的经验。智利的《水法》规定，水的所有权归国家所有，政府负责初始水权分配。个人、企业根据法律获得水的使用权。水权一旦授予水权人，即与土地相分离。一般情况下，水权像其他不动产一样，可以自由买卖、抵押、继承、交易和转让。除非在特殊情况下，如为了国家利益等，则需要获得"国家水总指挥"或"水使用者协会"批准对水权进行调整。在水权交易过程中，水权人之间的地位完全平等，水权人按照自由协商的原则开展水权交易。墨西哥从20世纪90年代初开始，实施综合的水资源管理体制和法规体系改革，水权交易也随之发展起来（王金霞和黄季焜，2002）。智利和墨西哥在水权交易改革之前，相关法律和体制仅仅赋予农民不安全的水权，农民在水资源分配和管理中很少有发言权，对水权并没有很强的兴趣。之后，智利和墨西哥的农民坚决拥护和支持综合的水资源法律体系改革和水市场的建立，因为他们从中得到了收益。综合改革也得到了农业、财政和经济计划等政府部门的支持。智利、墨西哥和加利福尼亚州水权交易的实践表明，建立水权交易可以带来许多潜在的收益。80年代初，美国加利福尼亚州开始通过渐进的改革来提高水市场的灵活性，以平衡农业、城市和环境用水。有些水市场、水银行是专门为农业用户设立的，但很多也允许将水转让到城市和环境用户使用。例如，1991年，加利福尼亚州早期水银行促成了农业向城市的水权转让，爱达荷州水银行1979年开始转向河流用水以保护鲑鱼和水力发电。上述政策制度的修改均在优先占用原则的框架内，并使出售者的水权免于丧失，标志着美国西部水法"不能交易"的规则已大为改进（王万山，2004）。

　　澳大利亚是一个淡水资源缺乏的国家，在历史上实行河岸所有权体系，与河道毗连的土地所有者拥有水权，并可以继承，是一种私有水权。20 世纪初，认识到河岸所有权体系已经不再适合相对缺水的澳大利亚，联邦政府通过立法将水权与土地所有权分离，明确水资源归州政府所有，由州政府调整和分配水权。随着水资源供需矛盾的日渐突出，可分配的水量越来越少，在部分地区已审批的授权水量甚至超过了可利用水量，新用水户已很难通过申请获得水权。从 1983 年开始，澳大利亚开始水权交易实践，允许水权脱离土地所有权而独立存在和进行交易。1997 年，澳大利亚实行取水量"封顶"政策，任何新用户（农田灌溉开发、工业用途和城市发展）的用水都必须通过购买（交易）现有的用水水权来获得。澳大利亚水权市场的交易量和交易价格与年降水量以及政府购买量密切相关，并且交易主要集中在墨累-达令河流域，该流域水权交易份额占临时水权交易的 98%和永久水权交易的 85%。2010 年是澳大利亚的丰水年，水权市场的交易总量大幅度上升，临时水权交易量从 2009～2010 年的 24.95 亿 m^3 上升至 34.93 亿 m^3，上升幅度达 40%，但交易价格却大幅度下跌。以南墨累-达令河流域为例，临时水权的交易价格从 2009～2010 年每吨 0.15 澳元下降至 0.032 澳元。同期，由于政府购买量的下降，永久水权量价格齐跌，2010～2011 年交易量为 12.04 亿 m^3（占全部永久水权的 4%），下降幅度达 38%，交易价格下跌了 10%，从 2009～2010 年的每吨 2.1 澳元下降至 1.9 澳元（金海等，2014）。虽然水权交易已在澳大利亚各州逐步推行，并且在优化水资源配置，应对干旱方面取得了相当显著的成效，但其市场交易实践仍存在诸多问题。如各州水权交易监管机制和法律约束对长期水权交易影响较大、严重影响跨州交易、水权制度及水权市场改革的进程在澳大利亚各州发展不平衡、政府环境水权购买行为对长期水权交易量影响较大等。例如，由于担心水资源"外流"，州政府对跨州水权交易仍十分谨慎，跨州水权交易不仅存在地理空间上的障碍，还存在政策和制度方面的障碍，因而现有的水权交易一般在州内发生。在 2010～2011 年的临时水权交易中，州内交易量就占 81%。再如，澳大利亚政府的环境水权购买行为，由于政府既是水政策的制定与执行者，又是水权市场的参与者和水权交易规则的制定者，极有可能利用先天信息优势通过水权市场获利，从而扰乱市场秩序（金海和姜斌，2014）。

总体来看，不管水权交易的发育程度和各国的政策环境如何不同，这些国家或地区建立水权交易的目的都是为了提高各部门的用水效率，在水资源管理中保护和实现自然资源的持续利用，减少巨额财政负担，强化国家的水资源政策及增强资源分配中的灵活性和反应能力（王金霞和黄季焜，2002）。

（3）在 20 世纪的大部分时间，水资源被大多数国家视为公共财产，由政府机构开发和运营。但是随着全球水资源问题的挑战凸显，这种情形在过去几十年正在逐步变化，将经济手段引入水资源配置领域，已经成为全球水管理领域新的发展趋势之一。虽然水权市场在历史上并非罕有，但是大量引入市场分配水资源，主要是在近 30 余年。80 年代以来，全球范围的水市场化趋势日益明显。澳大利亚、美国西部和智利等国家和地区水权市场的发展，被视为水权市场发展的代表。秘鲁、墨西哥、西班牙等国家也开始引入市场机制分配水资源，以印度和巴基斯坦为代表的南亚地区灌溉部门内部的非正规水权交易也较为活跃（王亚华和舒全峰，2017）。

在水市场理论研究方面，国外多数学者对研究中引入水市场持积极和肯定的态度，认为市场提供了一个根据机会成本来配置水资源的方法。水市场不仅有助于用水者更有效地配置和使用水资源，即激励水资源的买卖双方都把水当作经济物品，提高水资源配置的经济效率，而且水市场还可通过增加农民对水价变化反映的灵活性而鼓励农民对农作物种植结构进行调整。水市场依据市场压力来决定灌溉水的价格，所以比集中控制的水资源配置机制更具灵活性。对正式的水市场来讲，其运转首先需要界定良好的、可交易的水权以及适当的基础设施和配水制度，同时诸如回流、对第三方的影响和河道内用水等问题也不得不考虑（Easter，1997）。非正式水市场经常在水资源短缺的时候发展起来（Shah，1993）或者在政府未能对迅速变化的水需求做出反应的时候发展起来。Wim H.Kloezen 通过对墨西哥用水者协会之间水交易的分析，提出了引入水市场的 3 个前提条件，即清晰定义的水权、适当的水利基础设施和低的交易成本、确定合理的交易价格（杜威漩，2006）。除清晰的水权界定、交易规则设定、政府监管等基本因素之外，国外学者对影响水权市场建设和水权市场运作的其他因素，如设施设备、交易成本、市场信息、潜在市场规模、第三方效应、市场参与者的特性、交易限制、利益分配机制、补偿或回购制度、基层社会组织、制度建设成本、非正式制度、社会文化的认可等也进行了大量研究。例如，一些学者通过对国际上正式和非正式的水权市场进行研究后发现，但凡成功的水权市场都因为其制度的设计贴合历史习惯和社会共识，反之则不会被社会遵守。同样，在印度和西班牙，由于水是农户长期以来赖以生存的物质财富，当地农民不习惯进行水量交易。Shah（1993）与 Meinzen（1998）在研究印度和巴基斯坦的非正式水权市场后发现，由于当地水量设备成本费用高，水权市场很容易存在卖方市场垄断的现象，使交易水价被随意提高；在正式水权市场中，如美国加利福尼亚州，由于联邦政府为供水厂建设了完备的供水体系，而灌区农户享受供水公司的一部分股权，有权汲取供水体系中的水，并且这项权利还能进行交易，故而在很低的行政成本下，水权市场在美国西部（如北科罗拉多节水灌区，加利福尼亚中心山谷项目）相当发达且冲突极少（Wahl，1989；Rosegrant and Binswanger，1994；Meinzen，1998）。Wei 等（2011）回顾了澳大利亚大干旱时期（1997～2009 年）澳大利亚出台的水资源政策与农民应对大干旱时期的灌溉行为、态度和能力的变化,通过对农民的问卷调查,表明政策限制导致10%～15%的农户不能参与水权交易(王亚华和舒全峰,2017)。

在实践层面,许多国家正在广泛运用水市场作为改善水分配的重要手段。由于放弃水权的一方得到经济补偿,促使水从低价值使用向高价值使用的转让,提高了水的利用效率和使用价值,并保证了水长期稳定的供给。澳大利亚最早的水权制度来源于英国的"河岸权"制度,20世纪80年代开始水权交易。在澳大利亚的水交易市场上,销售者可以自行决定出售其多余或不需要的水量,增加了企业经营的灵活性。通过出售他们不需要的水量以增加经济效益,尤其是不再经营现有的企业或到其他领域投资的情况下,出售部分水权的收入,同样可用于引进节水技术,更进一步提高了水的使用效率。对购买者来说,通过在市场上购买水权,可以投资新企业或在扩建现有企业规模时增加水使用的可靠性。澳大利亚的水权交易被普遍认为是发展水权市场的一个典范。澳大利亚从80年代开始实施水权制度改革,90年代完成墨累-达令河流域的用水总量控制,规定流域内任何新用户(灌溉开发、工业用途和城市发展)的用水都必须通过购买现有的用水权来获得。2013年,澳大利亚全国的水权交易量为75亿 m^3,占当年用水总量的1/3。Connell的研究指出,墨累-达令河流域的水权交易体系大量节约了由于干旱带来的损失。Settre和Wheeler以墨累-达令河流域为对象的研究显示,以市场化为主导的水权市场绩效要优于政府主导的水资源管理绩效。此外,澳大利亚各州水权制度发展水平不一,维多利亚州相对典型。由于供需矛盾突出,州政府已停止始于80年代的水权拍卖,不再审批发放新的水权,水权只能通过水权交易取得。各种水权都可以转让,价格完全由市场决定,政府不进行干预,但转让过程必须遵守相应规则(王亚华和舒全峰,2017)。

"水籍簿"是俄罗斯对其全国水资源及其分布进行普查登记和对用水数量进行长期如实记载,并对水质情况进行详细测定和分析的巨大系统工程。这项工程将水资源按照俄罗斯的行政区划,以同一方式分门别类进行调查、统计和登录。"水籍簿"用计算机管理,检索和查询非常方便。《俄罗斯联邦水法》规定,在俄罗斯境内,江河湖泊等水体为国家所有。对个别面积不大的散落水体,允许存在市镇所有制和私人所有制。关于水体使用权的转让问题,目前俄罗斯还未出现买卖水体使用权的"水市场"或"准市场",但其"水籍簿"工程是俄罗斯水资源管理的特色之一。在20世纪80年代,美国西部的水市场还仅仅是自发性小型聚会。但进入21世纪以来,美国西部的水市场已经发展成为"水资源营销"和在互联网上进行频繁交易的"水市场",出现了水银行交易体系,方便了水权交易程序,使水资源的经济价值得以充分发挥。美国水权作为私有财产,其转让程序类似于不动产,需经批准、公告,有偿转让等一系列程序。在美国西部,水银行将每年的来水量按照水权分成若干份，以股份制形式对水权进行管理，同时开展一系列立法活动，消除水权转让的法律制度障碍，以保证水权交易的顺利进行和水市场的良好发展。与此同时，美国西部还成立了以水权作为股份的灌溉公司，其运作也类似银行计算户头存取款作业（杨晓霞和迟道才，2006）。此外，加拿大和日本等也在努力培育发展水市场，积极开展水权交易。智利、墨西哥、巴基斯坦、印度、菲律宾等一些发展中国家，也在尝试通过建立水市场进行水权转让（李燕玲，2003）。

水权市场的出现和发展，是水资源日益短缺的现实自然催生的结果。国内学者王万山（2004）认为，虽然水权交易是各国水资源配置优化的一个发展方向，但水权市场却不容易"做大"。因为优先占用原则下的水权转让其实是一个社会和政治问题，是在现行水资源分配体系的稳定性、确定性和高效率、灵活性之间选择。在众多的利益相关者之中，有人获益，有人受损。尽管受益人与受损人通过直接的协商和谈判可以解决许多问题，但最终解决的途径可能是政治决策。因此，各国水权市场的一个显著的共同点，就是政府和法律在其中起着主导作用。例如，在日本，水权销售是不允许的，要进行水权转让，该权利必须先返还管理者，然后准备接受水权的用户申请获得水权。目前，日本城市部门可以通过投资于灌溉设施获得剩余水量，实现灌溉水权转让。在智利，水权所有者被允许拥有使用水、处置水和从中获利的权利。同时，水权可以脱离土地并可作为抵押品、附属担保品和置留权。一些学者指出，世界范围内的水权市场的发展，并未改变水资源分配和管理由政府主导的格局。目前绝大部分国家仍然是依靠行政手段配置水资源，全世界建立水权市场的国家只有十几个，而运作良好的水权市场只是局限于美国、澳大利亚等少数发达国家。一些国家特别是发展中国家，尽管开展了水权市场的探索，但是由于水权法规不健全、制度执行不力及客观条件制约，水权市场的运作面临很多问题，政府需要大量干预和介入，水权市场因而具有"准市场"的特征（Bjornlund and Mckay，2002）。

美国西部和澳大利亚等国家和地区建立水权市场运行表明，可交易的水权，对提高用水的效率、公平性和可持续性具有重要作用。但与此同时，开展水权交易的国家的实践也表明，水权市场的实际效果与人们预期有较大差距。尽管从新古典经济学提供的框架来看，只要能够清晰界定水权，水权市场就能够自然发挥作用，带来大量控制成本的节约，但水权市场在实践操作中却遇到不少难题。作为成熟的市场经济国家，美国和澳大利亚拥有成熟的市场经济环境，而且美国西部的水权市场已经有一个多世纪的历史，澳大利亚的水权市场也已经有几十年的历史，但他们的水权市场制度的实施近年来还不断出现问题。智利被誉为发展中国家引入水权市场的范例，在水权市场改革中则遇到了更多问题。各国在发展水权交易的过程中，都不同程度走了"弯路"甚至"回头路"，说明水权市场比想象中更为复杂和困难。鉴于水权市场在实践中的复杂性，国际上有很多研究和反思。Challen 在总结澳大利亚水市场发展教训时指出，水市场改革涉及大量集体行动和外部性，并不是通过私有产权就可以解决问题的（王亚华和舒全峰，2017）。Bauer（1997）在反思了智利发展水市场的经验后提出，水市场的运作受制于法律规则、政治选择、制度安排、经济和地理条件以及文化因素，所以对水市场应持谨慎的预期。世界银行在总结世界范围内引入水权市场国家的经验教训后，归纳提出了水权市场发挥作用的 9 个前提条件：可定义的交易品、水需求大于供给、水权供给的流动性、购买者权利的保障、冲突调解机制、系统的可调节性、补偿机制、价值可接受性和持续的资金来源（Simpson and Ringskog，1997）。

（4）在水价研究和实践方面，Hewitt 和 Hanemann 对得克萨斯州水需求弹性进行了实证研究，结果表明实行分段累进制水价体系和提高水价或两者兼备都会导致节水；Rao 认为，综合的水价结构不仅应反映资源的开发成本，而且应体现水质。Diao 和 Roe 采用跨期一般均衡模型分析了摩洛哥灌溉农业的贸易改革对水市场改革所产生的经济影响，认为贸易改革可以创造引入水价改革的机会，并促进水权市场的建立，同时还分析了摩洛哥农业的水市场和交易改革对不同利益群体的双赢效应；Musgrave 介绍和评价了澳大利亚正在进行的长期的水价改革，调查分析了综合改革的进程，总结了各州和各地的改革效果；Azevedo 和 Asad 回顾了巴西水价改革的经验和教训，同时还回顾了开发国家水资源管理系统背后的政治过程，认为建立水价规则和水价机制过程缓慢、零乱且缺乏协作的原因在于政治权力结构问题、机构设置问题、反复发生的干旱、信息的非对称性以及传统的脱离实际的水价，建议既要进行水的定价改革又要建立分配政策，包括建立明确的、渐进的定价目标（首先是收回成本，其次是经济效益），创造使水市场发展的条件和促进全国引入批发水价（迪南，2003）；Bromley 指出，必须将灌溉系统等实物基础设施（干渠、控制性建筑物、渠系）和灌溉系统中流动的水同时作为更大考虑范围中的一部分内容来研究水资源的相关定价模式（杜威漩，2006）。

关于农业水价，现有农业水价的定价方法可以分为定量方法和非定量方法两类。定量方法就是根据灌溉水的使用量来确定水价的机制；非定量方法就是以单位产出、单位投入或者单位面积为基础对灌溉用水收费的方法，这种方法易于实施和管理；Eyal Brill，Eithan Hochman 和 David Zilberman 运用数学模型研究了在水供给减少的情况下水机构的 3 种政策选择，即行政性定额分配下的平均成本定价、分层定价（block rate pricing）和可交易的水权制度。正如 Haggard 和 Webb 指出的一样，充分的补偿机制是改革的重要组成部分。Postel 在谈到水行业改革中的补偿问题时说："提高水价可能是一种具有政治风险的行为，如果水费只是上缴国库，而不是用来维修特定的工程体系，提高水价并不能得到更好的服务，农场主不会支持这样的改革。很多研究表明，只要供水更加稳定，服务全面改善，农场主可以并且愿意为用水付更多的钱"。Bromley 指出，必须将灌溉系统等实物基础设施（干渠、控制性建筑物、渠系）和灌溉系统中流动的水同时作为更大考虑范围中的一部分内容来研究水资源的相关定价模式（杜威漩，2006）。

水价制度包括供水价格形成机制、管理机制和监督机制。在实践层面，由于各国社会经济发展水平不同，水资源条件不同，因此各国的水价形成机制不尽相同，供水价格的构成也随各国的水价模式的不同而变化，由各国的水价管理体制决定。从供水的商品属性来看，水价构成一般由供水成本（有的国家包括水资源费）、费用、税金、利润和排污服务费等组成。而按水的用途和用水户的类别，一般将用水区分为农业用水和非农业用水。由于法制化程度和水资源管理制度等方面的差异，各国水价的执行程序有所不同，但多数国家实行依法征收，违规处罚。澳大利亚水资源短缺问题十分突出，水价成本包括年运行管理费、财务费、资产资本、投资回报、税收、资产的机会成本等。

澳大利亚城市和工业用水占总用水量的 20%以上，水价构成中均包含水资源费，供水管理有政府完全控股、政府部分控股和私人控股 3 种模式。水价的制定，是基于对用水需求和基础设施的运行维护等方面可能产生成本的预测，根据需求和成本预算，设置与之匹配的收费标准。水价和污水处理费均服从市场经济规律，具有一定的垄断性。城市生活用水需缴纳污水处理费，污水处理费不是按水量收费，而是按房屋住宅的类别制定不同的收费标准。商业用水的污水处理费则需收取工业废水处理费用，价格根据污水量和污染程度而定。以新南威尔士州为例，城市供水和污水服务主要由 3 家国家控股的水务公司批量提供给各个区域，再经区域供水单位零售给用水户。澳大利亚农业用水量占用水总量的 70%左右，主要用于灌溉。灌溉水价由用水量、作物种类与水质等因素确定，实行基本水价和计量水价组成的两部制水价结构。澳洲的农业水价正在由部分成本恢复向全成本恢复发展，且政府限制水价上涨幅度，设定了全成本回收的预期年限。

以色列《水法》规定水资源归国家所有且由国家统一调度，任何单位或个人未经允许不得随意开采地下水。水资源的定价、调拨和监管由专门的水资源委员会负责。水法中对水的成本和水费进行了区分，水的成本是指取水和供水成本，而水费则是用水户所支付的实际用水量的费用。法律允许根据不同的情况和用水户承受能力进行不同的定价，同时也设置了不同的反映稀缺程度的水资源租金。以色列的城市水价包括工业用水和生活用水水价，明显高于农业水价，主要实行 3 套不同的生活用水水价标准，即由国家供水机构麦考洛特水务公司向城市居民提供的淡水水价和回用水水价，由私营供水机构提供的生活用水水价。此外，用水户还需要依据规定支付污水处理费和水资源稀缺性租金。以色列是全球有名的节水国家，其 60% 的国土被列为干旱地区。中华人民共和国成立以来，在农业产量增长 12 倍的同时，农业用水量只增加了 3 倍，全国大约有 60% 的农业用水均由国家供水机构麦考洛特水务公司提供。以色列每个农户配额水量都有设定的上限值。2014 年，以色列对农业配额水量的第一部分定价为 0.43 美元/m³，第二部分定价为 0.48 美元/m³，第三部分定价为 0.6 美元/m³。由于水的分配受到固定配额的限制，在干旱年份里，农民只能领到配额的部分水量，但水价结构不会改变，对超出配额用水的用户进行罚款，所收缴的罚款用于奖励节约用水的用户。配额以内水量的水价标准较低，而超出配额的水量则按照分级提价的原则收取超出正常标准（甚至 3 倍）的水费（曹璐等，2015）。

资料一：国外部分国家水价管理制度与水价构成

　　智利的供水行业在水权和水市场改革下经历了重大变化，智利政府成功地实现了城市供水行业的私营化，实现了致力于成本恢复和可承受能力的监管体制。20 世纪 80 年代以前，智利绝大多数地区都由政府部门提供供水服务，直至 1988 年出现了私人运营商。1993 年智利的城市供水覆盖率已达到 97.3%，但是只有 85.7% 的城市人口使用自来水，污水处理率仅为 13%。导致此现象的原因是对基础设施投资成本的预算过低。1994～2000 年，投资成本亏损额高达 24 亿美元，其中约 63% 的亏损发生在污水处理方面。1988 年，智利针对供水服务建立了相关法律体系，分段水价遵循经济效率原则、保护激励原则、公平公正原则和承受能力原则。且水资源和环境方面的税费均需满足运行和维护的全成本、必要基础设施和发展规划的投资、运营商提升效率时可适当降低税费、运营利润与资产机会成本保持一致等条件。为了符合市场经济，水价实行分段式水价，即固定水价和可变水价。由于可变水价并没有覆盖运行的平均成本，为了满足全成本恢复的原则，征收固定税费用于覆盖自然垄断方面的亏损。1991 年以来，智利政府部门为农村饮用水项目提供基础设施服务，所计收的水费远不能覆盖供水成本，需要政府给予补贴才能保障供水系统的良性运行。由于资金短缺，农村供水系统长期处于不稳定运行状态。

　　印度水价分为非农业水价和农业水价，城市和农村供水机构多种多样，但水价均处于较低水平，存在用水效率低、浪费严重、水污染严重等问题。印度非农业用水中的工业用水采用服务成本定价模式，居民生活用水采用用户承受能力定价模式，农业灌溉水价的制定和水费计收由政府负责，同时考虑用户承受能力，在一些贫困地区免收水费。印度在城市水价管理中普遍采取两部制水价，其中固定水价与房屋住宅的类别有关，计量水价取决于用水量多少。以海德拉巴为例，城市供水和污水处理企业董事会将不同类型的水费均用于支付运营费用、折旧费以及还本付息等。印度工业水价包括污水处理费、供水成本和水资源费 3 部分，农业灌溉用水占用水总量的 80% 以上。按照国家水政策规定，农业水费用于补偿水利设施的运营和维修成本。为了尽量减轻农民负担，印度法律规定水费不得超过农民净收入的 50%，一般控制在 5%~12%。水价根据作物种类制定，由于计量设施尚未普及，水费的计收只是根据作物种类粗略估算，大部分地区供水单位仅仅能够回收水利设施的运营和维修成本。

西班牙的工业水价高于生活水价，生活水价享有交叉补贴政策。尽管水价上涨，但仍未达到全成本回收的目标。2009~2015 年，城市供水成本回收比例为 39%~99%。西班牙基于固定费用和递增式费用的水价结构普遍适用于生活用水和工业用水的水价制定，为了避免规模较大家庭的用水水费偏高的问题，西班牙城市广泛实行折扣水价，大约有 70% 的城市在居民用水水价中设置了相应的折扣，折扣的大小根据家庭规模和人口数而定。西班牙的工业用水实行累进制水价，并且辅以罚款制度来限制水资源的过度使用。西班牙自 1985 年制定水法以来，灌溉用水的定价几乎没有变动。近年来，由于能源成本的上升，水价也随之上涨，特别是在一些现代化程度较高地区。除此之外，大多数地区水价结构均保持不变。西班牙采用地表水灌溉，大部分按灌溉面积收费，这也是西班牙只收取固定水费的原因之一。在水资源最为短缺的区域，水价由水的单位体积零售价格所决定，水费由当地流域机构负责计收。在地下水供应地区或能源消费大的地区，已普遍实行体积收费制和两部制水价。西班牙在 1985 年的"水行动"之后，在越来越多的海水淡化资源的影响下，地中海沿岸地带的农业灌溉水价发生重大转变，西班牙政府出台了新的条款来保证地区固定用水量的分配。

资料来源：曹璐等，2015。

资料二：英国、美国和法国的城市水价管理

英国没有设立国家一级的专职管理水务机构，由政府相关部门（如水务办公室、用户服务委员会、专营及联营委员会等）机构分担。英国在 1969 年正式开始实施有偿用水制度，用水费用包括水资源保护和供水系统开发服务费用。并且根据不同水源、不同季节或不同用途，确定不同的收费标准。供水系统的服务费用包括供水水费、排放污水费、地面排水费和环境服务费。随着水工业私有化，其水价形成机制进一步演化为水资源价值、服务成本与合理投资回报

加成的模式。英国水价的运行机制在遵循公平原则、成本原则和区别性原则的基础上，由供水单位确定该公司的供水价格，提出各供水收费款项和条件，并予以公布，与广大用户和用户服务委员会洽谈，然后予以实施。各供水单位的水价必须服从政府对水价的宏观调控，通过设定水价上限约束和规范水价，保护用户的合法权益。在水价制定和管理问题上，英国是改革比较早而且处于前列的发达国家，成立了按流域管理的水务局，对该流域与水有关的事务全面负责，统一管理。水务办公室是代表政府对水的价格进行宏观调控的最重要机构。其主要职责是颁布水价费率标准，每年一次确定价格水平和结构，每5年一次审查和调整水价限制，监督水务公司的财务和投资，检查服务质量，确保供水企业能以合理的价格提供优质高效的供水和排污服务。用户服务委员会的职责是保护用户的合法利益，代表用户向水务总督及水务办公室反映用户对水务公司供水服务及运行的意见，并接受和调查用户的投诉。每个水务公司均有一个相应的地区用户服务委员会，但它独立于水务公司。总体来说，英国的水价形成机制是由水资源价值加服务成本定价形成的，也就是说由水资源费和供水系统的服务费用两部分组成。

美国的城市水价管理实行分级管理的方式，没有专门的管理机构。过多种定价方式确定城市水价且不以营利为目的。美国没有全国统一的水法，也没有全国统一的水价审批机构，水价完全由市场调节。在水资源开发利用方面由联邦政府、州政府及地方机构3级负责，各级的管理权限十分明确。垦务局、陆军工程兵团、流域管理机构、环境保护局等机构在完善的水权制度和管理制度下分工协作，根据自己的实际情况制定各自的水价。美国制定城市水价的总原则是不以营利为目的，但要保证水利工程投资回收和工程运行维护管理、更新改造所需的开支。美国普遍采用服务成本定价法作为城市水价的形成机制，即按照供水服务部门的成本费用确定价格。美国政府规定供水机构既不能盈利，也不让其亏损。因此在水价制定上以不营利为原则，但要保证水利工程投资的回收和工程运行维护管理、更新改造所需的支出。以从用户回收水的储存、调节、输送和处理费用来确定水价。

法国的城市供水实行企业化经营，水价的制定必须保证成本的回收。法国一切水资源均为国有，由其水法规范各种行为。法国非常重视联合所有用户参与管理水资源。水价政策的制定，是在与各级地方政府、各类用水户和民间团体、协会协商后实施的。法国的水价通常由偿还贷款、银行利息、运行管理费、维修费、设备技术改造费以及水资源开发利用和水污染防治有关的税款等组成。法国供水工程投资和运行费，根据水资源状况、工程规模大小和服务性质由各受益部门分担，水价制定考虑了工程投资分摊与投资回收能力。法国政府在充分考虑社会经济发展对水资源的基本需求及用水户承受能力的前提下，对水资源的供需平衡及水价体系进行宏观调控，并根据财力对各类供水进行合理的补贴。法国的城市用水收费，流域间或流域内各不相同。从供水质量角度分析，法国的水价随着供水水质、供水服务质量的提高而不断提高。法国政府十分重视用水户对水价管理的共同参与和民主管理，水价运行和调整的过程是完全透明的。调价的条件、原因、资金用途、扩大投资或维修、更新、改造的计划，都让用户及时了解并充分监督。用户对服务和收费提出的投诉能及时得到解决并反馈，共同参与、对话方式和听证会制度是法国制定水价标准和顺利征收水费的重要保证和有力措施。

资料来源：汪生金，2010。

（5）在水资源承载力研究方面，目前，国外有关水资源承载力的单项研究成果较少，大多将其纳入可持续发展理论范畴，在研究中往往使用可持续利用水量、水资源的生态限度或水资源自然系统的极限、水资源紧缺程度指标等来表述类似的含义，且一般直接指天然水资源数量的开发利用极限，偏重水资源管理的经济手段与政策措施研究。20 世纪 20 年代，Park 和 Burgess 在生态学领域首次使用了承载力的概念，并将其定义为在某一特定条件下某种个体存在数量的最大极限。随着资源约束趋紧、环境污染严重、生态系统退化等问题的出现，承载力概念也不断延伸与拓展，在不同的发展阶段，产生了不同的承载力概念和相应的承载力理论。针对不同阶段的水资源及水环境问题特征及管理需求，先后提出了水资源承载力、水环境承载力和生态承载力等概念与理论（彭文启，2013）。Joardor（1998a）从供水角度对城市水资源承载力进行了相关研究，并将其纳入城市发展规划当中； Harris Kennedy（1999）将水资源作为其中重要的影响因素，着重研究了农业生产区域的耕地承载力，并把综合土地承载力作为区域发展潜力的一项重要衡量标准；Rijiberman 等（2000）在研究城市水资源评价和管理体系中将承载力作为城市水资源安全保障的衡量标准；芬兰学者 Varis 和 Vakkilainen（2001）以水资源开发利用为核心，分析了我国长江流域日益快速的工业化、不断增长的粮食需求、环境退化等问题给水资源系统造成的压力，并参照不同地区的发展历史把长江流域的社会经济现状同其水环境承载力进行初步比较，指出我国不能走"先污染，后治理"（first pollute then clean）的老路；2006 年，南非学者 Sawunyama 等利用遥感与地理信息系统（geographic information system，GIS）技术对非洲东南部林波波河流域小水库的调蓄能力进行了评估，指出小水库作为水资源系统的一部分应该在水资源的规划与管理中得到充分利用。美国 URS 公司（2001a）对佛罗里达 Keys 流域的承载力进行了研究，内容包括承载力的概念、研究方法和模型量化手段等方面（李柏山等，2015）。

20 世纪 50 年代以来，全球水生态系统承受了人类高强度的大规模改造活动，水环境恶化以及水生态退化现象十分普遍。为维持或恢复流域水生态系统一定水平的生态完整性，以适应性管理为基础的流域综合管理在国际上逐渐成为主流。最具代表性的有美国的 TMDL（total maximum daily loads）污染物总量控制体系、美国和欧盟的河湖健康评价体系等，在水体污染控制、水生态健康恢复等方面均起到了关键作用（National Research Council，2001；焦雯珺等，2015）。70 年代以来，承载力研究从土地资源扩展到整个资源领域。1973 年，澳大利亚学者 Millington 等应用多目标决策方法，以土地资源、水资源、大气、气候等条件为约束，计算澳大利亚的土地承载力，然后依据研究结果提出了几种社会发展策略并分析了相应的发展前景。随着研究的深入，80 年代初，在 UNESCO 的资助下，由英国科学家斯莱瑟教授研究开发了资源承载力的 ECCO（enhancement of carrying）模型，即承载力估算的综合资源计量技术，也称为"提高承载力的策略模型"。《城市可持续发展政策的社会多目标评价》一文，探讨了来自生态方面的概念，如城市环境承载力、生态足迹；来自经济方面的概念，如成本效益、成本效率分析等问题，将社会多目标评价方法作为城市可持续发展政策的多目标框架（Giuseppe Munda，2004）。80 年代以来，欧美国家和地区率先开始了流域生态管理思想的转变以应对挑战，提出了维持或恢复流域生态系统生态完整性的管理目标。例如，美国《清洁水法》明确提出维持或恢复水体的物理、化学及生物完整性；《欧盟水框架指令》（*Euxopean Union Water Framework Directive*）提出到 2015 年达到河湖生态良好状况。2000 年 3 月，在荷兰海牙召开了"第二届世界水论坛及部长级会议"，指出 21 世纪人类水安全面临的七大挑战。会议的目的是认识全球水资源危机，展望 2025 年世界水资源形势，呼吁各国尽早采取保护水资源的行动。在大会通过的《海牙宣言（草案）》中，提出在水资源综合管理的基础上，各国承诺采取一系列的行动，包括根据作为宣言附件的《行动框架》中确定的水安全目标，提出各国的目标、战略和进度指标。

与水资源承载力研究密切相关，20 世纪 60～70 年代，自然资源耗竭和环境恶化等全球性问题频发，生态系统与人类之间的矛盾及依赖关系受到广泛关注，资源环境承载力研究得以蓬勃开展。《增长的极限》利用系统动力学理论建立了著名的"世界模型"——DYNAMO 模型，对世界范围内的资源（土地、水、粮食、矿产等）、生态环境与人的关系进行了评估，揭示了人口增长、经济发展（工业化）同资源过度消耗，生态环境恶化和有限的粮食生产之间的关系，预测到 21 世纪中叶全球经济增长将达到极限进而进入全球经济衰退，因此应及早实现世界经济"零增长"发展模式；20 世纪 70 年代后期到 90 年代初，UNESCO 和 FAO 等国际组织非常重视资源环境承载力研究，提出了一系列定义和量化方法，在国内外得到广泛应用。例如，针对湄公河流域规划开展城市承载力评价（Meier，1978），利用生态学方法讨论文化承载力与人类社会发展的关系，深入讨论人口、可持续发展和地球承载力的相互作用的机理。1995 年，诺贝尔经济学奖获得者 Arrow 等在 *Science* 上发表的《经济增长、承载力和环境》的文章，进一步引起了人们对资源环境承载力的广泛关注。随后出现的马尔代夫和尼泊尔的环境承载力和旅游业的发展研究，塞浦路斯东海岸的环境承载力研究与评价，日本北部水产业环境承载力研究等。2012 年，Running 在 *Science* 上发表的文章指出，可供人类使用的生物质资源将在未来数十年达到"生态边界"。联合国环境规划署（United Nations Environment Programme，UNEP）全球环境展望评估报告指出，如果关键的环境阈值被超过，地球的生命保障系统的功能将可能发生不可逆转的突变。在实践层面，国际上很多国家也在用资源环境承载力理论来指导本国的人类社会经济活动。例如，美国国家环境保护局进行的城镇和湖泊环境承载力研究，为改善湖泊水质和保护湖泊生态环境的建议提供了重要依据；澳大利亚学者对昆士兰东南地区进行了承载力的研究，用于指导可持续评估。印度尼西亚学者对日惹地区的土地资源承载力和水资源承载力进行了研究，用以评估可持续的城市发展（刘文政和朱瑾，2017）。

（6）在水资源管理组织研究方面，Jules 和 Hugh 提出了用水者组织发展的 3 阶段理论，指出这类组织由依赖向自治发展的变化规律，阐述了各个阶段的重点问题与应注意的事项。世界银行的山姆·约翰逊、马克·斯文特生、弗尔耐多·冈萨雷斯基于全球视角，探讨了灌溉部门机构改革方案问题，研究了影响灌溉部门机构改革的机遇和约束条件（如规模及工程的复杂性、法律框架、支持改革机构的能力、水权和产权、水资源短缺、农业商业化和生产率、土地使用安全和政治支持，其中政治支持和机构能力是机构改革成功与否的基础），指出改革的通用准则和改革的取向是综合的国家管理机构将让位于不同部门的多个专业化机构，公司事业部门将负责宏观规划、调控和高层次的管理，地方管理单位和私有部门提供灌溉排水服务，其他单位提供支持服务。农业用水中的参与式管理作为一种世界性的趋势，具体表现为 WUA 这一组织形式的建立。WUA 的责任范围宽窄不一，有的责任范围较广，而有的则相对较窄，由于 WUA 是根据用水者的利益管理和运作的，监督和实施成本会大幅度地降低。然而，有许多因素对 WUA 的可行性产生影响，产权就是其中的关键因素之一，不拥有水权，用水者组织就无法对水资源的使用、管理等事宜做出决策，而界定良好的水权则会给农民参与供水系统组织和管理提供激励，这些权利可分配给用水者个人，也可分配给 WUA 这样的用水者组织。Douglas R. Franklin 和 Rangesan Narayanan 对美国西部农业灌溉组织问题进行了研究，他们将灌溉组织划分为非公司型的合作组织、公司型的合作组织、行政区、美国垦务局、美国印第安人事务局、州和地方政府等类型，并对农场大小的变化、组织的效率、部门间为了水而进行的竞争以及政府的政策 4 个影响灌溉组织构成的因素进行了研究，认为美国西部灌溉组织的发展趋势以管理控制为取向。许多国家已经开始认识到农业用水的集中化管理机制与非集中化的改革之间的功能性差异。供水组织的改革产生于 3 个主要方面的原因：CWAs（Central Water Agencies，即中心水管机构）缺乏改进供水管理的激励和责任；管理权利向用水者或私人部门的转移如果得到广泛的社会支持和技术支持，将使农业用水配置的公平和效率状况的改善；管理权利的转移因政府对灌溉系统组织管理责任的减少而节省财政开支（杜威漩，2006）。

在水资源管理组织设置和运行方面，不同国家具有较大的差异。例如，法国水资源开发利用与管理实行分级管理体制，包括国家级、流域级、地区级、地方级和国际级 5 个等级，实行政府部门与用户共同管理水资源。国家级机构主要是环境部、全国水委员会，流域级水管理机构主要是各流域委员会和水务局，地区级机构和地方级机构主要是参与辖区的流域开发计划的制定执行，国际级机构主要是协调、管理国际流域的供水事务及环境保护工作。法国非常重视联合所有用户参与管理水资源，水价政策的制定，是在与各级地方政府、各类用水户和民间团体、协会协商后实施的。

美国水资源管理实行以州为单位的管理体制，全国无统一的水资源管理法规，各州自行立法，以州际协议为基本管理规则。州以下分若干个水务局，对供水、排水、污水处理等水务统一管理。州际水资源开发利用矛盾则由联邦政府有关机构通过司法程序协调解决。联邦水资源管理有 4 个部门，依据授权的职能相应地进行水资源管理。农业部自然资源保护局担负农业水资源的开发利用和环境保护；内政部国家地质调查局水资源处负责收集整理、监测、分析和提供全国所有水文资料，为政府、企业和居民提供准确的水文资料，为水利工程建设、水体开发利用提出政策性建议；国家环境保护局制定环境保护规定，调控和约束水资源开发利用，防止水资源污染；陆军工程兵团主要负责政府兴建大型水利工程的规划和施工。

英国水资源管理实行中央按流域统一管理与水务私有化相结合的管理体制。中央依法对水资源进行宏观调控，通过环境部发放取水许可证和排污许可证，实行水权分配、取水量管理、污水排放和河流水质控制，并实施管理成本与收入平衡原则，每年预算约 6 亿英镑，主要来源于防洪税、取水许可证及环境保护费、政府拨款和项目合作费。英国供水公司在获得政府取水、污水排放许可证后，在指定的服务区域内自主经营，自负盈亏。1989 年水务体制改革，将十大水务局进行私有化改造，成立大型流域性供水公司，保留原来 29 个小型私营供水公司。十大供水公司的水务管理区域基本按流域划分，负责各自流域的供水和污水治理。例如，泰晤士河水公司 1989 年实行私有化后，目前效益很好。1998 年英国出台新的法案，打破管网和供水一体化的垄断经营，实行供水与管网分离的体制。总体来看，英国水资源管理具有以下基本特征：一是实行以政府行为为主，以流域为基础的水资源统一管理。环境部推行流域取水管理战略（CAMS），按流域分析水的供需平衡、环境平衡、水资源优化配置、跨流域调水的必要及可能性，工程布局及成本、社会成本效益。二是实施以私有企业为主体的水务一体化经营与管理。水权资产化经营转化为水服务商品，水务一体化的载体是水务市场，资本市场融资进行基础配置建设，服务对象是企业、事业单位、家庭等个人和团体。三是公民通过消费者协会完善水管理机制。四是政府水资源管理的资金有稳定的来源。环境部年均收入 6 亿英镑中，45%来源于取水、排污及环境保护（沙景华等，2008）。

资料三：荷兰的水资源管理组织及其功能

荷兰位于北海之东南，国土总面积约为 4 万 km^2，人口约为 1500 万，25%的国土面积位于海平面以下，故有"低洼之国"之称。几个世纪以来，荷兰积累了丰富的治水经验，建设了一整套水利基础设施，如举世闻名的三角洲工程和北部围海造田工程，自动化的运河水位控制系统，功能各异、造型独具、启闭灵活的桥闸工程，先进的排水防渗技术等，这些工程的构思、设计和建造都十分独特，体现了荷兰人民的治水智慧。在这些工程的背后，有强大的科研力量和雄厚的机械制造能力作后盾。正是这些基础设施，为农产品出口大国的荷兰奠定了基础。荷兰在主要政府部门和私立研究中心、高校和技术教育学院间创立了融会贯通的合作网，这些机构在与水务直接或间接相关的各个领域中进行了广泛的应用型基础研究。各机构还与荷兰的国际化私营企业和国际组织建立了紧密的联系，以便通过研究国外的治水课题获得经验。

保证荷兰水利事业持续发展的一个重要因素，是其不断稳定与完善的水资源管理组织体系和与其相应的一整套政策法规。在组织设置上，荷兰将水资源管理组织体系分为3级，最高级为国家级，其次为省级和城市级。国家级中涉及水资源管理的有3个部，即农业渔业与自然部、交通公共工程与水管理部、自然规划与环境部。在组织功能上，荷兰的3级水资源管理组织体系的功能是十分明确的。国家级中，农业渔业与自然部主要负责与水有关的自然规划及娱乐；交通公共工程与水管理部负责国家水利规划、国家水道的管理、国家大江大河重要水利工程（闸、河堤等）及海堤的建设与管理；自然规划与环境部主要负责环境与自然规划、水质标准。国家级水资源管理组织的主要功能在于国家水资源的整体规划，充分强调其国家水平的规划职能。省级水资源管理组织的主要功能在于省区域内的水利规划、地下水管理和自然环境规划，省级组织的功能同样是侧重于省范围内的规划。荷兰水资源管理组织体系中最具特色的是水董事会（water board），该组织是依据"利益–付费–发言权"（Interest-Pay-Say）这样一个原则，通过民主形式产生的一个水资源管理的基层组织，即根据由水获利的各社会阶层必须交付相应的税，获利大交税多，然后根据其纳税的多少确定其在水董事会议会中的席数，议会的席数依比例确定其在执行委员会中的席数，主席在执行委员会中产生。所以，农业地主和租地农民、房产主和租房者、工厂主、居民等都在水董事会议会中占有一定席位，水董事会的主要职责是防洪、水量与水质管理等。维护水董事会正常运行的财政来源主要是水董事会税和污染税。水董事会税主要用于防洪（包括内河河堤、控制闸、水位调节设施等的建设与管理）、水质、道路和水道管理。该税的征收对象主要是辖区的居民、农业地主和租地农民、房产主和租房者。税率依据土地数量或财产数量确定，土地或财产越多所付税越多。污染税的收取是根据"谁污染谁付费"的原则征收，征收对象主要是住户、公司和组织。污染税主要用于污水处理厂的建设和污水处理费用。不同的水董事会的污染税收取标准是不同的，而且由于特殊原因可能增加税率，如大规模的堤防加固、废水去磷和下水道淤泥的处理等。从以上荷兰水资源管理组织体系及其实践可以看出，荷兰水资源管理组织体系具有以下基本特征：一是各个层次职责明确，减少了管理矛盾，提高了管理效率；二是水资源管理立法完善，执法严格，公民法律意识强；三是水董事会作为荷兰水资源管理的民主组织形式，注重水资源管理的民主协商和共同参与，提高了公众参与水资源管理的意识，水主管部门由管理者变成了参与者；四是依照市场机制建立起一整套有利于水利发展的良性机制，各项收费均表现为税收的形式，具有法律效力。

资料来源：姜志群，1997。

资料四：《欧盟水框架指令》下斯洛文尼亚水资源管理的创新

为实现水资源共享，欧盟国家领土大约 60%的区域需要各成员国协调一致行动。欧盟国家境内国际河流纵横，除塞浦路斯和马耳他外，所有成员国至少都有一个国际河流流域区（IRBD）。其中多瑙河和莱茵河的水资源合作管理都具有悠久的历史。然而，遵照《欧盟水框架指令》，各成员国都加强了对欧盟40 条国际河流中由自己负责的 IRBD 的管理。《欧盟水框架指令》建立了一个法律框架，以保护和恢复欧洲河流的清洁，并确保其长期和可持续利用。指令基于流域、自然地理和水文单元创建了一套水资源管理的改进措施，并为成员国水生生态系统的保护设定了时限。指令标明了内陆地表水域、过渡水域、沿海水域和地下水，制定了若干水资源管理的创新规则，涉及规划与经济整合中的公众参与及水资源服务成本回收问题。

多瑙河流域是欧盟最大的 IRBD，涉及 10 个成员国和 9 个邻国，自上游至下游包括德国、奥地利、斯洛伐克、匈牙利、克罗地亚、塞尔维亚和黑山、罗马尼亚、保加利亚、摩尔多瓦、乌克兰以及波兰、捷克、瑞士、意大利、斯洛文尼亚、波黑、阿尔巴尼亚和马其顿。多瑙河流域展示了欧洲水域的多样性，其 IRBD 包括喀尔巴阡山脉和阿尔卑斯山的溪流和主要河流，穿越各类地质构造的地下水体，以及多瑙河三角洲和黑海沿岸水域。1994 年，为加强对流域的保护和可持续管理，14 个国家签订了《多瑙河保护公约》，成为遵照《欧盟水框架指令》进行合作的先行者。2000 年，这些国家同意由依照该公约成立的委员会对指令的执行进行协调。由于流域的规模和复杂程度，保护多瑙河国际委员会和多瑙河流域国家决定在不同的地理范围内展开工作，尤其是在其支流流域。最大的支流提萨河，流域面积为 15 万 km^2，穿越罗马尼亚、斯洛伐克、匈牙利 3 个成员国及塞尔维亚与乌克兰两个邻国。2000 年，提萨河因巴亚马雷和巴亚博尔沙的两起工业事故有毒污染物泄入河中，下游的生态系统遭到破坏。如今，提萨河流域的 5 个国家正在实施一个联合管理计划来执行《欧盟水框架指令》，并保护其支流流域水域，成为成员国和邻国之间进行合作的典范。

20 世纪 90 年代初，南斯拉夫解体后，该国最大河流萨瓦河成为一条引起高度关注的国际河流。《东南欧稳定公约》的签订，为该地区所有利益相关方的积极合作奠定了坚实的基础，同时也为流域水资源管理方法的创新铺平了道路。萨瓦河流域国家意识到该地区政治、经济和社会发生的巨大变化，也认同了在萨瓦河流域水资源的可持续开发、利用、保护和管理上进行合作，达成了萨瓦河流域框架协议（FASRB），涵盖了水资源管理的所有方面。谈判过程相当顺利，在启动当年就协调完成了最后的文本，成立了 FASRB 的执行机构——萨瓦河流域国际委员会（ISRBC）。ISRBC 基于以下基本原则开展工作：①主权平等、区域完整、互惠和诚信；②国家法规、机构和组织的相互尊重；③与欧盟各种指令保持一致；④流域内信息的定期互换；⑤国际组织的合作；⑥水资源的合理和平等利用；⑦确保流域水制度的完整性；⑧减少协议国因经济和其他行为活动引起的跨界影响；⑨当利用流域水资源时，避免对其他协议国造成严重损害。ISRBC 为执行 FASRB 而设立，其愿景是为区域的可持续发展进行跨界合作，为协议国实施 FASRB 提供合作条款。

斯洛文尼亚和邻国在萨瓦河，多瑙河流域的德拉瓦河、穆尔河，以及亚得里亚海区，共享水资源并进行长期的合作。欧盟资助计划、《欧盟水框架指令》和与水有关的其他指令的法律文件都为斯洛文尼亚水资源一体化管理提供了一个很好的平台。在斯洛文尼亚环境机构的主管部门——环境和空间规划部的管理下，长期的贸易合作还会进一步深入下去。

资料来源：S.克伦，2009。

（7）在公众参与水资源管理研究方面，国外的研究主要集中在公众参与听证、参与式民主、公众自由、公众参与管理的积极性与效果等方面。公众参与自然资源管理最早由联合国人类环境会议（United Nations Conference on Human Environment）提出。1982 年联合国人类环境会议以世界自然宪章的形式推动了公众参与自然资源管理的发展，1992 年在里约热内卢召开的联合国环境与发展会议（United Nations Conference on Environment and Develop，UNCED）通过了《21 世纪议程》，将公众参与自然资源管理的发展推向巅峰。在国际社会强烈的支持参与下，各个国家在林业资源、水资源、环境保护、土地规划等各种自然资源管理过程中推行了公众参与。目前，公众参与已成为世界上促进自然资源可持续管理的一个重要手段。在国外，公众参加听证会是比较传统的公众参与方式，多数学者认为，这种传统方式不能广泛覆盖公众，只有少部分人能够参与，因此体现公众利益的作用有限，在某些时候，往往流于形式（Cupps，1977；Kathlene and Martin，1991）。此后，许多能够使公众更大程度上参与水资源管理的方法被提出。例如，环境辩论方法（environment dispute resolution，EDR）是经过调解、政治对话以及规则协商的大众参与方式最终达成一致意见，且成本比较低，不易造成诉讼，但这依赖于愿意谈判的利益团体之间针对多方都能接受的方案取得共识。参与式民主（Moote，1997）和公众自由（Roberts，1997）表达的是相同的意义，Lawrence（1997a）认为公众参与程度会影响到最终的结果。保证程序公正，体现了决策制定程序对决策结果的重要作用，衡量公正程度的方法有代表性的广泛性、正确性、种族情况、决策者的偏见程度以及其他指标。公众参与的成功与否决定于各方面的积极参与，公众也必须乐于积极地对管理机构做出反应。Kathlene 和 Martin（1991a）发现公众参与的积极性建立在对待参与事物的理解基础上，同时也与参与听证所获得的效应有关。Cupps 指出，管理机构通常在公众参与方面存在一定程度的犹豫，往往质疑公众参与是否可以解决实际问题，因为对争议性很大的问题，立法机构往往选择回避。2000 年，国际大坝委员会（International Commission on Large Dams, ICOLD）在《大坝与发展》中强调，公众参与对重要决策的支持，对水资源的可持续利用至关重要。A. Goncalves Henriques 指出，工程及环境影响评价的公开讨论是保证工程被公众认可，使工程引起的社会经济发展与工程造成的环境危害之间相互协调的唯一途径，并且可以增强公众和决策者的环境保护意识（刘红梅等，2006）。

需要指出的是，尽管公众参与管理被认为是自然资源可持续管理的重要手段，但目前推行的并不十分成功。在公众参与管理过程中，有些冲突是不可避免的。有研究认为，参与式管理的影响因素主要包括利益相关者权力的不平等和世界观的差异（张小君等，2012）。

在实践层面，国外很多国家都十分重视水资源管理中的公众参与，包括公众参与水资源管理的法律保障、公众参与水资源管理的教育和公众参与水资源管理的创新等方面（刘红梅等，2006）。

与以往通过立法保障公众参与不同，匈牙利 PHARE 计划的最大的创新之处在于公众的立法参与，尝试实施了利害相关方参与制定水质立法和规程，这在公众参与水资源管理上具有里程碑的意义，与以往（民间组织可以参与制订法律并有机会对法律进行评论，但对他们的评论应如何考虑并没有明确规定，也没有其他利害相关方参与的规则）的情形具有显著的区别。该计划始于 1996 年，为与受影响的公众合作，在每个实例研究区域组织了两个专题研究组。第 1 轮专题小组会在方案设置之后，于 1996 年 5～6 月举行，第 2 轮专题小组会在方案的技术评价之后，于 1996 年 12 月举行。第 1 轮专题小组会大家兴趣很大，出席会议人数约为20 人，与会者非常积极，提出了许多想法、观点和建议。第 2 轮专题小组会大家兴趣比第 1 轮略低，出席会议人数减为 8～10 人。在这些专题小组会之后，专家最终确定了匈牙利水质保护系统中法律的、财政的、制度的和技术的解决办法（刘红梅等，2006）。

重视水资源教育是各国开展公众参与活动的基础。水资源公众参与的成功与否不仅取决于有效的政策和法律，更重要的是取决于公众水资源相关知识的改变。美国利用正规和非正规教育两种途径进行水资源教育。正规教育指在小学、中学及大学设置环境和水资源课程，教育学生从小做起、从我做起，热爱环境、保护环境，并组织学生参加清理城市及公路垃圾、资源回收再利用等活动，许多中小学生受教育后影响其父母亲也加入到保护环境的活动中。非正规教育指利用电视、报纸、广播、节目、聚会、讲座、传单等形式向公众讲授水资源保护的重要性。例如，由美国克罗格基金会帮助的密歇根地下水教育项目，面向农村，利用各种媒体向公众介绍地下水的利用与保护，并利用计算机图像技术模拟地下水的流动、污染及保护，拍成录像带，在全州83个县放映，取得了很好的效果，使公众保护地下水的意识大为增强。现美国联邦政府和州政府都设有环境教育基金，鼓励地方和学校申请，开展各种环境教育活动（刘红梅等，2006）。

法国是一个中央集权制国家，水资源治理的法律法规体系非常明确，按流域实行分权综合管理，同时中央的意见贯穿于各个层面的协商活动中，对不同层次利益集团的协商起指导作用。而在澳大利亚，水资源管理中的协商机制则充满了"联邦制"色彩，协议的达成是在各联邦让渡主权的基础上实现的（贺骥等，2005）。以色列很重视公众的参与，其所有水文水资源信息都对社会开放，使公众能了解与生活息息相关的水资源状况。以色列是一个宗教历史圣地，旅游业也是其一大支柱性产业，因此这也增加了水资源开发利用的复杂性，其"水法"中就专门规定"宗教历史性地点的水资源利用规划需要同宗教管理部门协调制订"，其重大水资源政策的制订都需要通过公众听证会（游进军，2005）。

此外，公众参与在国外已被广泛运用到各项水利工程建设中，渗入到水利工程建设的各个阶段，并已被列为水利工程建设不可缺少的一部分。例如，葡萄牙的卡布拉萨工程，由于公众的积极参与，促进了库区气候条件的改善，使库区居民生活水平得到提高，为野生动植物的发展创造了良好的条件。加拿大艾伯塔省南部的老人河大坝工程的环境保护计划，除政治和财政方面的强力支持外，在整个计划的制定和执行过程中，公众以顾问组的方式介入保护活动的范围和内容的决策中，对促进渔业和野生动物保护计划、历史遗迹保护计划及娱乐计划起到了功不可没的作用。

2.3.2 国内节水型社会建设相关研究及进展

20世纪90年代以来，我国面临日益严重的水危机，水资源短缺成为制约经济社会发展的重要瓶颈。为应对严峻的水问题挑战，进入21世纪以来，我国的水管理模式开启了从工程水利向资源水利和可持续发展水利的大转型。水利部提出在新的市场经济条件下，要充分发挥市场在水资源优化配置领域的作用，积极探索建立水权制度和水权交易市场（汪恕诚，2000）。2000年底我国首例水权交易事件（浙江东阳和义乌水权转让），使水权水市场问题成为全社会关注的热门话题，学术界对此也进行了广泛的分析和探讨。国内有关节水型社会建设的研究相对较晚。80 年代初,我国开始开展国家层面的节水工作。1990 年国家提出创建"节水型城市",2000 年首次提出"建立节水型社会"。21 世纪初,水权水市场改革成为我国水资源管理改革的重要取向。经过十几年的探索,建立健全的水权制度,积极培育水权市场,鼓励开展水权交易,运用市场机制合理配置水资源,已经成为我国水资源管理的基本政策。

过去十几年来,我国的水权水市场改革不断推进,在法规政策制定、水权制度建设和水权交易实践方面取得了一系列进展。2004 年黄河中上游宁蒙地区开展了水权转换试点工作;2005 年水利部发布《关于水权转让的若干意见》和《水权制度建设框架》;2014 年 7 月,水利部印发《水利部关于开展水权试点工作的通知》,选择在工作基础好、代表性强、地方积极性高的 7 个省区开展不同类型的水权试点工作;2016 年 11 月,水利部和中华人民共和国国土资源部印发《水流产权确权试点方案》的通知,选择部分地区作为试点区域开展水流产权确权试点,探索水流产权确权的路径和方法,为在全国开展水流产权确权积累经验。从研究内容分析,国内相关研究除涉及水权、水权交易、水价和水市场等内容外,节水型社会建设模式、水资源管理组织、水利基础设施及水资源承载力等问题也开始为众多学者所关注,研究的综合性不断增强。汪恕诚(2000)指出,明晰产权和水权是实现水资源优化配置的必要前提,水价的不断调整和水市场的建立是水资源优化配置的重要手段。黄河(2000a)指出,根据市场经济理论和水市场的特点及实践经验,要建立一个有效、公平和持续发展的水市场,就要创建与土地所有权相分离的交易水权制度,建立相应地独立于买卖双方的管理单位。

(1)在水权研究方面,国内学术界在理论上对"水权"概念的界定存在较大的争议和分歧,不同的学者基于不同的学科背景和不同的研究目的,提出了不同的理论水权,目前还没有形成统一的认识。从发展背景分析,中华人民共和国成立伊始,我国水资源的公有制即被确立,"所有河流湖泊均为国家资源",任何人民团体或政府机构要举办"水利事业",都必须先向"水利机关申请取得水权"。尽管国家政策在此明确提到了"水权",但由于当时用水量不大,水污染也不严重,水资源短缺的问题尚未出现,水权尚未得到学者的关注。这种现象从中华人民共和国成立初期一直持续到 20 世纪 70 年代(贾绍凤和张杰,2011)。在这一阶段,国家对水资源的管理主要是对水工程的建设和管理,即兴修水利工程、增加供水量、满足农业生产的需求。对水资源的取用是在国家计划的指导下,依附于水利工程或按照传统习俗进行的。80 年代以来,我国学者对水权的关注和研究有所增加。尽管我国 1988 年颁布的《中华人民共和国水法》明确规定取水应取得许可证,但由于当时是在有计划的商品经济体制背景下,取水许可证制度并没有得到学者的关注。直到国务院颁布《取水许可证制度实施办法》(1993 年)之前,学者对水权的关注主要集中在国家对灌溉用水权的保障和管理以及对美国水权的介绍方面。随着我国社会主义市场经济体制的确立，整个社会的需水量大幅增加，水污染还导致部分水资源不可用。在此背景下，90年代中后期，我国学者开启了水权的市场化研究，开始关注水权，强调明晰水权并采取市场手段配置水权。实践中也开始了对水权制度改革的探索。但学者对我国水权理论的大量研究是从2000年开始的。一方面，浙江东阳和义乌两市进行了被学界誉为"我国首例水权交易"的实践，在全国具有广泛影响；另一方面，政府机构大力推动水权改革，尤其是水利部的高度重视，对水权理论的研究起到一定的促进作用（刘卫先，2014）。

在水权概念及其内涵的界定和分析上，国内部分学者认为，水权就是水资源的产权，水的所有权是水权最本质的权利，也有一些学者认为水权一般指水资源的使用权。国内多数学者认为，水权是包括水资源的所有权、经营权和使用权在内的3种权利的总和，即所谓"多权说"，这与国外有关水权的主流观点（"单权说"）有明显的区别。汪恕诚（2000），傅春等（2001）认为：水权就是水资源的所有权和使用权；李焕雅和祖雷鸣（2001）提出了水资源权属的层次划分理论，将水资源的使用权进一步分为自然水权和社会水权，其中自然水权包括生态水权和环境水权，社会水权包括生产水权和生活水权；姜文来（2000）、周霞（2001）等认为，水权包含所有权、使用权和经营权3方面的内容；石玉波（2001）认为，水权应包含所有权、占有权、支配权和使用权4方面的内容；张范（2001）认为，水权应包含使用、收益权、处分权和自由转让权等方面的内容；蔡守秋（2002）认为水权是指由水资源所有权、水资源使用权（用益权）、水环境权、社会公益性水资源使用权、水资源行政管理权、水资源经营权、水产品所有权等不同种类的权利组成的水权体系。杜威漩（2006）指出，有关水权概念在界定上的分歧，主要是对产权概念理解上的分歧。水权应该是包括水资源所有权（狭义的）在内，可以分解为使用权、收益权和处置权等权能的权利束。与"单权说"相比，"多权说"更为全面地触及到了水权的实质，但从水权及其交易的实践看，水权则更多地涉及水资源的使用权（从世界上绝大多数国家的情况看，水资源的所有权属于国家，水权交易主要是水资源使用权的交易）。此外，国内学者也对农业水权进行了探讨和分析。张惠芳（2014）认为，农业水权是因农业生产而获得的水资源使用权利，这个权利主体为农户，权利客体为可灌溉水资源，权利内容为农业水权的权利与义务；钱焕欢和倪焱平（2007）认为，农业水权是农业灌溉需要而取得的用水权利，农业水权是生产水权的重要组成部分，因为流动性是水资源自然属性，农业水权实质上是对一定量的水资源在一定时间段内的使用权和经营权。这些观点清晰说明了农业水权的渊源和应有内容，但是对农业水权存在边际效用递减问题关注不够，对农业水权的特殊性关注不够。

刘卫先（2014）指出，国内学术界对"水权"概念的争论，可以归为两个方面的问题，即水权是什么和水权的性质是什么。对这两个问题的不同回答，体现了学者对水权所持的不同观点，其中具有代表性的观点主要有：①水权是产权理论渗透到水资源领域的产物，是指水资源稀缺条件下人们对有关水资源的权利的总和，其最终可以归结为水资源的所有权、经营权和使用权（姜文来，2000）。该界定具有一定的代表性，一些学者对此观点进行了进一步的充实，认为水权包括水资源所有权、水资源使用权、水资源收益权和水资源处分权，并把水权的性质界定为一种"准物权"，是特殊的用益物权，是具有公权性质的私权（朱一中和夏军，2006）。②水权应指国家、法人、个人或外商对不同经济类属的水所取得的所有权、分配权、经营权、使用权以及由于取得水权而拥有的利益和应承担减少或免除相应类属衍生而出的水负效应的义务。水权应分为水资源水权和水利工程供水水权两类，两者都包括所有权、分配权、经营权和使用权（董文虎，2001）。该观点把水资源和工程水区别对待，具有一定的合理性。③水权就是水资源的所有权和使用权，只有在有使用权的前提下才能谈经营权（汪恕诚，2000）。这一观点也得到了部分法学研究者的认可，认为水权是以水资源的所有权为基础的一组权利。④水权是依法对地面水和地下水取得使用或收益的权利，其包含有两层含义，第一，水权是独立于水资源所有权的一项法律制度，第二，水权是水资源的非所有人依照法律的规定或合同的约定所享有的对水资源的使用或收益权。所以，水资源所有权为水权之母，水权系由水资源所有权派生而来，在性质上是一种新型用益物权或准物权（裴丽萍，2001），认为水权是一个集合概念，是汲水权、引水权、蓄水权、排水权、航运权等一系列权利的总称，其性质是准物权（崔建远，2002）。⑤水权是人们在开发、利用、管理和保护水资源的过程中产生的对水的权利，包括取水权和水物权。其中水物权又分为资源水物权和产品水物权，资源水物权又分为资源水所有权和资源水他物权。其中取水权是债权性质的权利，水物权是物权性质的权利（黄锡生，2004）。⑥水权按照不同的标准存在不同的内容。按主体划分，水权包括国家水权、法人水权和自然人水权；按内容划分，水权包括水之民事权（含所有权、用益物权和担保物权）、水之行政管理权（规划权、开发权、调配权、管理权）和水之环境权（保护水源、预防水污染、使用清洁水等权利）；按客体划分，水权包括资源水之水权（江、河、湖之水权）和非资源水之水权（特定化水之水权、生活污水工业废水之水权、待开发利用之海水冰川等之水权）（黄辉，2010）。据此，水权不仅仅是具有公权性质的私权，而是既包括公权，又包括私权。这种大而全的水权理论表面上看似乎涉及水的方方面面，但它没有包含我国法律明确规定的地下水。⑦生态意义上的水权是不存在的，生态意义上之所谓人类"所有"水的权利，实为一假概念。水，首先是生态意义上的自在物，具有自身的独立地位和存在价值；其次，是因其准主体地位和受法律限制的资格，可被人类整体（现今之人和将来之人）在某一时段内予以使用的资源；最后，才是制度设计层面上，可被我们冠以"水权"之名的权力和权利的规置对象——已被定量份额化的、在特定时空条件下、具体可消耗的水量。我们现今所言之水权概念，通常都是指这一层面的权力和权利——政府之公共权力、各级次个体用户之权利（苗波和江山，2004）。⑧《黄河水权转换管理实施办法（试行）》（2004 年）第二条对水权的界定："本办法所称水权是指黄河取水权，所称水权转换是指黄河取水权的转换。"由此规定可知，水权即为取水权。该观点也得到部分学者的认可，并认为水权是类似于采矿权的一种准物权（邢鸿飞和徐金海，2006）。

综观 2000 年以后我国水权的理论研究和实践情况，其主要有如下 3 个方面的特点：第一，对水权理论争执不下，没有形成统一的认识；第二，各地对水权改革的实践探索从未停止，水权模式多样化；第三，部分学者开始对水权理论以及水权实践进行反思。总之，这些有关水权的理论研究和实践探索争论纷呈，不仅没有形成符合我国实际情况的统一的水权理论，也没能使水权在"水资源可持续利用、合理配置及保护"方面提供有效的保障。水权研究表面繁荣的背后隐藏着水权理论的贫困，水权理论还有待更深入的研究。在水资源短缺的时代，如何有效保护水资源进而使其得到可持续的利用，已是人们必须解决的问题（刘卫先，2014）。

（2）在水权交易研究方面，国内学者对水权交易的概念、内涵、水权交易成本、水交易发生的条件等问题进行了分析探讨。陈锋（2002）指出，水权交易是用经济手段进行水权再分配的一种形式，基于生产、生活、生态发展等目的将明确界定的水权通过市场进行流通，是水资源的使用权的部分或全部转让，与土地转让相分离（李浩，2012）。萧代基等（2004）认为，水权交易制度是指政府依据一定规则把水权分配给使用者，并允许水权所有者之间自由交易的制度。邱源（2016）认为，水权的界定、水资源稀缺性、基础设施和技术支持、可行的交易制度以及监管机构是水权交易顺利进行的 5 项基本条件。水权交易可以克服行政手段对水资源配置效率低下的问题，提高用水户参与水资源配置和投资决策的程度，其负效应主要是交易制度不完善、交易市场不规范等原因造成的。姜楠等（2005）从古典比较优势理论入手，阐述了我国水权交易引入比较优势理论的可行性与重要意义，结合我国水权交易的首次实践，探讨了比较优势理论的实际应用，力图为我国的水权交易提供比较优势的理论支撑，并对我国现存制约水权交易的因素从技术和制度两个层面予以分析，指出合理配置初始水权、正确引入激励约束机制、健全交易主体特定人格特征和理顺水价体系是制度设计者的首要任务。沈大军等（2016）探讨了水权交易的条件，认为水权交易条件包括水权明晰的法律条件、水量可达的物理条件、监测计量的衡量条件、交易成本的制度条件和第三方影响的外部性条件。其中法律条件、物理条件和衡量条件为必要条件，制度条件和外部性条件为充分条件。指出我国在水权交易中存在水权明晰未完成、监测和计量系统不完备、交易区域未划定、交易成本高昂、第三方影响评价制度缺失等问题，需要全面推进各项条件建设。提出政府应完善水权及其交易立法，健全水权制度体系，降低制度执行和落实成本。积极推进多样化水权交易机制发展，推进互联网技术应用，建立在线交易系统，降低搜寻、协商和契约成本。

王浩等（2006）指出，水权交易的作用主要表现在两方面，一是激励水权持有者节约用水并通过水权交易获得经济补偿，二是促进水资源流向高效率部门并对水资源优化配置；刘莹（2004）对国外水权交易市场的现有形态、水权交易市场运作的规则进行了分析概括，对水权交易成本、河道水量、第三者负效应等问题进行了分析探讨，认为水权交易市场能够有效提高用水效率；钟玉秀（2001）讨论了以市场为基础的水资源管理方法和两种水市场类型，介绍了水权转让过程中存在的两种水权交易成本，提出了建立可交易水权制度的基本条件，并根据国外水权市场建设的成功经验提出了水市场的立法原则；王金霞和黄季焜（2002）对智利、墨西哥和美国加利福尼亚州等国家和地区水权交易的发展实践进行了分析，对我国建立水权制度和开展水权交易具有重要的借鉴和启示意义；傅晨（2002）基于产权理论，对浙江东阳和义乌有偿转让用水权的案例进行了初步分析；王宏江、冯耀龙等（2003）借鉴国外水权交易的有关研究成果，对永久性交易、临时性交易、点市场交易和水银行等4种交易方式进行了较为系统的分析，探讨了在交易系统整体经济利益最优与单个交易用户效益最优两种情况下交易额确定的方法，并对水交易发生的条件进行了定量分析；胡继连和葛颜祥（2004）研究了水权分配的人口、面积、产值等6种分配模式，进而分析了黄河水权分配的现有模式、模式的选择及水权分配的协调机制；肖国兴（2004）分析了水资源从公水到私水、水权从公共产权到私人产权、水消费从许可取水到交易用水、水权管理从水资源配置到水事管制、水工程从公共工程到投资资本的变迁趋势，认为我国水权交易从理论变为现实，特别是成为富有绩效的制度安排，必须有效安排政府管制，更要激发广大用户的投资热情。用户资本性投资的有效实现，是评价我国水权交易及政府管制制度绩效的决定性函数。

有关政府和法律在水权交易中的作用，国内学者也进行了大量探讨。张建斌和刘清华（2013）认为，国内外水权市场有一个共同特征，即政府和法律在其中均起到主导作用。政府或水资源中介机构参与的转换交易是当前水权交易的主要模式。政府对水权制度建设中的作用主要表现在 3 个方面：一是水权初始分配，如监测评价水资源、水资源规划、基本需求水权分配、经济用水水权分配等工作；二是组织水权市场交易，如制定交易的条件、监督交易的进行等；三是完善法律体系，如制定水使用权的保护办法、出台水资源费的征收管理办法等，同时政府还要承担信息化建设、基础设施建设及水权知识宣传工作等配套辅助工作（李光丽和霍有光，2006）。郑菲菲（2016）指出，我国的水权交易实践在优化水资源配置、定纷止争、刺激节水、提高水资源利用效率以及促进地区经济发展等方面发挥了极为重要的作用，但同时也暴露出水资源产权不明晰、水权交易主体存在争议以及缺乏法律依据、水权交易的合法性存疑等许多问题。因此，应进一步完善我国的水权交易制度和相关法律法规，为水权交易提供法律保障和支持。在《中华人民共和国宪法》上，应进一步明晰水权产权，赋予全体社会成员使用水资源的权利；在《中华人民共和国水法》上，明确水权的基本概念、主体、客体、内容、性质和基本类型，界定水资源使用权、收益权等概念，厘定水权交易的基本概念、水权交易的基本原则、水权交易的主客体和水权交易的类型；在《中华人民共和国民法通则》上，应当赋予水权权利人出租、抵押、转让部分水权的权利，明确水权性质为用益物权。

在水权交易实践层面，2001 年我国首笔水权交易在浙江完成，开创了我国水权交易的先河。近十余年来，我国各地纷纷开展水权交易实践，形成了商品水交易模式、水票制交易模式和取水许可证交易模式。但国内有学者指出，这 3 种交易模式分别存在交易客体错位、交易主体积极性不足、交易前提条件不具备等弊端，不适合全国范围内推广。例如，张掖农业水权交易主要是在农村局部村与村之间、灌水小组之间、用水户之间，交易局限于一定区域内。同时，水权交易主要在农业内部，交易主体主要是个体用水户的水权交易，企业尚未参与进来，交易的经济效益并不明显等（曾玉珊和陆素艮，2015）。

（3）国内有关水权市场的研究始于 2000 年。随着东阳和义乌水权转让、张掖水票交易、黄河水权转让试点等实践探索的不断展开，国内学者开始关注水权交易和水权市场相关问题的研究。国内已有的研究普遍认为，引入水权市场，利用市场机制配置水资源，应该是我国未来水资源配置制度改革和发展的方向（汪恕诚，2000；黄河，2000；孟志敏，2000）。林关征（2007）指出，建立水权交易市场的核心是水权制度建设，而水权制度建设是实现水资源优化配置，建设节水型社会的必由之路。他进一步指出，构建节水型社会，迫切需要建立一种政府调控、市场引导、公众参与的水权制度。在这一水权制度中，政府发挥主导作用，不仅要从宏观上承担起对生态用水的经营管理，实现水资源经济效益、社会效益和生态效益的统一，而且要充分发挥政府在水市场经营管理中的重要作用。

虽然国内学者关于水权市场对水资源优化配置的作用已有了比较清晰和一致的认识，但对水权市场的内涵、外延和性质等问题则存在不同的看法。在水权市场的定性上，国内大多数学者认为，在计划经济向市场经济过渡时期，我国的水市场只能是一个"准市场"。汪恕诚（2000）认为，水市场不是一个完全意义上的市场，而是一个"准市场"。石玉波（2001）也认为，水市场只是在不同地区和行业部门之间发生水权转让行为的一种辅助手段，因此我国所谓的水市场或水权市场是一种"准市场"，表现在不同地区和部门在进行水权转让谈判时引用市场机制的价格手段，而这样的市场只能由国务院水行政主管部门或其派出机构——流域水资源委员会来组织。范黎等（2002）利用经济学模型对指令配置模型和市场配置模型进行了比较研究，认为市场配置水资源更有效率，并提出了水资源市场化的基本思路和实施途径。王修贵（2005）从水资源所有权与经营权、使用权相分离的角度，对政府水管范围、经营者的职责界定等问题进行了分析研究。认为由于水资源的特殊性和市场机制本身的缺陷，市场机制不能完全实现水资源的公平分配，水资源分配需要在提高效率的同时兼顾公平，仅有水资源市场的配置是远远不够的，还必须加强政府对水资源的管理。水权不是完整的产权，水价也不是完全由市场交易形成，水市场是"准市场"，实现水资源的最优配置需要市场机制和政府宏观调控共同作用。张维和胡继连（2002）从我国的实际出发，对我国构建水权市场的必要性以及初始水权分配、水权市场组织、交易制度建设和水权市场运作体系等问题进行了较为系统的研究。郭平（2005）指出，水权市场的构建需要 3 个方面的制度性准备，即水权市场的组织体系建设、水权市场主体建设及水权登记制度的建立和完善。认为水权市场的基本构造至少应包括一级水权市场和二级水权市场。一级水权市场是水权出让市场，市场主体的一方是代表国家的水行政主管机关，水行政主管机关向用水人颁发取水许可证、授予用水人水权；另一方是提出取水许可申请的用水人，用水人按照规定向水行政主管机关交纳水资源费。用水人既包括实际生产生活用水的公民、法人，也包括供水公司。二级水权市场是水权转让市场。市场主体一方是水权出让人，水权出让人将自己的水权转让给其他用水人；另一方是水权受让人，水权受让人向水权的出让人支付水权转让费。在二级水市场中，供水公司既可以作为水权出让方，也可以作为水权受让方。

除上述研究之外，国内学者还就水权市场对农村发展的影响、水权市场建设所需要的条件和所应采取的措施、水权交易中存在的主要问题等进行了深入探讨。例如，尹云松和糜仲春（2004）就建立水权市场对我国农村发展的影响进行了系统分析，指出水权市场在我国已逐步从理论走向实践，建立水权市场已是大势所趋。但从国际经验来看，水权市场势必导致更多的水资源被转移到非农产业和城市，这对农村发展将产生较大的影响。表现在：①水权交易能增加农民和用水户协会的收入，并提高农业内部水资源配置效率。农民将剩余的水权转让给城市或农村其他用水单位，可以直接获得相应收益，这有利于农民节约用水。②水权交易虽然会对农业产生一些负面影响，但所带来的巨大社会收益和直接经济收入可完全弥补这些负面影响，甚至可以促进农业的增长。③水权交易为农民提供了新的就业机会，有利于优化农村劳动力就业结构。水权被转让到城市及农村的高效益行业，提高了资源配置效率，繁荣了城乡经济，从而增加了对农村劳动力的需求。④水权交易对农民的生产经营行为产生了重要的影响，将促进节水农业的发展，带动农业和农村经济结构的调整。水权市场的建立，使农民认识到水资源潜在的经济价值。为节余更多的可供出售的水权，以便获得更多的收益，农民将自觉地调整自己的技术选择行为，应用效率更高的节水设施和灌溉技术。⑤大量水权从农业转出，将对国家粮食安全带来不利影响，但如果能在城乡有效应用节水技术，则完全可以消除这种不利影响。徐梓曜等（2017）以较为成熟的水权市场建设和水权制度改革理论与实践为支撑，以对多个农业水权市场的实地调研为基础，提出了融合制度基础、经济动力、交易参与人、第三方保护和设施基础等五大模块，含概 14 个要素的农业水权市场综合框架体系，阐明了各要素之间的内在联系。并以澳大利亚维多利亚州、我国石羊河流域等地区为例，在农业水权市场综合框架体系下对农业水权市场进行了分析，进而从水权法律体系、水资源产权管理制度、水权信息共享度、水权交易媒介等多个方面提出了建立健全农业水权市场的必要条件及建议。有学者指出，要建立一个有效、公平和持续发展的水市场，有几个必要措施一定要实施。一是要提高全社会的水商品意识，认识到水资源的自然属性和商品属性，自觉遵守自然规律和价值规律，合理运用市场机制配置水资源；二是要明晰水权，合理分配初始水权，创建可交易的水权制度，确定合理的水价；三是建立必要的基础设施，完善输水系统；四是建立管理水权和水市场运行的管理机构、仲裁机构和监督机构（钟玉秀，2001）；五是建立对第三方不良影响的补偿机制（郑忠萍和彭新育，2005）。也有学者强调和分析了水权交易中存在的交易成本和第三者效应等问题。徐方军（2001）指出，第三者效应问题是指水市场交易中对第三方的不良影响，主要有表现在：①上游对下游的影响，特别是上游水权所有者将水权出卖给消耗型用水的用水者，这样必然会影响下游的水量和水质。②向水体排污对其他使用者的影响。水质的下降必然会降低水的使用价值，如果水权只规定了用水数量，没有注明水质参数，那么水质的不确定性会增加水权交易的风险。③对地区经济发展和就业的间接影响。如果水权交易发生在地区之间，通常对买方地区产生积极的间接影响，而对卖方地区产生消极的间接影响，如减少与水相关职业的就业机会等。郑忠萍和彭新育（2005）

指出，留川水用途包括水生物生存保障、野生动物饮水、景观、钓鱼、游泳、划船、运输、发电等。水权交易会导致留川水量的减少，这也是水市场交易带来的第三者效应之一。但最小留川水量又具有公共财产的性质，其重要性往往被水市场制度所忽视。此外，国内学者对水权市场建设所需要的各种制度条件和技术条件也有所关注，包括法律制度、组织管理体系、贸易规则、计量技术等。但相关研究仍停留在对这些条件的定性归纳上，没有深入分析各种制度性、技术性因素如何具体影响水权市场的运转，从而难以提出有针对性的水权市场建设途径（唐曲，2008）。

（4）西方效用价值论、马克思劳动价值论、生态价值论和哲学价值论等理论是水资源价值研究的理论基础，这些理论都对"是什么决定了水资源的价值"，"水资源价值主要包括哪些方面"做出了不同解释。20 世纪 70 年代，人们开始意识到水资源具有价值，认为水资源价值是在一定时间范围内在特定地理区域购买单位水资源所能给付的最大货币值。机会成本理论在此基础上对水资源价值概念进行深入阐述，指出水资源价值不仅取决于特定时间、地点，还取决于水流状况，将水资源价值定义为将自己所占有的水资源转让给他人时所能接受对方支付的单位水的最小费用。马克思的劳动价值论认为，水资源的价值由人类赋予水资源的劳动价值量所决定。进入 21 世纪后，随着经济发展与资源供给之间矛盾的日益加剧，人们开始意识到水资源生态环境价值的重要性，认为水资源的价值取决于其经济、社会、生态环境价值。

在水价研究方面，我国学者多从资源价值核算入手，对水资源价值进行探讨。基于资源稀缺性、资源产权和劳动价值 3 个方面的水资源价值论，是我国目前对水资源价值较为全面、合理、科学的认识。在实践中，我国水价性质经历了从行政事业性收费到商品价格的演变过程。1949～1992 年，水价在我国官方文件中一直以水费的概念而替代，供水经历了从无偿供水到福利供水以及到有偿供水的变化过程，相应的水费也经历了从无到低到高的变化过程，但这一时期水费的性质一直为行政事业性收费，供水不具有商品性质。1992 年国家物价主管部门将水利工程供水列入商品目录，1994 年财政部颁发的《水利工程管理单位财务制度》将水利工程水费列入供水单位的生产经营收入，直到此时，供水才被作为一种商品，水费才摆脱了行政事业性收费属性的桎梏，被赋予具有商品生产关系下价格的含义。2000 年和 2001 年，财政部、原国家发展计划委员会两次明确将水利工程水费转为经营性收入管理，不再作为预算外资金纳入财政专户管理，这是水费产生实质性变化的重要转折点。2000 年《国务院关于加强城市供水节水和水污染防治工作的通知》指出，城市供水要引入市场机制，逐步提高水价。2002 年修订颁布的《中华人民共和国水法》规定，供水价格应当按照补偿成本、合理收益、优质优价、公平负担的原则确定。2004年4月，国务院办公厅颁布的《关于推进水价改革、促进节约用水、保护水资源的通知》提出水价改革的目标是，建立充分体现我国水资源紧缺状况，以节水和合理配置水资源、提高用水效率、促进水资源可持续利用为核心的水价机制。这些政府文件的颁布标志着水利工程水价和城市水价作为商品价格管理在实践中取得了重大的进展（邢相勤和李世祥，2006）。王浩等（2003）指出，应基于资源的稀缺性、资源产权和劳动价值3个方面来理解水资源价值，并论证了水价三重构成理论的科学性，认为合理的水价应该包含供水的资源成本、工程成本、环境成本3部分。韩洪云和赵连阁（2001）认为，水价是取用水应付出的价格，合理的水价包括水资源价格、生产成本、环境成本和正常利润。水资源价格是水资源使用者为获得水资源使用权需支付给水资源所有者的费用，它体现了所有者与使用者之间的经济关系，是水资源有偿使用的具体表现，是对水资源所有者因水资源资产付出的一种补偿。郑通汉（2002）从可持续发展的角度研究了水价，认为水价所决定的水供求不能超出水资源的承载力和水环境的承载力，水价所决定的收支水平必须保证供水工程能持续运行和用水户有支付能力。因此，可持续发展水价所决定的水供求关系，要以水资源承载力、水环境承载力、供水工程承受力作为定价的核心内容，以用水户承受力作为边界条件。郑通汉指出水资源价格应该是包含资源成本、工程成本、环境成本的全成本价格。

在农业水价研究方面，姜文来（2003）回顾了我国农业水价的演变历程，对我国农业水价政策难以落实的原因进行了剖析，探讨了农业水价改革面临的困境，指出农业水价要置于社会经济环境的大背景条件下，充分利用世界贸易组织（Word Trade Organization，WTO）的规则，提高农产品的国际竞争力。关于农业水价的构成，国内主要有"累进水价论"和"综合水价论"两类观点，前者认为农业水价应实行累进水价，即在灌溉定额内的农业用水，按成本收回原则定价，以确保农业生产的基本用水和供水企业的保本经营，对超过定额的用水，加收水资源费及供水利润，当用水总量超过水资源的承载力时，水价中应包含环境成本。为促使水资源向高收益方向移动，还应考虑水资源使用的机会成本（关良宝等，2002）。后者认为农业水价应实行综合水价，其基本内容为最高限价下的用水户协会协商定价加上水价风险补偿金（郑通汉，2002）。郭善民和王荣（2004）通过对江苏皂河灌区农户的调查，分析了农业水价政策的效应。研究发现，农业水价改革对农民及供水单位的节水行为没有影响，提高水价有利于增加供水单位收益，但却降低了农民的福利水平。水价政策作为单一的政策工具在很多情况下并不能促进水资源的节约使用，要建立水价机制与用水行为的直接联系，水价改革与其他制度的配套改革同时进行也许会有助于价格政策功能的实现。陈丹等

（2005）在介绍条件价值评估法（contingent valuation method，CVM）的基础上，分析了农户对改善灌区供水服务的支付意愿，提出了灌区农业水价 CVM 应用研究的基本思路与操作框架，探讨了该方法在我国灌区领域应用的可行性，并对该方法的应用研究提出了相关建议。鲜雯娇等（2014）指出，水价是一种重要的经济手段，是实现水资源可持续利用的重要工具。现有的水价模型多以供水生产成本代替供水过程中的全部成本，完全成本水价模型综合考虑了供水生产过程中的所有成本以及利润和税金，使水价能充分体现水资源的稀缺价值、供水服务成本以及水环境的恢复补偿费用，并以张掖甘州区的灌区为例，计算了其农业完全成本水价，指出张掖现行水价偏低，均未达到各灌区的完全成本水价，无法补偿供水单位的供水成本。在未来的农业灌溉水价，不仅要考虑到为供水管理部门回收供水成本，还要考虑到如何提高供水管理部门的管理效率以及农户对水价的承受能力。郭巧玲等（2007）在对黑河中游灌区现状水价状况分析的基础上，提出了可持续发展水价的内涵，认为可持续发展水价应包含 3 个方面，一是促进水资源可持续开发、利用和保护；二是必须使水资源开发利用成本得到足额补偿，并使水资源开发利用部门得到合理利润，使其发展壮大，保证水资源开发利用部门和水资源开发利用事业的可持续发展；三是能够给用水户提供足够的反映水资源稀缺性、生产成本以及可持续开发利用的价格信号，使用水户提高水资源危机意识，同时应考虑用水户的承受能力。在构成上包括资源水价、工程水价和环境水价。

在城市水价研究方面，韩美和张丽娜（2002）在分析水资源价值的基础上，指出合理的水资源价格应由水资源价值、供水成本、外部成本和机会成本 4 部分构成。针对济南水价中存在的问题，提出合理的水资源费征收标准应按地表水水资源费、地下水资源费和引黄水水资源费分别制定，使水资源费全面体现水资源价值；污水处理费征收标准应提高到包括工程费、服务费和资本费在内的水平，以补偿污水处理成本；改革现行的计划定价法和成本定价法这两种不合理的水价制定方法；实行季节水价、两部制水价和阶梯式计量水价，使水价反映水资源开发利用成本和条件的变化，以促进全社会节约用水。陈易等（2011）提出，水价完全成本应该由资源水价、工程水价、环境水价、边际使用成本 4 部分组成，并利用马尔萨斯模型、逻辑斯谛模型、BP 神经网络模型及边际机会成本等理论，计算得出大连的完全成本水价为 3.9 元/m³，而 2011 年 3 月，大连居民生活用水价格为 2.9 元/m³，工业及行政事业单位用水价格为 4.10 元/m³，商业、旅游业用水价格为 5.90 元/m³，可见大连居民生活用水价格偏低，还有调整的空间。但水价的调整绝不仅仅是简单的提高水价，还应提高供水质量和服务水平，同时考虑用水户的承受能力。褚俊英等（2003）指出，随着我国缺水问题的日益突出，研究水价对消费者用水行为的影响，对我国进行准确的需求预测、制定需求管理政策、包括污水再生回用的供水规划等方面都具有重要的意义。并讨论了水价对城市居民用水行为影响的复杂性，介绍了该领域主要研究方法的基本原理、主要特征及所关注的政策问题等，分析了水价研究的发展趋势。认为识别水价对消费者用水行为的影响是制定合理水价政策的前提，研究水价的作用机理有助于需水预测、供水管理、制定合理的需求管理战略。指出利用计量经济方法构建需水函数并以此估计水的价格弹性是目前水价研究的主流方法，但它往往受到数据的限制；意愿调查价值评估法（contingent valuation，CV）法是计量经济方法的一种很好的补充，但实施成本较高，目前应用比较少，而且研究的范围有限；定性分析与统计分析方法难以在众多因素中定量地分离出价格对消费者用水行为的影响。指出我国目前就水价对城市居民用水结构影响方面的研究比较少。在有限的研究中，大多数也主要是对水价弹性进行估计和分析，对水价的作用机理（尤其是在考虑节水、污水再生回用等技术方案时）的研究亟须加强。结合该领域的研究方法与发展趋势分析，建议综合利用社会学、计量经济学、微观模拟模型等方法和原理，系统考察水价变化对城市居民用水行为的影响及其决策机理，特别是用水行为变化、节水技术扩散、回用替代水的选择等，为我国城市水价的政策制定提供科学依据。

（5）水资源管理是指水行政主管部门运用法律、行政、经济、技术等手段，对水资源的分配、开发、利用、调度和保护进行管理，其作用是保证社会经济发展和改善环境对水的需求。在管理体制上，世界各国的水资源管理体制分为集中型管理和分散型管理两大类型。集中型是由国家设立专门机构对水资源实行统一管理，或者由国家指定某一机构对水资源进行归口管理，协调各部门的水资源开发利用；分散型是由国家有关各部门按分工职责对水资源进行分别管理，或者将水资源管理权交给地方政府，国家只制定法令和政策。中华人民共和国成立以来，我国的水资源管理涉及水利电力、地质矿产、农牧渔业、城乡建设、环境保护等许多部门，各省、直辖市、自治区也都设有相应的机构，基本上属于分散型管理体制。20 世纪 80 年代以后，我国北方水资源供需矛盾日益加剧，一些省市成立了水资源管理委员会，统管该地区的地表水和地下水；1984 年国务院指定由水利电力部管理全国水资源的统一规划、立法、调配和科研，并负责协调各用水部门的矛盾，水资源管理开始向集中管理的方向发展。目前，我国对水资源实行流域管理与行政区域管理相结合的管理体制，国务院水行政主管部门负责全国水资源的统一管理和监督工作，水利部作为国务院的水行政主管部门，是国家统一的用水管理机构。国务院水行政主管部门在国家确定的重要江河、湖泊设立的流域管理机构，在所管辖的范围内行使其法律、行政法规和国务院水行政主管部门授予的水资源管理和监督职责。我国已按流域设立了长江水利委员会、黄河水利委员会、海河水利委员会、淮河水利委员会、珠江水利委员会、松辽水利委员会、太湖流域管理局七大流域管理机构。县级以上地方人民政府水行政主管部门按照规定的权限，负责本行政区域内水资源的统一管理和监督工作。

WUA 是我国基层水利管理中的一支重要力量，其发展在我国最早可追溯至古代农业社会。作为传统的农业大国，在我国曾存在由乡绅、乡民、族长、族人建立起的正式或非正式跨村界水管自治组织。中华人民共和国成立后，传统水管自治组织不复存在，农田水利工程建设、水资源分配等功能转移到人民公社和生产队手中。其后，家庭联产承包制带来农户分散经营，使农民用水无序、农田水利设施老化等现象普遍存在。在此背景下，重建农村水管组织就成为亟待解决的现实问题。20 世纪 80 年代中期以来，世界范围内兴起了一场旨在通过转嫁用水责任和权利来减轻政府负担、提高灌溉效率的灌溉管理体制改革浪潮。这一历史背景下，湖北漳河灌区依托世世银行贷款于 1995 年成立了我国第一个 WUA——红庙支渠用水者协会。此后，WUA 在水利部等部门的联合推动下在全国迅速发展（郝亚光和姬生翔，2013）。

在水资源管理组织研究方面，20 世纪 90 年代中期以来，我国结合大中型灌区更新改造和续建配套工作，在世界银行等国际组织的支持下开展了"用水户参与灌溉管理"的改革试点。在实践的基础上，理论界对这一新生事物进行了初步研究。关于 WUA 的概念，有学者从组织运行机制与管理职责的角度予以界定。例如，苏孝陆（2004）将其定义为"由用水户民主选举产生，实行民主管理，负责辖区内的工程管理维护、与供水单位签订供用水合同并向全体用水户配水的具有法人地位的农民用水合作组织"。有学者侧重于从组织边界的角度界定，如李友生等（2004）将其界定为"按水文边界（支渠或斗渠），由渠系内的用水户共同参与组成的一个有法人地位的社团组织"；张陆彪等（2003）调查分析了 WUA 运行的绩效和存在的问题，指出 WUA 在解决水事纠纷、节约劳动力、改善渠道管理、提高弱势群体灌溉用水获得能力等方面具有显著成效，认为 WUA 具有按照市场机制进行商品水的交易、农民用水户参与灌排区管理、具有明确法人地位、用水户协会与农村经济发展良性互动 4 个明显特征；冯广志（2002）认为，成立具有法人地位的、性质明确的 WUA，既是开展用水户参与灌溉管理改革试点的基本要求和目标，也是参与式灌溉管理的主要内容；苏孝陆（2004）进一步指出，WUA 不仅是参与式灌溉管理的基本形式，也是我国灌区水市场不可缺少的主体形式。胡继连等（2003）基于产业组织学的相关理论与方法，分析了我国小型农田水利产业组织结构的特征、经营者行为和产业绩效，并根据小型农田水利产业组织中存在的问题，提出了相应的产业组织政策；张兵和王翌秋（2004）通过对江苏皂河灌区自主管理排灌区模式运行的调查，分析了 WUA 的作用，认为 WUA

符合市场化运作机制，具有为水价改革创造条件、有助于水费收缴、实现节水灌溉、减轻农民负担、促进灌区良性运行等方面的作用；方凯和李树明（2010）研究指出，甘肃 WUA 成立运行以来，农业灌溉现状不断改善，农民参与社会生活的意识和能力得到了提高，社会、经济、生态效益非常明显，体现在参与式灌溉管理方式在试点区逐步得到推广、工程维修及时、灌溉效率提高、农户节水意识增强、灌溉成本降低、水资源利用率提高、行政干预减少以及基层工作能力提高等方面。如何根据项目所在地的条件，因地制宜发展具有本地特色的 WUA，是 WUA 在下一发展阶段亟待解决的问题。同时，国内学者基于资源条件、所有制、运行机制等视角，对 WUA 的类型也进行了分析。例如，王雷等（2005）依据动力来源将 WUA 分为世界银行模式和其他模式，并从形式、体制、运行、管理等方面细致地比较了两种类型的异同；胡玥琳和刘永功（2007）根据所有制形式、资源依托形式等将北京村级 WUA 划分为蔡家甸模式、蔡家洼模式、后焦家坞模式、庄头峪模式、平谷峨眉山村模式 5 种类型；徐成波（2010）以水资源条件为标准，将 WUA 划分为水资源依赖型、水资源自给型和水资源补充型 3 种类型。

此外，国内学者对 WUA 的运行机制、作用、存在问题和解决对策等问题也进行了广泛深入地探讨（郝亚光和姬生翔，2013）。在 WUA 的动力机制研究方面，国内学者的研究视角主要集中在制度规范和社会资本两个方面。例如，李琼和游春（2007）提出，以协会的组织和契约性规则为正式制度，结合互惠合作为核心的群体规范等非正式制度，共同构成"管水协会"的集体行动机制；罗兴佐（2007）在运用制度分析的方法比较税费改革前后农田水利的制度供给后提出，由于社区组织资源不足，市场化及 WUA 只能解决那些可以排他、共同享有的收费水利供给难题。也有些研究者倾向于从组织运作形式来研究 WUA 的动力机制。例如，周玉玺等（2002）从组织运行效率的角度出发，比较了以水利合作社和用水协会为组织载体的农民自主协商灌溉制度与完全市场制度、政府集权制度的运行机制。在农民自主协商灌溉管理制度中，农民通过一直参与规则起草、不断设计有效规则、自主选择监督管理人员等活动，增强了合作的积极性（郝亚光和姬生翔，2013）；胡振鹏和李武（2009）通过剖析一个百年不衰的农民水利协会，用重复博弈理论研究了农村社会化服务组织形成条件和合作机制，认为需要凭借民主管理、处事公平、管理者的奉献精神来提高农民的合作意识和凝聚力。对 WUA 存在的各种问题，学术界主要从立法与认知、政府与 WUA 关系、WUA 内部组织管理机制等方面提出了相关建议。有的研究者侧重于从法制建设、组织规范建设的角度来推动 WUA 建设。例如，刘其武（2001）认为需要通过明确 WUA 的法律地位和最终职能、进行水价和水费征收办法改革、界定工程产权、配套政策法规等方法来解决 WUA 运行中存在的深层次问题。有的学者侧重于从协会定位、政府与协会关系的角度推动 WUA 建设。例如，张庆华（2008）等认为 WUA 建设与运行离不开政府资金的支持。要建立一套 WUA 政府资金支持机制，根据用水协会发展的不同阶段来确定资金支持力度，从政府资金支持渠道、政府资金支持的使用与管理制度两个方面落实资金支持措施。

（6）在水利基础设施研究方面，国内学者就水利基础设施供给体系、建设模式、管理体制改革、经济效益、影响因素、融资模式及其与经济发展的关系等问题进行了广泛探讨。王阳和张朕（2016）指出，政府部门作为主体去承担农村地区的水利基础设施建设和维护，是当前我国社会较为普遍的现象，这种方式不仅给地方政府带来较大的融资风险，也对地方财政造成了较重的负担，长此以往，我国很多农村地区的水利基础设施都存在着供不应求、管理效率低下、设备维护困难的情况。在农村水利基础设施建设中引入 PPP 模式（public private partnership，即一种公共部门与私营部门的合作模式），不仅有利于减轻地方政府所承受的财政负担、优化社会资源、提高项目建设的效率和质量，也有利于促进政府职能转变，提高执政效率。通过对当前农村地区水利基础设施现状及 PPP 模式的分析，从不同的维度探讨该模式的应用及实施路径，并就推进该模式积极进入农村水利基础设施领域提出相关建议。俞雅乖（2012）从政府和市场的角度阐释了农田水利基础设施供给不足的原因，指出构建"一主多元"供给体系是实现农田水利基础设施有效供给的可行路径，明确政府为主要供给主体、政府主导下多元主体参与以及市场运行机制是"一主多元"农田水利基础设施供给体系的主要内涵，并从政府供给、多元主体参与及市场运行机制等方面提出了构建"一主多元"农田水利基础设施供给体系的对策建议。刘海英（2008）对广东农田水利基础设施现状进行了分析，指出广东农田水利基础设施建设、投资、管理体制不够完善，使广东农业的发展受到一定程度的制约。"九五"以来广东农田水利基础设施建设取得了显著成效，农田水利基础设施投资渠道进一步拓宽，资金去向多样，但是农田水利基础设施建设管理体制还不够完善。应明确各级政府在农田水利基础设施建设中的职能，建立以政府为主的多元化投资体系，大力推进水管单位运行管理体制和水利基础设施管理体制改革。郭姣姣和薛惠锋（2016）基于影响基础设施投资经济效益的复杂多因素视角，选取资金、人力为投入指标，行业生产总值、人员工资为产出指标，通过构建水利基础设施投资经济效益的数据包络分析模型，对全国 31 个省市水利基础设施投资的经济效益分别进行纵向测度与横向对比。结果表明全国水利基础设施总体投资经济效益呈稳定上涨态势，具有较大的提升空间，仅有 6 个省市水利基础设施投资达到规模效应，且多集中于东部地区，中西部地区匮乏，东、中、西部地区投资绩效呈"东部领先、中部赶超、西部发展"的基本态势。指出实现投资效益稳步增长是强化水利基础设施建设水平的关键。

倪细云和文亚青（2011）基于陕西 437 户农户的实地调查数据，采用多元有序逻辑斯谛模型，对影响农民对农田水利基础设施建设满意度的因素进行了实证分析。研究表明，农民对农田水利基础设施建设满意度的影响主要来自于是否是村干部、人均年纯收入、粮食补贴政策评价、粮食补贴政策对农民增收的作用、投资主体、近五年是否修筑新农田水利设施、能否满足农业生产需要、维护状况、变化情况、区域比较等；性别对农民评价农田水利基础设施建设满意度具有一定的影响；年龄、文化程度、家庭规模对农业生产的重要性对农民评价农田水利基础设施建设满意度的影响不显著。吴戈（2014）在对我国多年水利基础设施建设投入进行统计分析后指出，我国水利投资主体多元化的格局已经初步形成，但由于水利投资的外部性、投资周期的长期性、投资实施的连续性与波动性以及投资收益的不确定性等特点，水利投资仍然主要依靠国家。长期的投资不足和较为单一的投资主体，导致水利投资供需缺口巨大、投资结构失衡以及补偿机制不完善等问题，水利基础设施仍然是国家基础设施的短板，认为在保障财政稳定投入的基础上，有效引入社会资本是解决我国水利基础设施薄弱环节的有效途径。

此外，我国学者还对水利工程管理、水利工程的经济学特征、农业灌溉设施的有效利用等问题进行了探讨分析。例如，傅春、胡振鹏（2000）分析了水利工程管理中的委托代理关系，并运用博弈论的方法初步研究了水利工程产权管理中建立激励机制的问题，指出"对既有防洪等公益性任务又有兴利要求的水利工程管理，如果委托人期待代理人在防洪等公益性项目的管理上花费一定的精力而该项工作又不容易观测其价值，那么就不应该在兴利项目上设立激励机制"。李利善等（2002）结合湖北的情况初步分析了公益性水利工程的经济学特征，剖析了公益性水利工程融资及补偿机制运行的现状，认为投入机制不完善、补偿渠道不畅通、运营管理机制不健全是公益性水利工程运行中存在的主要问题，提出了工程项目"资产证券化"，完善工程耗费补偿机制等思路。施国庆等（2002）对水利工程建设与农民收入的相关性进行了分析，指出无论工程规模大小、类别、施工方法如何，水利工程都或多或少地需要农民直接参加建设与管理。农民直接参加水利工程的建设和管理，是水利工程建设对农民就业和收入最直接的影响，水利工程在建设和管理期间带动其他行业的发展，也将为农民提供更多的就业机会，增加农民的经济收入。

综上所述，近十余年来国内有关水权水市场及节水型社会建设的研究成果逐渐增多，已开展了大量的学术或政策研究，研究内容也日益广泛和深入，取得了一系列进展。在实践探索上，我国初始水权分配的框架初步形成，开展了一系列水权市场的实践探索和试点，特别是取水权的确立及水权交易的实践探索，为水权制度建设进一步创造了必要条件。在理论研究上，我国学者能够将水权、水价和水市场等问题结合在一起进行综合研究，认为水权、水价和水市场是节水型社会制度建设的 3 个基本要素，水权是建设以市场为导向的节水型社会的基础，是深化水价改革、完善水市场的重要前提。特别是在进行大量定性研究的同时，研究也引入了定量分析方法，通过选取相应的指标体系和建立相应的数理模型，对水权交易的收益、水权交易对农户灌溉用水行为的影响及节水型社会进行定量分析。但总体来看，国内相关研究仍存在明显不足，表现在：①理论研究和政策实践都过于强调水权市场的作用和市场制度本身，对水权市场运作的内在机制研究不足。王亚华（2017）指出，多数研究将自由市场作为隐含的改革目标，只有少量的研究探讨现实因素对水权市场的制约。这种以想象中的"理想世界"出发来试图改造"现实社会"的研究，与国际相关研究在理论深度和广度上显示出巨大差距。实际上，建立一个自由运作的水权市场并不是我国水权制度改革的目标，水权制度只是一种具体的手段，水权市场是服务于水资源优化配置的工具之一。水权制度建设的目标，应当是建立与国情条件相适应的水权制度体系，服务于水资源优化配置和经济社会发展的政策目标。②在水权市场研究上过于强调个别国家的"先进经验"，对其水权市场发展的教训及面临的问题认识不足。许多研究仅仅是对美国西部、澳大利亚和智利的水权市场经验的介绍，对发展水权市场的主要国家的水权市场体系存在的问题研究不够，对南亚等非正规水权市场缺乏研究，对欧洲的水权市场关注不够，对各种水资源分配制度差异的原因缺少系统的比较研究和深层次的认识；容易导致在我国的水权制度研究和设计中忽视国情条件。③对我国国情条件和我国特色因素认识不足，简单照搬发达国家的经验，使一些研究建议和制度设计缺乏可操作性和适用性。一个国家要想成功地引入和有效运作水权市场，必须探索适合本国国情的水权市场制度体系。从已有的研究来看，围绕如何与我国国情结合构建水权制度，相关的研究还很少。王亚华（2005）指出，相对于西方社会，我国在发展水权市场的过程中，由于集权管理体制、转型经济背景和复杂的产权问题，以及更大的水文不确定性，用水需求的不确定性，管理者和用户之间的信息不对称性，我国将面临更高的交易成本。国外学者指出制约我国水权市场发展的三大因素，即对水资源分配采取行政控制的合法性、农业结构和小农经济的国情、中央和地方政府之间利益的冲突（中央要保护农民利益，地方更倾向于加快经济发展），都极具我国特色，但尚未引起国内学者的关注。

  未来我国水权水市场及节水型社会建设的研究，一是应充分认识我国水权制度和水权市场建设实践中存在的水权确立登记、水权交易规则、中介组织、社会监督机制、政府监管与服务等制度尚不完善以及水权流转不顺畅等突出问题，强化水权交易的制度体系研究；二是基于我国水资源属国家所有的基本制度以及我国对水资源的经营、使用、收益等权利尚没有明确法律规定等问题，对水权市场交易的主体和客体、水权转让中的政府职能、农民用水权益等现实问题进行深入分析和研究；三是加强水权转让效果的分析研究，对水权转让可能带来生态问题、第三方负面影响等问题进行定量研究。运用水权市场运行理论模型、博弈论等相关理论和方法，深入分析水权转让中的利益关系和行为选择，揭示水权市场的运转机制，分析政府与市场的行为边界；四是充分认识我国正处在发展转型期的社会经济特征，分析和把握我国经济社会发展变化迅速、社会生态系统盘根错节、水资源管理改革纷繁复杂等发展特征，探索适合我国国情的水权市场制度体系。在我国水权水市场建设和节水型社会建设的理论研究和实践中，既要积极学习和借鉴美国、澳大利亚等发达国家取得的成就与经验，了解和把握水权市场发展的一般规律，也要重视参考智利、秘鲁、印度等发展中国家所积累的经验教训，更要基于我国的现实国情和发展特征进行水权水市场及节水型社会建设的理论和实证研究，深化基于我国水资源条件和社会经济制度的水权市场的运行机制研究，积极推进理论集成创新和我国节水型社会建设实践。

第3章 中国节水型社会建设的实践探索

为了加强水资源管理，提高水的利用效率，建设节水型社会，2002年2月的《水利部关于印发开展节水型社会建设试点工作指导意见的通知》指出：通过试点建设，取得经验，逐步推广，力争用10年左右的时间，初步建立起我国节水型社会的法律法规、行政管理、经济技术政策和宣传教育体系。开展节水型社会建设试点工作的核心是建设一批不同类型、具有代表性和示范性的试点。通过建设，不断提高试点地区水资源和水环境的承载力，使试点地区在水资源管理方面达到"城乡一体，水权明晰，以水定产，配置优化，水价合理，用水高效，中水回用，技术先进，制度完备，宣传普及"。

3.1 水权交易实践与交易模式

水权交易是在合理界定和分配水资源使用权的基础上，通过市场机制实现水资源使用权在区域间、行业间、用水户间流转的行为。从我国的水权交易的实际情况来看，主要形成了商品水交易模式、水票制交易模式和取水许可证交易模式3种实践模式。

3.1.1 商品水交易模式

商品水交易模式是水的所有权的交易。商品水交易模式的特点，是供需双方地理位置临近，双方具备基本的蓄水和输水设施条件，适用于丰水区和缺水区的水权交易。舟山位于浙江东部的舟山群岛，四面环海，淡水资源完全依靠大气降水，是浙江淡水资源最缺乏的地区，生产生活用水严重不足。每逢旱季，舟山一方面从长江口和宁波驳运淡水，另一方面严格限制居民生活用水的供给。2003年，舟山群岛遭遇了百年一遇的干旱，从宁波姚江引水至舟山的大陆应急引水工程成了舟山群岛的生命线，其引水量占舟山群岛用水量的绝大部分。根据浙江水资源配置方案，舟山群岛的引水规模还将扩大，引水能力最终可达到5.0m³/s。舟山和宁波之间的水权交易实际上就是商品水的交易。

东阳和义乌是浙江的两个县级市，改革开放以来发展成为区域中具有特色的中型城市，前者以建筑业知名，后者以小商品市场著称。东阳和义乌两市毗邻，同在钱塘江的重要支流金华江上游。东阳位于义乌之上，水资源相对富裕，境内水资源总量为 16.08 亿 m³，全市有 78.58 万人口，人均水资源量为 2126m³。东阳水资源开发成效大，拥有横锦和南江两座大型水库，尤其是横锦水库灌区于 1998 年列入国家农业综合开发水利骨干工程，项目实施后节水增效显著，除满足本市正常用水外，每年有 3000 多万 m³ 水白白流失。义乌位处东阳的下游，水资源相对短缺，多年平均水资源总量为 7.19 亿 m³，全市有 6.06 万人口，人均水资源量为 1132m³，仅为东阳的一半。义乌现有供水能力严重不足，日产 9 万 t，只能基本满足老城区的用水，而新城区的人口和建设规模均已超过老城区，水资源短缺成为制约其发展的瓶颈。东阳和义乌探索运用产权理论和市场机制重新配置两地的水资源。经过多次的谈判和协商，2000 年 11 月 24 日两市签订了有偿转让部分水使用权的协议，义乌以 2 亿元的价格一次性购买东阳横锦水库每年 4999.9 万 m³ 水的永久使用权，水质要求达到国家现行 I 类水的饮用标准。作为配套措施，义乌另投资新建引水管道工程和新水厂，规划投资分别为 3.5 亿元和 1.5 亿元。管道工程从东阳横锦水库到义乌城区新水厂，全长约为 50km，其中东阳境内的施工由东阳负责，造价原则上参照对方的中标单价，但费用由义乌承担。义乌购买用水权的 2 亿元根据引水工程的进展分期付清，即供水合同签订生效后支付 10%，供水管道工程动工时支付 40%，建设 1 年后支付 20%，供水工程全部完工后支付 10%，其余 20%在供水工程正常使用 1 年后付清。东阳负责横锦水库的维护和正常运行，按照双方水行政部门批准的用水计划均衡供水，高峰供水量原则上在低峰的 2 倍左右。义乌按实际供水量，以 0.1 元/m³ 的价格，按季度支付东阳横锦水库综合管理费。综合管理费包括水资源费、工程运行维护费、折旧费、大修理费、环境保护费、税收、利润等。除水资源费按浙江有关文件规定的平均水价调整外，其他费用一次性商定，除非有新的省级以上文件的规定。合同还规定了对违约的相关处罚。为保证本地和向义乌供水，东阳正规划开发梓溪流域引水入横锦水库，扩大水资源总量。东阳和义乌有偿转让用水权打开了国内水权制度改革的先河（傅晨，2002）。

3.1.2　水票制交易模式

甘肃张掖位于河西走廊中部，是典型的资源型缺水城市。作为典型的灌溉农业区，张掖农业的高产出是以水资源的高投入为代价的，用水效率极为低下。2002 年 3 月，经水利部批准，张掖成为全国首个节水型社会建设试点城市。为缓解水资源紧缺的状况，张掖成立了 WUA，推行水票交易制度。在水行政主管部门的监督指导下，WUA 根据判定的配水面积和既定的灌溉定额，推算出标准配水量，结合该地来水量确定配水比例，然后将计划的配水量分配给用水户，由水行政主管部门向各用水户核发水权证。水权证详细规定了持证人的水量、耕地面积、用水定额和灌水轮次。用水户可将自身用水指标下节余的水量进行自由转让，转让双方签订水权转让合同后，可向 WUA 或水行政主管部门申请供水。水权交易实行市场定价，转让双方可自由协商交易价格。水票是水权、水量和水价的综合体现。水行政主管部门向用水户核发标有一定水量的水权证后，对配水实行水票制，用水户根据自己的配水量购买水票，凭水票购买水，如果配水量不能满足其需求，则需要通过水市场与水票节余者进行水权交易，但是用水户节余的水票只能在同一渠系内流转。水票制交易模式适用于干旱区同一渠系内的水权交易，相对于商品水交易模式，已经有了较大的发展。

张掖作为全国第一个节水型社会建设试点，在试点建设过程中形成了一定的水权交易基础，但交易平台不够完善，交易程序不够规范，交易制度不够健全。同时，近年来全市的实际用水量已接近省政府下达的水资源总量控制指标，为保障新建项目用水需求，需通过水权交易解决。另外，农业水价综合改革鼓励用水户转让节水量，需要相应的制度保障。因此，张掖根据水利部《水权交易管理暂行办法》等规定，结合本地实际，在认真调查研究的基础上，制定了《张掖市水权交易管理办法》并于 2016 年 10 月张掖市人民政府第 88 次常务会议研究通过，标志着张掖水权制度建设迈入新的阶段。《张掖市水权交易管理办法》共 7 个章节 33 条内容，包括在张掖境内实施水权交易的基本内容、基本原则、水权确权登记、水权交易范围、交易价格及期限、交易程序、监督管理等；《张掖市水权交易管理办法》规定了 3 种水权交易的形式，即区域水权交易、取水权交易、灌溉用水户水权交易。明确取水权交易的价格根据补偿节约水资源成本、合理收益的原则确定，包括节水工程设施建设、计量监测设施建设运行及必要的经济补偿等费用；建立了水权交易的监督管理规则，市、县区水行政主管部门将用水权益变动情况向社会公布，并适时组织开展水权交易后评估工作；张掖水权交易由各级水行政主管部门监督实施，对水行政主管部门及其工作人员和转让方或者受让方违反《张掖市水权交易管理办法》规定的行为，将依照水利部《水权交易管理暂行办法》进行处理。《张掖市水权交易管理办法》的制定和出台，为推进水权制度建设，进一步明晰张掖各级、各行业用水总量指标，规范水权交易行为，保障交易双方用水权益，促进水资源的节约、保护和优化配置，形成健康稳定的水权交易市场，保障社会经济的可持续发展奠定了坚实的基础。

3.1.3 取水许可证交易模式

黄河是我国西北和华北地区的重要水源。流域内大部分为干旱半干旱地区，径流主要来源于降水，多年平均径流量为 580 亿 m^3。20 世纪 90 年代以来，黄河来水偏枯，造成黄河下游断流加剧，一些省（直辖市、自治区）的用水超过了国家规定的用水控制指标，黄河水资源供需矛盾日益突出。为缓解黄河水资源短缺状况，支撑流域经济社会发展，黄河水利委员会在取水许可总量控制、规划水资源论证、黄河水量统一调度及黄河水权转让等方面开展了制度建设和实践，确保了黄河干流连续 17 年不断流，使有限的黄河水资源最大限度地支撑了流域经济社会可持续发展，取得了显著的社会效益、经济效益和生态效益（乔西现，2016）。黄河水量统一调度及黄河水权转让实践主要包括以下内容。

（1）加强总量控制，强化黄河水资源的刚性约束。黄河是最早开展大江大河水量分配的河流，也是最早以流域为单元实施用水总量控制的河流。在统筹兼顾河道内外用水与上中下游各省（直辖市、自治区）生活、生产经营及生态用水的情况下，1987 年国务院批准了黄河可供水量分配方案。1999 年根据国务院批准的黄河可供水量分配方案，通过分析设计用水和引黄耗水过程，拟定了正常来水年份各省（直辖市、自治区）年内各月可供水量分配计划，作为黄河水量年度分配的控制指标，该计划经国务院批准，由中华人民共和国国家发展和改革委员会（简称国家发改委）和水利部联合颁布实施。黄河用水总量控制的依据是黄河可供水量分配方案，包括 3 个层次的管理，即控制正常来水年份最大引黄耗水规模在黄河可供水量范围之内，主要措施是严格取水许可审批总量控制，开展水资源论证；控制年度用水总量，将年度实际用水总量控制在年度黄河可供水量之内，确保长系列引黄耗水量不突破总量分配方案，防止黄河水资源被过度开发利用；断面流量控制，对照下达的各月用水计划，将省界断面控制性水文站作为水量控制断面，出境水量不得小于规定的各月出境水量，不得小于规定的预警流量，防止黄河断流。

（2）开展黄河水量统一调度。黄河水量调度是根据不同情况不断发展变化的。20 世纪 60 年代上游和中游分别修建了刘家峡和三门峡水利枢纽，很大程度上改变了天然径流的时空分配，对上游河段的供水和下游河段的防洪、防凌等带来影响。在《黄河水量调度条例》颁布实施以后，黄河水量调度在时空上进行了扩展，调度时段由最初的非汛期扩展到全年，调度范围由干流扩展到主要支流。目前，黄河水量调度已将全河用水的近 90%纳入统一调度管理，并在年内时段用水控制上实现了闭合管理。目前在强化和巩固干流水量调度成果的基础上，黄河水量调度的目标由最初的确保黄河不断流转向实现黄河功能性不断流，进一步加强支流调度，尽可能减少支流断流天数，增加支流入黄水量。年度调度计划对省（直辖市、自治区）用水的约束作用显著增强。黄河水量统一调度制度建设和实践主要包括以下几方面：一是实行流域管理与区域管理相结合的水量调度管理体制，由流域管理机构和省（直辖市、自治区）水行政主管部门共同实施流域水量调度；二是颁布和实施《黄河水量调度条例》《黄河水量调度条例实施细则》《黄河水量调度突发事件应急处置规定》《黄河下游水量调度订单管理办法》《黄河水资源管理与调度督查办法》等一系列法规，形成了较为完善的水量调度法规体系；三是制定和实行总量控制、以供定需、分级管理、分级负责的调度原则，即国家统一分配水量、流量断面控制，省（直辖市、自治区）负责用水配水、重要取水口和骨干水库统一调度；四是通过水文预报、需水预测、墒情监测、水库优化调度、用水监测等技术，使水量调度断面控制和总量控制更加合理可行；五是形成年计划、月方案、旬方案、实时调度指令等长短结合，滚动调整，实时调整相嵌套的调度方案编制和发布体系；六是建立行政首长、水行政主管部门及枢纽管理单位负责人、日常业务联系人的联系制度，及时沟通、协商解决水量调度中的有关问题，严格实行水量调度监督检查制度，对违规行为进行处罚。

（3）构建"四个体系"，落实最严格水资源管理制度。2011 年中央 1 号文件和中央水利工作会议明确提出实行最严格水资源管理制度，把严格水资源管理作为加快转变经济发展方式的战略举措。2012 年国务院印发了《关于实行最严格水资源管理制度的意见》，对实行最严格水资源管理制度做出全面部署和具体安排。最严格水资源管理制度的核心是确定"三条红线"（确立水资源开发利用控制红线，控制水资源开发利用总量；确立用水效率控制红线，控制水资源开发利用的强度；确立水功能区限制纳污红线，控制入河排污总量）和实施"四项制度"（用水总量控制制度，管住水资源开发利用的源头；用水效率控制制度，控制水资源开发利用的过程；水功能区限制纳污制度，管理水资源开发利用的末端；水资源管理责任和考核制度），通过法律制度体系、指标和标准体系、执行体系和技术支撑体系建设，构建与最严格水资源管理制度相适应的黄河水资源管理体系。

（4）探索建立黄河流域水资源承载力监测预警机制。建立水资源承载力监测预警机制是摸清各地区各流域水资源承载力、核算现状经济社会对水资源的承载负荷、评价水资源承载状况、对水资源超载地区实行针对性的管控措施。为建立黄河流域水资源承载力监测预警机制，近年来黄河水利委员会建立了黄河水资源管理台账制度，其主要内容包括：各省（直辖市、自治区）年度黄河水资源的开发利用情况、流域机构和省（直辖市、自治区）各级水行政主管部门黄河取水许可审批耗水总量核算情况、国家分配省（直辖市、自治区）黄河耗水指标剩余情况、拟建重点项目黄河水指标解决途径。

（5）深化黄河水权转让，积极探索破解缺水地区水资源瓶颈的途径和方法。2003 年，黄河水利委员会在无剩余黄河分水指标，严重缺水的宁夏、内蒙古开展了黄河水权转让试点工作。其主要做法是由新增工业用水项目投资农业节水，将农业灌溉输水过程中的损失水量节省下来，有偿转让给工业用水项目，实现在不新增引黄用水指标的前提下，满足新建工业项目的引黄用水需求。2009 年，黄河水利委员会对 2004 年制定的试行规定进行了修改完善，制定了《黄河水权转让管理实施办法》，进一步规范了黄河水权转让的技术论证、行政审批和评估核验工作。近年来，黄河水利委员会和有关省（直辖市、自治区）按照"可计量、可考核、可控制"和"节水、还账、转让、增效"的原则，不断深化黄河水权转让工作。一是扩大水权转让范围，除宁夏、内蒙古新增引黄用水项目一律通过水权转让获得黄河用水指标外，2015 年批准了甘肃首个黄河水权转让工业用水项目。二是拓宽水权转让节水方式。以往开展的水权转让主要采取渠道衬砌常规节水方式，2009 年在内蒙古鄂尔多斯南岸灌区、2016 年在阿拉善盟孪井滩灌区尝试开展了设施农业和喷滴灌高新节水方式。三是改进水权转让模式，由初期的"点对点"模式转变为"面对点"的模式，克服了以往节水工程"插花分布"和整体节水效果较低的问题，实现了节水效果的最大化。例如，2009 年开展的鄂尔多斯水权转让二期工程、2011 年启动的包头水权转让一期工程以及 2014 年开展的内蒙古河套灌区沈乌灌域跨盟（市）水权转让试点工程均采取了"面对点"的模式。四是启动跨行政区域水权转让试点工作。2014 年黄河水利委员会启动了内蒙古河套灌区沈乌灌域跨盟（市）水权转让试点，计划用 3 年时间完成试点，拟采取渠道防渗衬砌、畦田改造、畦灌改滴灌 3 项节水措施，将节约的水量扣除灌区超用的水量后再转让给鄂尔多斯工业项目。

在黄河水权转让的实践中，从交易主体来看，水权交易主体包括出让方和受让方，出让方必须依法取得黄河取水权，并且拥有或能够证明自己拥有节余水量；受让方则有相应的资质要求，因为《黄河水权转让管理实施办法》的调整对象是规模较大的取水权转让行为，受让方应为法人或其他经济组织；从交易程序来看，水权交易主体必须联合提出水权转让申请，申请经批准后，双方正式签订水权转让协议，制订水权转让实施方案；从交易生效条件来看，水权转让的双方只有履行申请取水许可证的手续后，水权转让才能生效。换言之，水权转让的出让方需要变更其取水许可证上的许可水量，受让方基于此取得取水权，获得一定的取水量，转让双方的取水许可证上的内容一经更改，水权转让行为生效。取水许可证交易模式是一种真正意义上的水权交易的实践，适用于全流域实行配水量权的河流（曾玉珊和陆素艮，2015）。①

3.2　节水型社会建设试点的实践

2002 年 3 月，甘肃张掖被确定为全国首个节水型社会建设试点。之后水利部和地方省政府联合批复绵阳、大连和西安三个节水型社会建设试点。"十五"时期，水利部确定甘肃张掖、四川绵阳、辽宁大连、陕西西安、江苏张家港、天津、河北廊坊、河南郑州、山东淄博、江苏徐州、湖北襄樊、宁夏为全国节水型社会建设试点，通过试点先行，典型示范，有效推动了全国节水型社会建设工作的开展。2004 年 11 月，水利部正式启动了"南水北调东中线受水区节水型社会建设试点工作"；2006 年 5 月，国家发改委和水利部联合批复了《宁夏节水型社会建设规划》；2007 年 1 月，国家发改委、水利部和建设部联合批复了《全国十一五节水型社会建设规划》；2006 年，水利部启动实施了全国第二批 30 个国家级节水型社会建设试点。这些不同类型的新试点建设内容各有侧重，通过示范和带动，深入推动了全国节水型社会建设工作；2008 年 6 月，水利部启动实施了全国第三批 40 个国家级节水型社会建设试点；2010 年 7 月，水利部启动实施了全国第四批 18 个国家级节水型社会建设试点（表 3-1）。在 2002～2010 年仅 8 年的时间里，节水型社会试点建设工作在全国范围内大规模开展起来，并取得了良好效果。

表 3-1　国家级节水型社会建设试点名单

省（直辖市、自治区）	"十五"时期试点	第二批试点	第三批试点	第四批试点	试点
北京		海淀区	大兴区	怀柔区	3
天津	天津				1
河北	廊坊	石家庄	邯郸、衡水桃城区		4
山西		太原	晋城、侯马	阳泉	4
内蒙古		包头	呼和浩特、鄂尔多斯	二连浩特	4
辽宁	大连	鞍山	辽阳	本溪	4
吉林		四平	长春、辽源	延吉	4
黑龙江		大庆	哈尔滨		2

---

① 畦灌（border method of irrigation）是将农田用土埂分隔成长条形小畦，将水引进畦中流动并逐渐渗入土壤的灌水方法，是改进田间灌溉的主要方法之一。畦长过大，水流平均推进速度相对较慢，畦首受水时间长，入渗量大，深层渗漏量大，会造成水的浪费，降低灌溉水的利用率。在我国，畦长在 100～150m 时称为长畦，小于 100m 时称为短畦。我国目前采用的主要方法是大畦改小畦、长畦改短畦、宽畦改窄畦。

省（直辖市、自治区）	"十五"时期试点	第二批试点	第三批试点	第四批试点	试点
上海		浦东新区	青浦区	金山区	3
江苏	张家港、徐州	南京	南通、泰州		5
浙江		义乌	余姚、玉环	舟山	4
安徽		淮北	合肥	铜陵	3
福建		莆田	泉州		2
江西		萍乡	景德镇	南昌	3
山东	淄博	德州	滨州	东营广饶	4
河南	郑州	济源	安阳、洛阳	平顶山	5
湖北	襄樊	荆门	武汉、宜昌	鄂州	5
湖南		岳阳	长沙、株洲、湘潭	海口	5
广东		深圳	东莞		2
广西		北海	玉林		2
海南		三亚			1
重庆		铜梁	南川区、永川区		3
四川	绵阳	德阳	自贡、双流		4
贵州		清镇			1
云南		曲靖	玉溪		2
陕西	西安	榆林	宝鸡、延安	咸阳	5
甘肃	张掖	敦煌	武威	庆阳	4
青海		西宁	格尔木	德令哈	3

3.2.1 全国首批节水型社会建设试点城市的实践探索

天津、甘肃张掖、四川绵阳和辽宁大连是我国首批节水型社会建设试点城市。其中天津是全国节约用水办公室2001年确定的全国节水试点城市，张掖、绵阳和大连是水利部确定的全国节水型社会建设试点城市。4个城市分别处于华北、东北、西南和西北地区，水资源条件差异比较大，分别代表着东西部不同自然条件、不同发展阶段、不同节水重点的各类城市。试点之初，天津人均水资源量（当地水资源）只有160m³，加上引滦调水和入境水量也仅为370m³；大连人均水资源量为628m³；按照水利部《黑河干流水量分配方案》确定的正义峡下泄水量，张掖人均水资源量为 1250m³；绵阳人均水资源量为 2259m³；4 个城市用水结构也相差较大。天津城市生活和工业用水占总用水量的 82%左右，农业用水仅占总用水量的 14%左右；大连城市生活和工业用水占总用水量的 45%左右，农业用水约占总用水量的 49%；绵阳城市生活和工业用水占总用水量的 27%，农业用水占总用水量的 66.37%；张掖作为我国西部重要的商品粮基地，农业用水占总用水量的95%。

2001 年，全国节约用水办公室批复了天津《关于实施天津节水试点的请示》，天津成为节水试点城市，试点工作时间为 2001～2004 年。经过几年努力，天津节水工作取得显著成效，推动了城乡经济结构的调整，促进了社会文明建设。张掖被确定为节水型社会建设试点城市后，在水利部水资源司的指导下积极组织有关单位和人员编制节水型社会建设试点方案，并于 2002 年 9 月召开试点方案专家座谈会。2002 年 12 月水利部和甘肃省人民政府正式批复了张掖节水型社会建设试点方案，试点建设时期为 2002～2004 年。张掖节水型社会建设对实现黑河流域综合治理目标、水资源可持续利用和全流域经济社会可持续发展有着至关重要的意义，2002 年以来节水工作已经初见成效。2002 年 3 月，水利部部长专题办公会议确定绵阳为节水型社会建设试点城市后，在水利部水资源司的指导下，绵阳组织编制试点方案和《绵阳市水资源综合规划》。2003 年 1 月绵阳节水型社会建设试点方案通过专家评审。大连是水资源非常短缺的沿海城市，一直重视节水和替代性水源开发工作，2002 年被建设部和国家经济贸易委员会批准列为全国首批 10个先进节水型城市之一，在水资源高效利用、污水回用、海水利用等方面具有良好的基础。为进一步优化全市水资源供需平衡保障体系，促进城乡经济结构调整和经济社会可持续发展，大连积极申报开展节水型社会建设试点，组织有关部门和专家编制试点方案。首批节水型社会建设试点城市的做法和经验主要有以下几个方面。

（1）初步形成了地方申请、共同编制方案、各方专家论证、部省联合批复的试点申报工作程序。张掖、绵阳和大连节水型社会建设试点按照《水利部关于印发开展节水型社会建设试点工作指导意见的通知》规定的工作步骤进行。在试点申报工作中，方案编制和专家论证是重要环节。这 3 个地区的试点方案都是在水利部水资源司指导下，由地方有关部门与中国水科院水资源研究所和水利部发展研究中心联合编制，这种方式有利于将可持续发展的水利思路与试点地方实际相结合，为制定先进合理的试点方案提供了保证。同时邀请了不同专业、不同部门的专家对方案进行讨论和评审，使方案更加全面、完善。

（2）领导重视，部门配合，为试点工作提供组织保障。《天津市节约用水条例》规定：本市各级人民政府应当加强对节水工作的领导，把节水工作纳入国民经济和社会发展计划，建立节约用水责任制。天津在机构改革中，将天津市城市节约用水办公室划归天津市水利局，由天津市城市节约用水办公室统一管理全市节水工作。张掖成立了张掖市水务局，加强了水资源统一管理。绵阳被确定为节水型社会建设试点以后，绵阳市委市政府非常重视，成立了由市长任组长，绵阳市卫生和计划生育委员会、绵阳市农业局、绵阳市林业局、绵阳市城市和住房建设局、绵阳市环境保护局等 20 多个部门主要领导为成员的绵阳节水型社会建设试点工作领导小组，确定了各部门的职责，把方案中涉及的工作任务分解到有关部门，并列入年度目标考核内容之一。

（3）因地制宜，保证节水型社会建设与当地经济社会发展相协调。天津根据水资源严重匮乏、水源单一、大量承接周边污水的特点，把节水重点放在市区地域内水务集成优化上，建设集水、减排、清污、回用的节水体系，狠抓城市工业和生活节水。同时，天津大力发展高新技术产业，高新技术产业发展对实现经济增长与生产用水下降发挥了重要作用。张掖节水社会的重点是围绕节水调整结构，按照当地水资源的承载力，确定适当的经济社会发展结构和规模，量水而行，以水定发展，加快经济结构调整，推进张掖由产粮大市向经济强市转变。同时实施"三禁三压三扩"，即禁止新开荒地，禁止移民、禁种新上高耗水作物；全面压缩耕地面积，压缩粮食面积、压缩高耗水作物；扩大林草面积，扩大经济作物面积、扩大低耗水作物面积。在政府的扶持下，用水少、效益高的草畜、果蔬、制种、轻工原料四大主导产业迅猛发展。绵阳根据水资源相对丰富和建设西部科技城的要求，围绕生态建设，把节水与治污统一起来，厉行节水减污，提高用水效率，在满足用水需求增长的同时维护良好的生态系统。大连根据水资源短缺和供用水设施落后的特点，以抑制需水增长、减少供水损失、开发替代水源以及遏制以海水入侵和滩涂退化为主的生态恶化等作为试点的重点。

（4）加强制度建设，综合运用经济和技术手段减少用水浪费。天津重视节水政策法规制定，实行规范化管理。先后颁布了《天津市节约用水管理办法》《天津市节约用水条例》等一系列节水法规、条例及 26 项节水措施，形成了计划用水和定额用水管理制度，加强计划用水考核管理，考核率达到97%。张掖在各灌区开展的节水型社会试点中，狠抓水资源管理，建立用水总量控制和用水定额两套指标体系，制定了各种管理制度。适时调整水价，利用经济杠杆促进节水，促进用水户主动节水，减少用水浪费。同时，加强节水技术研究，实施推广节水技术改造。例如，天津因地制宜地推广发展微型集水工程、喷滴灌节水灌溉工程、大口径低压输水管道灌溉工程、稻田"浅湿晒"节水示范工程，工业企业积极开展技术改造，采用节水工艺，提高用水效率。

（5）树立典型，加强节水宣传教育，增强全社会节水意识。通过建立节水示范单位，树立节水典型，以点带面，带动行业和地区的节水工作是试点工作的有效经验。例如，天津市人民政府通过命名节水型企业和节水骨干单位，带动并促进企业所属行业的节水工作；根据全市水源状况和农业种植结构，把全市划分为4个不同类型的节水类型区域，建成了一批国家级高标准节水灌溉增效示范区。张掖临泽梨园河灌区、民乐洪水河灌区开展试点工作以来，试点工作运作良好，成效显著，为张掖全市试点工作展开提供了经验。在宣传教育方面，天津通过节水成就巡回展、成立老年节水宣传队、节水宣传基地建设等多种形式，积极开展节水宣传和教育活动，普及节水知识，增强全社会节水意识。张掖临泽梨园河灌区、民乐洪水河灌区在节水型社会建设试点工作中，进行了大量的宣传动员工作，灌区、用水户和政府部门进行了多次座谈和交流，增强了公众参与的积极性和主动性。绵阳市水务局与市委宣传部共同拟定了节水型社会建设宣传方案，并通过召开全市水利系统节水型社会建设动员大会，统一思想，明确任务。

天津、张掖、绵阳和大连4个城市节水工作取得了很大进展。但在一些地方和部门还存在一些问题，主要表现在：①节水意识薄弱，主动节水不够。对节水的认识上，并没有从人与水和谐相处的角度看待节水，把节水作为一种文明的生产用水和生活用水方式，而是视试点工作为短期行为，把节水当作权宜之计，对节水工作的长期性和艰巨性认识不足，甚至一些领导和部门把节水试点看作向中央要资金、上工程的途径。②管理体制不顺，部门之间协调配合不够。节水型社会建设是一项长期坚持的全社会共建工程，目前在水资源管理体制中仍存在多部门管理和分割管理的现象，不利于全面推动节水工作的开展。例如，一个城市有两个节水办，分属水利部门和城建部门；污水处理分别由水利部门和环境保护部门管理；地下水又分别由国土资源部门和水利部门管理等。③激励机制不够完善，节水缺乏利益驱动。水价是配置水资源的重要手段，但目前水价偏低的状况还未得到根本改变。张掖和绵阳一些地区水价较低，水资源价值和用水成本在水价中没有得到充分反映，且完整地征收还有困难；用水外部负效应在绝大部分地区的水价都没有考虑进去。由于一次性投入较大，在水价较低情况下，用水户不会主动使用节水器具。在节水技术和器具的推广和应用方面缺乏应有的政策支持。尚未建立节水产品市场和节水产品的准入机制，节水产品国家标准和地方标准有待完善。由于生产节水产品缺少投资和税收的优惠政策，节水产品的研制和开发水平较低，缺乏市场竞争力，同时影响了节水产品的推广和普及。④投资渠道不畅，节水项目无法落实。节水型社会的建设需要大量资金的投入，目前节水的投入远低于对水资源开发利用的投入，节水投入不足是节水技术进步缓慢、节水规划难以实施的重要原因。⑤政策法规不健全，缺乏制度保障。目前我国有关节水的政策法规尚不完善，没有出台全国性的节约用水管理、水资源费征收管理和促进节约用水的政策法规，节水工作缺乏制度保障。例如，张掖在开展水权试点过程中暴露出水权转让和交易尚缺乏法律依据，水权改革缺乏有力的法律支撑。⑥保障措施有待于进一步完善。节水型社会建设对管理设施和管理人员提出了更高的要求，但目前管理人员和管理设施不能满足节水型社会建设的需要。例如，张掖在推行 WUA 和水权制度改革的过程中，由于灌区田间工程配套程度低，工程管理设施不配套，尤其是各级渠道量水设施不完善，水量不能准确计量到户，严重制约了相关改革措施的实施（刘文等，2003）。

3.2.2　福建莆田节水型社会建设的实践探索

莆田位于福建沿海中部，台湾海峡西岸，北依省会福州，南靠闽南"金三角"，东西长为 122.4km，南北宽为 80.5km，面积为 4119km²，从东至南有兴化湾、平海湾、湄洲湾三大海湾，是沿海经济开放区之一。莆田历史悠久，文化源远流长，素有"海滨邹鲁""文献名邦"之誉。1983 年 9 月，经国务院批准，设立莆田地级市，现辖仙游、荔城区、城厢区、涵江区、秀屿区和湄洲岛国家旅游度假区、湄洲湾北岸经济开发区两个管委会。2013 年底，全市户籍总人口为 329 万人。莆田是著名的侨乡，截至 2012 年，莆田共有海外侨胞 150 万人，分布在 84 个国家和地区。莆田有纵横交织的山脉，波状起伏的丘陵，错综其间的河谷沟渠，广袤肥沃的平原和宽阔绵长的海域，属福建东南沿海低山丘陵区。西部和北部以山地为主，低山、峡谷、盆地相错杂其间；中部和东部为冲积平原和海积平原；东南部沿海为半岛和丘陵台地，地势低平，港湾环抱。莆田属亚热带海洋性季风气候，气候温和，多年平均降水量为 1560mm。莆田盛产鳗鱼、对虾、梭子蟹、文昌鱼等海产品，龙眼、荔枝、枇杷、文旦柚"四大名果"驰名中外。市域主要有木兰溪、延寿溪和萩芦溪三大河流水系，已建成水库 219 座，总库容为 8.24 亿 m³，全市水资源总量为 34.63 亿 m³，人均水资源量为 1116m³，约为全国人均水资源量的一半、福建人均水资源量的 1/3，属水资源紧缺城市。

随着经济社会的持续发展和临港产业的快速集聚，莆田水资源供需矛盾日益突出，已成为制约区域经济社会发展的瓶颈。2006 年 11 月，莆田被水利部正式列为全国第二批节水型社会建设试点。在水利部和福建省水利厅的关心指导下，经过几年努力，莆田已建立基本适应莆田经济社会发展要求的节水型社会行政管理、经济技术和宣传教育体系，逐步完善政府调控、市场引导、公众参与的节水型社会建设机制，全市用水总量得到有效控制，水利用率普遍提高，产业结构更合理，水资源开发利用保护与区域经济社会协调发展。2013 年 2 月 26 日，莆田被水利部和全国节约用水办公室评为第二批"全国节水型社会建设示范区"，成为福建首个全国节水型社会建设示范区。莆田节水型社会试点建设的做法和经验主要有以下几个方面。

（1）加强组织领导，理顺管理体制。为推动节水型社会建设的顺利开展，莆田成立了节水型社会建设试点工作领导小组，统筹、指导、协调、推动试点建设。成立了莆田市节约用水领导小组办公室，挂靠莆田市水利局，具体负责全市节水工作。试点期间，定期召开节水型社会建设试点工作领导小组成员会议，研究确定试点建设年度实施方案，提出节水型社会建设重点和要求，明确相关部门的工作职责和建设任务，有效促进节水试点工作的深入开展；2002 年，莆田在全省率先实现县区水务一体化管理，撤销水利水电局，成立水务局，把水源、供水、防洪、抗旱、污水处理、中水回用、排污监控、小水电建设等划归为水务局，实行涉水事务统管。试点期间，进一步完善了水务一体化管理体制，明确莆田市水利局履行莆田市水务集团有限公司出资人职责，并赋予水资源优先开发等特殊扶持政策。

（2）完善政策制度，规范节水管理。制度建设是节水型社会建设的核心和灵魂。莆田严格实行水资源规划、总量控制和水资源论证等制度，促进经济结构调整和产业升级；严格实行取水许可和水资源有偿使用制度，促进计划用水、节约用水；严格执行排污许可制度，促进节水减排，改善水环境；建立合理的水价形成机制，适时适当调整水价，提高公众节水意识；推广节水器具，促进节水技术改造；逐步建立和完善部门协作、灌区用水协会、水价听证和水信息发布等制度，发动群众参与节水、民主管水。在水环境治理上，莆田出台了《关于加强木兰溪及萩芦溪流域水环境综合整治的实施意见》和《莆田市水利局饮用水源保护区生态环境整治执法监管责任机制工作方案》。在水污染防治上，莆田出台了《莆田市水利局节能减排综合性工作方案》《莆田市主要污染物总量排放工作计划》和《莆田市整治违法排污企业保障群众健康环保专项行动实施方案》。在用水管理上，莆田出台了《关于东圳水库管理局等四家水利工程单位供水价格调整意见》和《关于加强莆田市农村用水户协会建设与管理工作的意见》。通过出台政府规范性文件，莆田进一步加强了水资源配置、水环境治理、水污染防治及用水管理等行为的监管，完善了节水管理综合体系建设，有力推进了试点建设。

（3）突出节水重点，提高节水成效。莆田突出农业节水，强化灌区改造，通过节水灌溉实现农业用水向工业用水的有效转移，支撑保障临港工业发展。试点期间，莆田重点实施了东圳、萩芦、东方红、古东等"一大三中型"灌区续建配套与节水改造工程，全市灌区渠系水利用系数提高 18%左右，年实现农业节水达 7020 万 m^3，相当于再建 7 个中型水库。特别是 2007 年底，动工建设东圳灌区续建配套与节水改造工程，防渗加固干渠为 74km²、支渠为 68.5km²，改建 17 座灌区管理房，年节约农业用水为 4200 万 m^3。加快发展循环经济，推进清洁生产，改进生产流程，推广节水新技术，提高中水回用和非常规水源利用率，年实现工业节水达 1567 万 m^3。更新改造老旧供水管网，改造里程达 83km，公共供水管网漏损率从试点前的 28% 降至 19.7%，年实现生活节水达 910 万 m^3。此外，莆田还积极推行海水直接利用技术，年利用海水为 4.5 亿 m^3。

（4）落实节水工程项目，提升节水质量。莆田紧紧围绕为莆田宜居港城建设提供强有力的水资源安全、水生态安全保障这个目标，把节水型社会建设与水利工程建设、生态环境建设、城乡一体化建设结合起来，深化节水内涵，拓展节水外延，以工程支撑，以项目带动，全面推进试点建设。坚持集中供水为主、分散供水为辅，突出平海湾跨海供水项目，在全省率先实现饮水安全村村通。坚持以灌区续建配套为主、以田间节水工程为辅，突出东圳大型灌区续建配套与节水改造项目，全面推进千万亩节水工程。坚持以城区河道整治为主、乡村河道整治为辅，突出北洋水系整治项目，全面推进千公里河道清水工程。坚持以山地蓄水池为主、小型水库为辅，突出兴泰果园示范带动作用，全面推进千万亩山地水利工程。坚持以重点流域整治为主、小流域整治为辅，突出东圳库区水土保持生态建设项目，全面推进千万亩水土保持工程，全市水土流失率下降 2.6%。持续推进排污审计和重点污染源在线监控制度，加大污染源的源头监管力度。试点期间，强制 4 家污染企业提前停产，限期搬迁到工业园区并进行整体改造。实施清洁生产审核的重点企业有 16 家，累计关闭小化工企业 8 家，实现了城市中心区 $50km^2$ 无工业污染企业计划。开展河道卫生整治行动，加大南北洋河道 3 万亩水面水浮莲和 40km 北洋部分主河道的河面卫生保洁力度，引进并扩大莆田鑫晶山淤泥开发有限公司产能，每年扩容河道达 10 万 m^3，清淤河道达 8km，有效改善了南洋水环境。

（5）加大节水宣传，营造节水氛围。节水型社会建设涉及方方面面，牵动各个环节，需要全社会的共同支持。为争取群众理解、支持、参与试点建设，莆田充分利用"世界水日""中国水周""5·12 防灾减灾日"及"12·4 全国法制宣传日"等宣传契机，借助报纸杂志、电视电台、互联网络等宣传媒介，精心组织广场集会、万人签名倡节水、创建科普基地、开办节水课堂等宣传活动，倡导节水观念，宣传节水成果，营造了浓厚的节水氛围，得到了群众的热烈响应，取得了良好的宣传效果和社会效应，群众水忧患意识和节水意识普遍增强，为试点建设奠定了坚实的社会基础。节水型社会建设是长期、庞大、复杂的系统工程，不仅需要政府推动、公众参与，更需要典型带动。为此，莆田在西北部山区丘陵地带，建设山地水利进行集雨节灌；在东南部沿海平原地带，重点推动灌区节水改造；在城区周边地带，树立了福建省闽中有机食品有限公司、莆田市华林蔬菜基地有限公司、莆田市绿洲农业发展有限公司、英博雪津啤酒有限公司、福建众和股份有限公司、仙游县兴泰果园等一大批节水型工业、农业企业示范单位,以点带面,深化试点建设。

（6）加大节水型社会建设投入,为试点建设推进提供资金保障。试点期间,莆田共投入节水资金为 25.45 亿元,其中农业节水投入为 3.46 亿元,工业节水投入为 1.13 亿元,生活节水投入为 0.85 亿元。特别是投入 8.2 亿元建设饮水安全村村通工程,投入 6 亿元建设金钟水利枢纽工程,投入 6 亿元建设金莆供水工程,投入 1.2 亿元实施平海湾跨海供水工程,投入 1 亿元整治城区主河道,投入 1.2 亿元改造东圳灌区,投入 1 亿多元开展东圳库区、萩芦溪流域畜禽养殖整治等。全市新、改、扩建大小水厂 596 处,新增日供水能力达 17.1 万 t;建设山地蓄水池 1684 个,新增蓄水容量达 22.3 万 m^3;新增节水灌溉工程控制面积为 38 万亩,改善灌溉面积为 14 余万亩;整治城乡河道 100 多千米;治理水土流失面积为 10.4 万亩。基本建立了"政府主导、多元投资、群众参与"的多层次、多渠道长效投入机制,稳定节水资金投入,有效保障节水型社会建设的资金需要。

莆田通过节水型社会试点建设,在福建率先理顺了水务管理体制,初步建立起蓄水供水、节水治污统一管理制度。形成"政府主导、经济调控、公众参与"的节水型社会建设运行机制和"上级支持、市级投入、县乡配套、群众自筹、水务控股、民资参与、银行贷款"的节水投入保障机制。健全完善区域管理与流域管理相结合、总量控制和定额管理相结合、水价调节与排污收费相结合、水功能区划管理与入河排污口审批相配套、取水许可和水资源有偿使用相配套的水资源管理保护制度,逐步形成有利于节约用水和水资源高效利用与有效保护的水资源管理体制机制。经过试点建设,主要节水指标全面完成,产业经济结构持续优化,经济实力明显增强,经济总量稳步攀升,主要经济指标的增幅位居全省前列,节水型社会试点建设取得可喜成效。但节水型社会建设也存在群众节水意识有待进一步提高、水污染治理和水生态保护有待进一步强化、水利用率有待进一步提高等问题。在今后节水型社会建设的实践中,莆田应紧紧围绕为宜居港城建设提供水资源支撑和保障这一中心,强化节水能力建设,创新投融资渠道,强化节能减排工作,加强节水载体建设,不断把节水型社会建设引向深入,以水资源的合理开发和高效利用促进莆田经济社会又好又快发展（林国富,2013）。

3.2.3 广东东莞节水型社会建设的实践探索

东莞位于广州东南、珠江口东岸,地处东江下游的珠江三角洲,南邻深圳,为广东地级市。东莞地势东南高、西北低,地貌以丘陵台地、冲积平原为主,丘陵台地占 44.5%，冲积平原占 43.3%，山地占 6.2%。属亚热带季风气候，长夏无冬，季风明显。全市多年平均年降水量为 1693mm，年水资源总量为 20.76 亿 m^3，另有东江入境水量为 247.2 亿 m^3。主要河流有东江、石马河、寒溪水。市域 96%属东江流域，东江干流自东北角惠州惠城区、博罗之间入境后，沿北部边境自东向西行至桥头镇新开河口。2016 年，东莞 GDP 为 6827.67 亿元，人均地区生产总值为 82 682 元，财政收入为 1569.19 亿元。截至 2016 年底，全市户籍人口为 200.94万人，常住人口为 826.14 万人，其中城镇常住人口为 736.42 万人，人口城镇化率为 89.14%。

随着经济社会的快速发展和城市化水平的不断提高，全市对用水量和水质的要求越来越高，特别是由于外来人口众多，人均水资源占有量严重不足，水污染更是加剧了水资源供需矛盾。2008 年 11 月，东莞被列为第三批全国节水型社会建设试点城市。试点以来，东莞按照节水型社会建设工作要求，扎实推进开展各项工作，节水型社会建设试点工作成效明显。东莞的经验和做法，主要是构建了节水型社会建设的七大体系：①建立统一高效的节水组织保障体系。东莞市人民政府成立了东莞市节水型社会建设试点工作领导小组，负责节水型社会建设试点工作的组织和协调，并落实了专门人员和工作经费，成立了东莞市节约用水办公室。各成员单位按照《东莞市节水型社会建设试点实施方案》任务分工，以建设节水型社会为目标，履行各自职责，形成齐抓共管的合力，大力推动了工作的开展。②建立节水型社会建设的指导体系。东莞高度重视节水型社会建设规划和项目前期工作，以规划指导和促进节水型社会的建设，出台了《东莞市产业结构调整规划》《东莞市生态保护规划》《东莞市水资源综合规划》《东莞市节约用水规划》《东莞市水资源战略研究》《东莞市饮用水水源地安全保障规划》和《东莞市城市供水规划》等一系列指导性较强的水资源管理及节水规划，提出水资源优化配置、高效利用、合理开发、全面节约、有效保护、综合治理、科学管理的基本方案，确定了全市总用水量和各镇区、各行业用水指标。经广东省人民政府同意，广东省水利厅批复的《东莞市节水型社会建设规划》和东莞市人民政府批准实施的《东莞市节水型社会建设试点实施方案》，确立了东莞节水型社会建设指导思想、工作目标和建设任务。③建立涉水事务高度整合的水务管理体系。以"涉水事务行政管理一体化，水务事业企业集团化"为总体思路，推动全市水务一体化管理体制改革。2010 年 4 月，东莞进行水务体制改革，组建了东莞市水务局，将东莞市原水利局的水利水资源管理职责，东莞市城市综合管理局的供水、排水、城市节水管理职责以及东莞市环境保护局的生活污水治理职责整体划入新成立的东莞市水务局，实现了全市水资源、供水、排水、污水处理与再生水回用等涉水事务的统一管理；2010 年 10 月，在简政强镇机构改革中，东莞在石龙、塘厦等 16 个中心镇（园区）设立农林水务局，通过委托下放的方式，赋予镇农林水务局行使县一级水行政管理职权，统筹供水、用水、排水、治污等职能；在供水治污方面，东莞积极探索水务市场运营模式，按照"供水企业整合，一镇一水企，全市供水一张网"的思路，逐步推进全市"供水一张网"工作；研究组建水务集团，统筹各项水务工作。④建立规范的管理制度体系。根据节水型社会建设试点工作的具体要求，结合东莞的节水基础和特点，在原有《东莞市取水许可管理和水资源费征收管理制度》《东莞市饮用水源污染防治规定》《东莞市城市供水管理暂行办法》《东莞市排水管理办法》等规章的基础上，出台了《东莞市节约用水实施细则》等一系列覆盖水资源配置、节约和保护的规范性文件，全面构建节水管理的政策法规和技术标准。积极推进节水的全方位管理，加强取水许可和计划用水的监督管理，全面推行取水户的装表计量工作，实行取水年度总结和计划申报管理，按时足额征收水资源费；加强对新建项目的水资源论证和入河排污口的审批管理，进一步加强建设项目节水器具（设备）、节水措施配套建设的管理；建立用水总量控制和定额管理制度，制定镇街水量分配和取水户水量分配控制目标；不断深化水价制度改革，构建节水型价格机制，2008年10月起已全面实行居民生活用水阶梯水价制度；为保障节水减排工作的高效运行，市政府还将取水总量、万元GDP用水量和万元工业增加值取水量等综合性指标纳入镇（街）年度考核内容，作为镇（街）领导班子年度工作量化考核的内容。⑤建立合理的产业结构体系。按照"经济社会双转型"发展战略，积极稳妥地调整产业结构及布局，促进产业结构升级。对全市产业布局进行调整，实施现代服务业倍增计划、总部经济倍增计划、高素质人才倍增计划，发展高质量经济，打造高品位城市。控制高耗能、重污染行业增长，对全市电镀、漂染、造纸、制革、印花等六大行业进行分类整治，共关闭"四纯两小"企业153家；完成对605家企业的清洁生产审核评估。采用行政推动、撤并转型、财政补贴等方式，实现烟花爆竹、采石场、砖厂、水泥厂等行业整体退出，全面清理畜禽养殖业。通过产业结构调整和布局调整，大部分耗水量大、用水效率低、水污染严重、耗能高的生产工艺被淘汰，600多家企业的污染生产车间实行搬迁，集中到环境保护专业基地集中进行污染处理，有效地发挥了结构节水效能和减排作用，呈现出经济总量上升、用水总量和排污总量下降的良好发展态势。⑥建立水资源优化配置与高效利用的工程技术体系。按照"江库联网并济、多种水源互补"的思路，以全面保护、充分利用本地水资源为目的，构建以东江水源为基础、境内水源调蓄补充的多水源供水格局；加强水源地保护，划定饮用水源保护区，实施莲花山水库清淤试点和同沙水库综合整治工程；投入23.5亿元，建设东江与水库联网供水水源工程；依据水源布局调整供水系统规划，加快对市政供水网络、小区供水管网的更新改造；推进集中供水区域水厂的升级改造,对村级水厂进行整合;规范二次供水管理,加快治污工程建设,投入 120 多亿元,建成 35 项城市二级污水处理工程,配套截污主干管网 800 多千米,实现污水处理城乡全覆盖;按照"截污、清淤、活源、治堤"的总体思路,全面开展河道综合整治工程,对全市主要内河涌进行防洪排涝、水环境、水生态、水景观等多方面的综合整治;突出特点,探索不同行业类型的节水改造技术,提高用水效率。例如,对沙角发电厂等单位进行循环用水改造的典型研究,对造纸、啤酒等制造行业的工艺升级改造,对微咸水、中水等非常规水源的利用等。⑦全力打造自觉节水的社会行为规范体系。把宣传教育作为节水型社会建设的基础工程来抓,如通过电视台、电台、报纸等新闻媒体广泛进行节水宣传教育,通过组织市民参观水源及供水工程等活动,策划以"保护母亲河""感知东江"等为主题的大型宣传活动,广泛宣传东莞水资源紧缺的情况及节水基本知识,倡导节俭文明的生活方式,营造全社会共同关注、支持和参与节水型社会建设的良好氛围。经过两年努力,东莞节水型社会建设工作取得初步成效,社会水危机意识增强,社会爱水惜水节水风尚正逐步形成,水资源统一管理体制初步建立,节水管理制度法规进一步完善(陶瑾,2011)。

3.2.4 安徽铜陵节水型社会建设的实践探索

铜陵位于安徽中南部,长江中下游南岸,是一座新兴的工贸港口城市,全市总面积为 1200km^2。2013 年全市总人口为 74.23 万人,城镇化率为 77.58%,实现 GDP 为 680.6 亿元。铜陵境内主要河流有长江干流及其支流黄浒河、顺安河和青通河,主要湖泊有东西湖、白浪湖、天井湖和桂家湖等。长江干流环绕铜陵西北部,境内长江河道全长为 59.9km,多年平均降水量为 1376mm,地表水资源量为 6.65 亿 m^3。铜陵作为安徽沿江水资源相对丰富的节水试点城市,对全省探索丰水地区节水工作有着重要的意义。2010 年 7 月,铜陵被水利部批准为全国第四批节水型试点城市。铜陵在节水型社会建设实践中主要采取了以下措施。

(1)推进体制机制改革。为保障试点建设的顺利进行,铜陵成立了铜陵市节水型社会建设工作领导小组和铜陵市节约用水办公室。为实现水资源统一管理,铜陵设立了铜陵市水务局,将原铜陵市住房和城乡建设委员会承担的城市供水、节水、排水与污水处理、再生水利用方面的职责,以及该市规划区以内地下水的开发、利用和保护工作的职责,统一交由铜陵市水务局行使;出台了《铜陵市节约用水管理办法》等一系列配套法规、规章和管理办法规范性文件,对合理开发、利用、节约和保护水资源提供了制度保障;水行政主管部门、环境保护行政主管部门和其他有关部门及各县、区人民政府根据各自职责,严格按照水功能区管理目标,加强水功能区水质水量监测,组织开展各河流水体纳污能力的核定工作,提高监测的机动能力、快速反应能力和自动测报能力;建立健全计量和取用水统计制度,定期对取水单位或个人计量设施安装情况进行监督检查,进行科技节水培训,提高节水管理信息化水平,落实水资源管理统计上报制度,强化对水资源有效管理和统一调配的力度;严格落实节水设施与主体工程同时设计、同时施工、同时投产节水的"三同时"制度,规划、建设、环境保护等部门在环境影响评价、规划设计、施工、竣工验收等环节和证照办理时配合把关;针对现状水价偏低的情况,2013年完成了阶梯水价调整工作,制定和实施有利于节水的水价机制,自来水价格由现行"同城同价"调整为"分级管理、同网区域同价"。

(2)积极调整产业结构。在节水型社会建设试点期间,铜陵在产业布局和城镇发展中充分考虑当地的水资源和水环境条件,进一步调整和优化经济结构,大力培育发展战略性新兴产业,改造提升传统优势产业,把发展第三产业作为实现铜陵经济转型和可持续发展的重大举措,形成"服务经济"与"工业经济"协调发展、双轮驱动经济发展的新格局。高新技术产业增加值占 GDP 比例达到40%,服务业发展不断加快,增加值年均增长 10%以上。围绕传统工业新型化和新型产业规模化,大力淘汰落后产能,先后关闭一批小发电机组,在全省率先全面淘汰了立窑水泥,集中整合关闭了一批小矿山、小选场、小化工和城区民用燃煤锅炉。

(3)加大节水工程与技术体系建设。试点期间,铜陵新增节水灌溉面积为 5800hm^2,农业年节水为 330 万 m^3;完成中小河流治理 6 项,完成农田水利重点县实施项目 3 项,完成农业节水灌溉项目 5 项,完成涉及 5.78 万人的农村居民饮水安全工程。通过农田水利工程建设和农业节水示范项目等工程,农业节水水平明显提高;在工业节水工程方面,铜陵通过工业企业循环用水、废污水回用与减排、用水节水管理示范、节水投入、运行机制改革及多元化节水激励机制等措施,完成了 17 家工业企业节水改造任务,年节水为 3521 万 m^3,总投资 8229 万元,工业用水重复利用率达到 72%。在生活节水工程方面,积极推广节水器具使用,节水器具普及率达 80%。强力推进城乡供水一体化进程,加强城市供水管网改造和漏损监控,投资近 400 万元建设供水管网 GIS 系统和管网漏损监控分析系统,购置了先进的漏损监控仪器。在生态环境保护工程方面,加快市污水管网建设步伐,确保污水处理设施正常运行。2011~2013 年,铜陵共建设完成污水管网 306.39km,完成投资近 8 亿元。通过污水管网的建设,扩大污水收集能力,提高了污水处理厂的进水量和进水浓度,污水集中处理率提升到 85%;针对中心城区湖泊和河流的水环境污染问题,开展了专项水环境及湿地整治恢复工程,完成了天井湖、西湖、翠湖、狼尾湖、顺安和滨江生活岸线的河湖清淤,水系沟通及环境整治等工程项目,总投资 8.5 亿元;加强水务一体化工程数据建设,投入 400

多万元完成供水 GIS 建设工作。

（4）强化宣传教育与公众参与。每年开展"世界水日""中国水周""铜都环保世纪行"活动，充分利用广播、电视、报刊、互联网等各种媒体，宣传节水型社会建设的重要意义，宣传节约用水法律法规制度和节水知识，在全社会营造浓厚的节水氛围；组织开展民众参与的主题宣传活动。2012 年围绕"大力加强农田水利，保障国家粮食安全"这一主题，开展了进机关、进学校、进社会、进社区宣传活动。

安徽铜陵节水型社会建设的实践探索表明，组织领导与部门联动是推进节水型社会建设的有力保障，体制创新与制度建设是推进节水型社会建设的基础，调整结构与优化布局是推进节水型社会建设的根本举措、加强宣传是构建全民参与节水型社会建设的推动力量、科学管理与依法治水是推进节水型社会建设的重要手段（查日华，2014）。

3.2.5　湖北鄂州节水型社会建设的实践探索

鄂州位于湖北东部，长江中游南岸，西邻武汉，东接黄石，北望黄冈，是湖北省辖市之一，也是湖北历史文化名城，素有"百湖之市""鱼米之乡"等称号。鄂州属亚热带季风气候区，年均降水量为 1282.8mm，地表水资源量为 9.05 亿 m³，地下水资源量为 1.90 亿 m³，地表水资源量与地下水资源量间不重复计算量为 1.61 亿 m³。鄂州境内长江窄宽相间，最小河宽为 870m，河宽最大达 8000m。由于长江水量丰沛，汛期时间长，在多年的平均情况下，每年 5～10 月为汛期，2～3 月为枯水期，境内长江年平均水位为 17.20m，年平均流量为 23 800m³/s。鄂州市辖鄂城区、华容区、梁子湖区 3 个区，截至 2016 年底，全市常住人口为 106.85 万人，其中城镇为 69.35 万人，乡村为 37.50 万人，城镇化率达 64.9%，完成 GDP 797.82 亿元。

2010 年 7 月，鄂州被列为全国第四批节水型社会建设试点城市。试点以来，鄂州按照水利部和湖北省人民政府的要求，把"节水减污、节水减排"作为丰水地区的节水目标，树立了以"节水促减污，以节水保发展"的理念，强化政府行政推动，促进节水型社会建设。3 年试点期累计投入建设资金为 33.84 亿元，圆满完成了建设试点规划确定的目标和任务，取得了明显成效。鄂州节水型社会建设的做法和经验主要有以下几个方面。

（1）积极推进体制与机制建设。鄂州作为湖北综合改革配套示范区，立足城乡统筹发展，顺应可持续发展治水的需求，于 2010 年 2 月组建了鄂州市水务局，将原鄂州水利局的职责、鄂州市城乡建设委员会的城市供水职责，以及湖网修复、保护、开发、利用的职责划入鄂州水务局。2010 年 5 月成立了鄂州市节约用水计划用水办公室，承担全市计划用水、节约用水相关行政职能，各区也相继成立了水务（水产）局，初步形成了涉水事务管理一体化工作格局；2010 年 9 月，鄂州成立了节水型社会建设领导小组，建立了领导小组办公室主任会议制度，健全组织机构，建立联动机制，共同推进节水型社会建设；2011 年 6 月，鄂州市政府将建设试点各项目标任务进行分解，明确职责分工，完善管理制度。制定了《节水型社会建设目标任务考核标准》，将考核机制作为各级政府年度考核重要内容之一，按年度对目标与任务完成情况进行考核评分，并将考核结果按"优秀""良好""一般"3 个等次向全市通报；广泛开展形式多样的节水宣传活动，普及节水知识，增强全市公民的节约用水意识。充分利用"鄂州科学发展论坛"平台，先后邀请水利部及相关研究机构、大专学院的专家举办讲座，增强水资源节约保护的紧迫感和责任感，建立公众广泛参与的节水型社会管理体制。

（2）搭建制度建设框架，健全水资源管理制度。开展《鄂州市节水型社会制度建设》专题研究，明确了节水型社会制度建设目标，形成了一套包括取水、供水、用水、排水各个环节，涵盖工业用水、农业用水、生活及生态用水等诸多领域的节水管理制度体系；2012 年 10 月，鄂州市人民政府与湖北省人民政府签订了《实行最严格水资源管理试点目标责任书》，成立了湖泊保护和实施最严格水资源制度试点工作领导小组。全市将湖北下达的最严格水资源管理"三条红线"控制指标分解到 3 个区，出台了《关于实行最严格水资源管理制度的意见》等 3 个规范性文件，将湖泊保护作为水资源保护的重中之重；全面推行节约用水制度，加强市直部门的联动，明确了鄂州市水务局与鄂州市发展和改革委员会、鄂州市城乡建设委员会在基建项目审批、验收环节的协作机制，严格落实节水"三同时"制度；完善用水计量与统计制度，全面推广智能水表、超声波流量计等先进计量设施，并通过远程数据通信方式，实现取水计量的实时监控；在探索实施不同行业分类水价的基础上，积极探索超计划累进加价制度和阶梯水价制度，并在城市生活供水中实施阶梯水价、差别水价。

（3）扎实开展载体建设。全市积极探索"政府主导、部门主推、多方参与、合力推进"的农业节水工作机制。市水务、农业、国土、综合开发等部门共投入资金 9.73 亿元，实施了鄂城区小型农田水利重点县、杨巷灌区节水改造配套工程、蒲团节水教育及节水灌溉试验示范基地等重点项目，有效地改善了全市现代农业生产条件；结合全市工业产业结构特点，围绕火电、钢铁、建材、加工四大支柱产业开展节水工作，调整优化产业结构，促进节水减排，工业节水改造累计投入资金 6.67 亿元；大力实施城乡供水一体化工程，农村自来水普及率达到 91%，率先在全省实现了"农村供水城市化、城乡供水一体化"目标；开展供水管网改造，优化调配管网压力，推广使用新型管材和先进的检漏技术，提高了供水系统运行的安全可靠性，降低了管网漏失率；逐步推广应用节水器具，重点开展服务业节水器具改造和节约用水宣传活动。加强生活用水计量和管理，全面普及和推广用水计量设施，推进水表出户工作。试点期间，全市服务业和城镇居民家庭节水型用水器具基本普及，居民生活用水户装表率达到98%以上；树立行业节水示范，深入开展节水行动进机关、进学校、进社区、进家庭的"四进"活动；积极扩大非常规水源的利用规模，加快实施城镇污水处理再利用工程、雨水积蓄利用工程等；开展饮用水源区综合治理工程，全力推进梁子湖生态文明示范区建设，在梁子湖区 500km² 范围内全面退出一般工业，控制农业面源污染，发展生态农业和生态旅游；全力推进城乡污水处理一体化工程。试点期间，全市新建、扩建污水处理厂 5 座，并启动实施城乡一体化污水"全收集、全处理、全覆盖"规划；全力推进城乡垃圾收集处理一体化和农村环境连片整治，在全省率先建立城乡一体化垃圾收运体系，建立市、区、镇（街道）、村 4 级环卫管理组织体系，构建了"村组清扫、乡镇收集、区级转运、市级处理"的运行模式。

（4）加强管理能力建设。积极推动水资源实时监控与管理信息系统建设。在鄂州市防汛抗旱指挥系统的基础上，利用智能计量等技术，建设和完善以水资源、供水、取用水、排水与水环境监测设施为基础，远程控制为手段的水资源管理信息系统，实现水质、水量、水位等水资源要素的实时监测，实现全市范围内相关水资源管理信息的互联互通和资源共享；全面加强水资源执法工作，整合市、区水政监察执法力量，严格依法开展水源开发、利用、节约与保护等各环节的检查执法工作；加快推进水污染事件快速反应能力建设，出台了《鄂州市饮用水源地水污染防治管理办法》，编制了《鄂州市饮用水水源地突发事件应急预案》《鄂州市重要饮用水水源地应急保障规划》，水务部门与环境保护部门建立了重大水污染事件通报制度和联席会议制度，建立了突发水污染事件预警机制和应急机制。

经过 3 年节水型社会建设试点的实践，鄂州市水资源管理体制改革迈出坚实步伐，水资源管理与节约用水管理制度不断完善，逐步建立了水资源高效利用的工程体系，形成了自觉节水的社会行为规范体系，全面实现了节水型社会建设的主要规划指标。到 2013 年底，全市用水总量由 9.14 亿 m³ 下降到 6.21 亿 m³，万元 GDP 用水量由 296m³ 下降到 98m³，农田灌溉水有效利用系数由 0.46 上升到 0.51，万元工业增加值用水量由 370m³ 到下降 92m³，城镇污水集中处理率由 40%提高到 84%，圆满完成了建设试点规划确定的各项工作目标和主要任务。鄂州节水型社会建设试点的实践表明，政府主导是南方丰水地区成功建设节水型社会的前提，实施水务一体化管理是顺利开展节水型社会建设的重要保证，将节水管理与水生态文明城市创建有机融合是丰水地区节水型社会建设的核心内容，不断健全和完善节水管理法规体系是开展节水型社会建设的基本保障，调整结构和优化布局是推进节水型社会建设的根本举措。2015 年 2 月，鄂州被水利部、全国节约用水办公室授予"全国节水型社会建设示范区"。

3.2.6　河北廊坊节水型社会建设的实践探索

2005 年 2 月 25 日，廊坊被水利部确定为南水北调东中线受水区全国节水型社会建设试点。试点以来，廊坊各级党委政府对此项工作高度重视，举全市之力，多措并举，通过政府推动、资金拉动、典型带动、制度约束等措施全面建设节水型社会。为切实做好全市的节水型社会建设工作，廊坊市人民政府成立了由市长任组长、主管农业和城建的副市长任副组长、各相关部门一把手为成员的节水型社会试点工作领导小组，并成立了专门的办事机构。各县（市、区）政府也高度重视此项工作，成立了相应的组织领导和办事机构。廊坊市水务局以节水型社会试点建设统领全市水务工作的思路，实施工程措施和技术措施"双轮"驱动节水模式，全面推动节水型社会建设。廊坊节水型社会建设的做法和经验主要有以下几个方面。

（1）因地制宜制定节水型社会建设规划和实施方案。科学规划是做好节水型社会试点建设的前提，按照国家确定的南水北调受水区"先节水后调水，先治污后通水，先环保后用水"的原则，廊坊紧密结合实际，与河北省水利科学研究院共同编制了《廊坊市节水型社会建设试点规划》，规划在征求多方意见的基础上，于 2005 年 10 月通过了评审。在此基础上，廊坊市水务局积极组织技术人员，编制完成了《廊坊市节水型社会建设试点实施方案》，并将建设任务分解到相关市直部门和各县（市、区）政府，明确责任部门、明确专人、明确任务、明确完成时间和明确取得成效，齐心协力建设好全市的节水型社会试点。

（2）采取多种形式进行节水型社会建设宣传教育。一是在市县两级广播电台、电视台、报纸等新闻媒体，通过发表署名文章、答记者问、播放宣传片以及在通信网络发送节水宣传手机短信等形式，对节水型社会试点建设进行宣传。廊坊电视台 1、2、3 套节目黄金时间，每天滚动播出 4 次节水型社会建设公益广告。二是利用巨型室外广告和永久性标语进行宣传。廊坊市水务局在廊坊高速公路入口、新奥世纪大道与和平路交叉路口安装了大型广告牌，市县制作墙体广告 6000 余幅。三是利用宣传资料和宣传品宣传，印制节水型社会建设宣传手册 2 万余册、印制宣传资料 6 万多份，各县（市、区）组织人员在"世界水日""中国水周""世界环境日""科普宣传日""法制宣传日"到集市、田间地头做宣传，散发节水宣传资料，收到良好效果。四是通过举办活动进行宣传。廊坊、霸州、三河分别举办了彩色周末大型"水务之春"文艺晚会，其主题为节水型社会建设。五是做好在校学生的宣传教育工作。为培养学生的节水意识和自觉节水的良好行为，廊坊市水务局联合廊坊市教育局，在全市确定了首批 20 所节水宣传教育示范学校。

（3）加强节水型社会基础设施建设，配套完善水计量设施。积极推进全市所有单位和个人计量设施的安装和更新，农业用水计量设施的安装有序进行，要求新的节水工程及各类节水示范区必须完成计量设施的安装，市区新建小区的节水器具普及率达 100%。文安、大城把计量设施安装工作作为一项中心任务来抓，文安县水务局多方筹资 70 多万元，为全县 190 眼自备井免费安装 IC 卡智能水表，预计每年将为全县节约水资源 182.4 万 m³；大城在做好工业、生活等用水户的计量设施安装基础上，计划在全县 1000 多眼农业灌溉机井全部安装干式水表，实现全县用水计量化；三河、香河认真实施农村自来水"村村通"工程，做到了每户一表、按量收费。

（4）突出节水重点领域，树立节水型社会建设典型。以农业节水灌溉工程技术和科学灌溉制度为重点，大力实施农业节水灌溉工程技术，全市已形成了以管灌为主体、微灌为补充的农业节水灌溉格局。全市共建有国家级、省级节水示范区 15 个，拥有节水管道 1300 多万 m，喷灌设施 2800 多台套，微灌设施 100 多处，节水灌溉面积达 265 万亩，占井灌面积的 72%；大力实施科学灌溉制度，在高标准节水示范区进行墒情监测、分期预报、适时适量（灌溉定额），推行精准灌溉，有效促进了农业结构的调整。同时，加强大城、安次区、三河等 6 个节水型社会建设试点农业节水典型，成立了 WUA，完善了农业用水"双控"制度。通过工业用水大户的节水技术改造，树立了工业节水的典型。例如，青岛啤酒（廊坊）有限公司的中水改造工程，实现平均每天节约用水 900 m³，节约用电 900kW·h，每年可节约资金 30 余万元。

（5）制定和完善相关政策制度。一是建立 WUA，按照"用水自愿、民主管理"的原则，积极引导和推动 WUA 的建立，充分体现公众参与、用水"双控"（定额管理、总量控制）等民主管理制度。二是坚持取水许可制度，凡是取用水单位和个人都要按照《中华人民共和国水法》和《取水许可和水资源费征收管理条例》进行申请和审批。为优化配置和合理利用水资源，廊坊市人民政府决定 3 年内（2006～2008 年）关闭市区公共供水管网覆盖范围内的所有自备井，三河、大厂等市县也在推进自备井关停工作。三是坚持水资源论证制度，对全市新建项目进行水资源的论证工作，严格控制对水资源的开采。四是建立和完善水价调整制度，组织市物价、建设、水务等部门，对市区水价进行了调整，根据不同行业、不同类别确定了不同的水价标准，将居民生活用水、特殊行业用水价格进行调整。同时坚持因地制宜、城乡不同的原则，充分发挥经济杠杆的作用，推进水价改革，提高人们的节水意识①。

3.2.7　内蒙古鄂尔多斯节水型社会建设的实践探索

鄂尔多斯是内蒙古下辖的地级市，地处内蒙古西南部，鄂尔多斯高原腹地，毗邻晋陕宁 3 省区，西北东 3 面为黄河环绕，北及东北与内蒙古最大城市包头以及首府呼和浩特隔河相望。鄂尔多斯地貌类型多样，既有芳草如茵的美丽草原，又有开阔坦荡的波状高原；鄂尔多斯境内五大类型地貌，平原约占总土地面积的 4.33%，丘陵山区约占总土地面积的 18.91%，波状高原约占总土地面积的 28.81%，毛乌素沙地约占总土地面积的 28.78%，库布其沙漠约占总土地面积的 19.17%。鄂尔多斯属北温带半干旱大陆性气候区，冬夏寒暑变化大，多年平均降水量为 348.3mm，多年平均蒸发量为 2506.3mm，为降水量的 7.2 倍。市域东西长约为 400km，南北宽约为 340km，总面积为 86 752km²。鄂尔多斯是国家重要能源重化工基地和可持续发展实验区，"呼包鄂城市群"的中心城市，被内蒙古自治区人民政府定位为省域副中心城市之一。鄂尔多斯市辖 2 区 7 旗，截至 2016 年底，鄂尔多斯全市城镇人口为 151.15 万人，乡村人口为 54.38 万人，城镇化率为 73.54%。

鄂尔多斯水资源可利用总量为 20.89 亿 m³，人均水资源仅为 1526.3m³，为资源型缺水地区。随着鄂尔多斯经济社会的发展，水资源短缺已成为制约其经济社会发展的主要因素。2008 年 11 月，水利部确定鄂尔多斯为第三批全国节水型社会建设试点，试点建设期为 2009～2011 年。试点期间，全市累计投入资金达 87.5 亿元，全面推进节水型社会建设各项工作，使水资源利用效率显著提高，用水总量得到有效控制，水资源管理能力明显增强，取得了显著的经济、社会和生态效益。鄂尔多斯在节水型社会试点建设实践中，坚持水资源合理开发、优化配置、高效利用、全面节约和有效保护并重的原则，加快经济结构调整，强化节水措施，促进经济增长方式转变，探索农业向工业水权有偿流转，工业反哺农业的综合节水新机制，在节水型社会建设中积累了一定经验。廊坊节水型社会建设的做法和经验主要有以下几个方面。

（1）按照"六高"原则，推进自主驱动的工业节水。按照"高起点、高科技、高效益、高产业链、高附加值、高度节能环保"的原则，进一步调结构、促升级。关闭、取缔一大批小炼焦、小硅铁、小煤窑等"三高"企业。加快市内大煤田、

① 微灌系统形式：包括滴灌、微喷灌（用很小的微喷头将水喷洒在土壤表面）、小管出流灌和渗灌。微灌可根据作物的需要，通过低压管道系统与安装在开端的特制灌水器，定时定量地将水和肥料准确、均匀、直接地输送到作物根部附近的土壤表面或土层中。http://www.hebwater.gov.cn/a/2006/09/30/1336725853593.html。

大煤电、大化工发展，把耗水量低、中水回用、废水处理作为新、改、扩建项目的准入条件，突出发展低能耗、高附加值的第二、第三产业，使更多的水资源向效率高、效益高的工业领域配置。

（2）完善区域用水总量控制管理制度，推进灌区水权制度改革。出台《南岸自流灌区用水总量控制方案》《南岸自流灌区水权细化方案》。在南岸自流灌区保留 15%的水权水量（4200 万 m^3）为国家（集体）所有，用于补充生态保护用水；调节 10%～20%的水权水量（2800 万～5600 万 m^3）为集体所有，用于灌区渠系老化、枯水年、种植结构调整等不可控因素的风险管理需要；为农业灌溉配置水权水量 15 710 万 m^3，其中斗渠（含）以下水权水量为 11 247 万 m^3；在渠首引水 2.8 亿 m^3，向黄河退水 3500 万 m^3，满足黄河水量总体控制要求。

（3）推进农民参与用水管理，为水权转让理顺关系。在《南岸自流灌区管理局管理体制改革方案》中，以 1 万亩灌溉工程为示范，进行用水管理改革。建立民主机制，由用水户参与制定相应的规章制度，保证用水户地位平等；由 WUA 负责末级渠系水量分配、水费收取和渠系维修，并制定了一套较为完善的制度。

（4）实施农业与工业之间用水权的有偿转让，实现工农业互补共赢。在 2005 年的一期水权转换工程中，自流灌区农业用水从 4.1 亿 m^3 降至 2.8 亿 m^3，向工业转让水权 1.3 亿 m^3。在 2009 年二期水权转换工程中，转换水量 9960 万 m^3。将工业所得资金，返用于灌区改造，将大片中低产田改造为高产农田，有效降低了灌区次生盐碱化；改善渠道过水断面，缩短灌溉周期，提高了渠系水利用系数和灌溉水利用系数。

与试点建设初期相比，鄂尔多斯探索实现水权有偿流转的市场化配置机制，形成了农业节水支持工业发展，工业反哺农业的良性局面，提高了水资源利用效率和效益。2011 年，全市总用水量为 16.65 亿 m^3，较试点初期减少 5%；万元 GDP 用水量为 51.5m^3，较试点初期下降 66%；万元工业增加值用水量为 14.51m^3，较试点初期下降 77%；农田灌溉水利用系数由 0.58 提高到 0.61；重点水功能区达标率由 37%提高到 49%；城市生活污水集中处理率由 85%提高到 92%。2013 年 10 月，鄂尔多斯节水型社会建设试点工作通过了验收。验收工作组认为，鄂尔多斯节水型社会试点建设取得了阶段性成效，尤其是在实施水权转让、发展高效节水农业、创新投融资模式和非常规水利用等方面，对全国特别是矿产资源丰富而水资源短缺地区节水型社会建设具有良好的示范和启示作用。2014 年，鄂尔多斯被国家水利部和全国节约用水办公室授予"第三批全国节水型社会建设示范区"称号[①]。

---

① http://news.xinhuanet.com/city/2015-10/08/c_128297055.htm。

3.2.8 陕西榆林节水型社会建设的实践探索

榆林位于陕西最北部，榆林地接甘肃、宁夏、内蒙古、山西 4 省区，南与陕西延安接壤。截至 2016 年底，榆林常住人口为 338.20 万人，其中城镇人口为 190.24 万人，占 56.3%；乡村人口为 147.96 万人，占 43.8%。2016 年，榆林 GDP 为 2773.05 亿元，其中第一产业增加值为 162.44 亿元，增长 4.8%；第二产业增加值为 1680.70 亿元，增长 4.1%；第三产业增加值为 929.91 亿元，增长 11.1%。第一、第二和第三产业增加值占 GDP 的比例分别为 5.9%、60.6%和 33.5%。榆林全市已发现八大类 48 种矿产资源，尤其是煤炭、石油、天然气和岩盐等能源矿产资源富集一地，分别占全省总量的 86.2%、43.4%、99.9%和 100%，平均每平方千米地下蕴藏着 622 万 t 煤、1.4 万 t 石油、1 亿 m^3 天然气、1.4 亿 t 岩盐，是重要的国家级能源化工基地，素有中国的"科威特"之称。但是，由于榆林地处西北干旱半干旱地区，快速增长的用水需求与水资源匮乏的矛盾特别突出。为缓解水资源短缺与经济社会高速发展带来需水量剧增的矛盾，2006 年 9 月水利部决定将榆林列入全国节水型社会建设试点城市。

作为全国节水型社会建设试点城市，陕西榆林紧紧围绕节水型社会建设规划所确定的目标，坚持以提高用水效率和效益为核心、以制度建设为动力、以节水工程建设为重点，用近 5 年时间，有计划、有步骤地认真开展试点工作。从提高水资源利用效率入手，注重制度和基础能力建设，开展节水工程试点示范，加强监督考核，全力构建以水资源总量控制与定额管理为核心的水资源管理体系、与水资源承载力相适应的经济结构体系、水资源优化配置和高效利用的工程技术体系以及自觉节水的社会行为规范体系 "四大体系"。到 2011 年底，顺利完成了试点建设规划中的各项工作任务，成功创建了"政府主导、市场调控、公众参与"的节水型社会建设"榆林模式"，节水型社会建设综合成效已初步显现，满足了全市人民生活和经济高速发展对用水的需求。榆林的实践，为全面建设节水型社会、保障水资源可持续利用积累了宝贵经验。榆林节水型社会建设的做法和经验主要有以下几个方面。

（1）以科学规划引领节水型社会建设全局工作科学。在节水型社会建设实践中，榆林以规划引领节水型社会建设全局工作，编制了《榆林市节水型社会建设规划》，通过科学规划，明确节水型社会建设的目标和任务。随后又安排数百万元，相继完成了水资源综合规划、万亩以上灌区节水改造规划和榆林能源化工基地过渡应急供水工程规划。这些规划，在全面分析经济社会发展及水资源状况的基础上，制定了水资源合理开发、优化配置、高效利用、综合治理的总体布局及实施方案，科学预测了经济社会发展目标的需水量，确定了城乡用水、不同行业用水和生态用水的合理配置，建立了干旱年份城市占用农业用水补偿机制，为区域水资源高效利用和经济环境的协调发展奠定了基础。

（2）突出重点，加强节水技术推广应用。榆林传统的灌溉方式主要是大水漫灌，水资源总用水量中 80% 用于农业灌溉。榆林抓住这一重点领域，加强农业用水的全过程节水管理。通过实施大中型灌区续建配套与节水改造，逐步实现渠道防渗化和井灌区管道化，完善田间灌溉设施，因地制宜推进喷微灌和膜下灌等高效节水技术。5 年来全市新增和改善灌溉面积近 60 万亩，在全市范围内实施高效农业节水示范项目 41 个，累计完成节水微灌面积 9182 亩。加上渠道防渗、暗管输水、喷灌、滴灌、渗灌等节水技术的综合利用，有效地提高了水资源利用率，年节水量在 1.2 亿 m^3 以上，解决了 166 万人安全饮水问题。同时，通过调整种植结构，缓解了农村用水的供需矛盾，水稻种植面积从 13 万亩调整为 2.57 万亩，仅此一项每年减少灌溉用水量 3100 多万 m^3。努力提高工业用水和重复利用水平，涌现出神府经济开发区恒源煤化工有限公司热式低温干馏兰炭节水型生产工艺、国华锦界能源发电有限责任公司机械通风直接空气冷却系统技术等节水新工艺。

（3）加强组织领导，建立和完善节水法规制度体系。2006 年 11 月，榆林市人民政府成立节水型社会建设领导小组，以市长为组长，16 个相关部门负责人为成员。2007 年 7 月由榆林市委常委会决定成立了榆林市节约用水办公室，使全社会节水工作向着"统一领导、统一规划、统一政策，分部门实施"的管理目标迈进。目前，榆林已颁布了《榆林市节约用水管理办法》《榆林市水权转换管理办法》《关于加快推进节约用水工作的实施意见》《榆林市实行最严格水资源管理制度考核实施细则》等一系列政策。对取水许可审批权限进行了调整，实施建设项目水资源论证制度，对各县区和主要用水户下达了年度用水计划。实施阶梯供水价格，形成了以经济手段为主的节水机制，节水由传统的单一政府推动变成依靠节水机制对涉水行为进行约束和激励。通过强化制度建设、水行政立法和体制机制建设，有力地促进了全市用水的统一管理。

（4）大力开展节水新技术研究，积极探索行业节水经验。在节水型社会建设中，榆林大力开展节水新技术研究，先后与西安、榆林相关高校合作，开展榆林市煤矿矿井水综合利用及水质处理关键技术研究、水平衡测试研究、节水灌溉工程技术研究及推广、井灌区玉米农艺节水措施研究等科研项目，并适时试点推广，积极探索节水减排的新经验。例如，定边采油厂采用先进的节能疏通器，提高冷凝水回收率；选用国内先进污水处理系统，经过处理的污水水质达标后回注地层，解决了污水排放问题；全市煤炭开采每年疏矸排水量为 2418 万 m^3，回用水量为 1692 万 m^3，回用率达 70%；神华神东电力有限责任公司采用直接空冷技术，加强工业和生活废水回收利用，每年节水达 304 万 t；陕西金泰氯碱化工有限公司投资 1558 万元建设工业废水处理站，采用气浮除油、酸碱中和、絮凝沉淀、过滤反渗透等工艺，将废水处理后回用于生产，每年节水 40 万 t。从火力发电、石油石化、钢铁、化工、食品行业及耗水大的工业行业中，选择产能较大、基础条件好的企业，安排一批节水工艺改造及循环用水工程。通过利用工业节水新技术，推广清洁生产理念，提高水的重复利用率。例如，陕西国华锦界能源有限责任公司有 4 台国内单机容量最大的空冷机组，比同容量水冷机组年节水 75%[①]。

　　虽然榆林节水型社会建设取得了显著的成绩，但与经济社会高速发展的要求相比，仍存在水资源利用效率偏低、农业用水供需矛盾突出、节水型社会建设体制和机制不健全、传统粗放的用水模式尚未根本改变等亟待解决的问题（帅启富等，2011）。

3.2.9　甘肃庆阳节水型社会建设的实践探索

　　庆阳位于甘肃最东部，陕西、甘肃、宁夏 3 省区的交汇处，为甘肃省辖市，素有"陇东粮仓"之称。庆阳地势南低北高，海拔为 885～2089m。山、川、塬兼有，沟、峁、梁相间，高原风貌雄浑独特。全境有 10 万亩以上大塬 12 条，面积达 382 万亩。董志塬平畴沃野，一望无垠，横跨庆阳 4 县区，是世界上面积最大、土层最厚、保存最完整的黄土原面。全市总土地面积为 27 119km²，辖 1 区 7 县 116 个乡镇，2016 年全市户籍人口为 267.31 万，实现 GDP 597.83 亿元，人均生产总值为 26 734 元。市域有马莲河、蒲河、洪河、四郎河、葫芦河 5 条河流，较大的支流有 27 条，全市多年平均自产水量为 8.2 亿 m³，人均水资源量约为 300m³，是全省平均水平的 25%，全国平均数的 13%，水资源紧缺。2010 年 7 月，庆阳被水利部确定为第四批全国节水型社会建设试点地区，经过 3 年试点建设，节水型社会建设在工业、农业、城镇生活、非常规水源利用等方面取得了明显成效。2013 年全市用水总量为 2.8 亿 m³，万元 GDP 用水量从试点前的 90m³ 降至 82m³，农田灌溉水利用系数从试点前的 0.47 提高到 0.50，农业节水灌溉率从试点前的 71%提高到 75%以上，万元工业增加值用水量从试点前的 94m³ 降至 86m³，工业用水重复利用率从试点前的 40%提高至 48%，城镇供水管网漏损率从试点前的 22%降低到 15%，城镇污水处理率从试点前的 25%提高 N28%。庆阳节水型社会建设的做法和经验主要有以下几个方面。

　　（1）健全工作机构，落实节水型社会建设各项任务。为加强对节水型社会建

---

① http://www.scxxb.com.cn/html/2015/rdgz_1127/163860.html。

设试点工作的组织领导，庆阳市人民政府成立了节水型社会建设试点工作领导小组。领导小组下设办公室，负责研究制定节水实施计划，确定各部门职责分工，统一部署各项节水任务，协调各部门关系，研究解决节水工作中的重大事项；成立了由8名国内知名专家组成的庆阳市节水型社会建设专家指导委员会，为全市节水型社会建设总体规划编制、政策措施制定提供技术指导；成立了庆阳市节约用水办公室，负责贯彻落实国家、省、市有关节约用水的法律、法规和制度，拟定全市节约用水发展规划和年度计划的制定与实施，制定全市节约用水有关技术质量标准、规程和规范，负责全市各行业节约用水的监督和管理，承担超计划加价水费的征收管理工作，参与重大节水项目的设计、审查和验收工作；充分发挥政府的推动和协调作用，组织专家精心编制了《庆阳市节水型社会建设规划》，印发了《庆阳市节水型社会建设试点实施意见》，提出了全市节水型社会建设的基本思路、建设框架和3年试点工作的目标任务；建立考核机制，制定了《庆阳市节水型社会建设目标责任考核办法》，将节水型社会建设指标纳入政府年度考核指标，建立起对各县区、各部门的节水型社会建设考核机制。

（2）完善工作机制，构筑节水型社会建设制度框架。试点开展以来，庆阳把节水型社会建设作为破解水资源瓶颈制约、夯实经济发展基础的重要工作来抓，强化措施，有力推动了试点工作向前推进。2011年5月，《庆阳市节水型社会建设规划》通过甘肃省水利厅评审，同年8月甘肃省人民政府正式批准了《庆阳市节水型社会建设规划》，9月通过了水利部验收。《庆阳市节水型社会建设规划》的出台为庆阳节水型社会建设提供了依据。试点以来，庆阳先后颁布实施了《庆阳市河道管理办法》《庆阳市水资源论证管理办法》《庆阳市石油开采水资源管理办法》；2011年12月，《庆阳市节水型社会制度建设》专题报告通过了水利部的评审；2012年11月，又制定和出台了《庆阳市节约用水办法》《庆阳市非常规水源利用管理办法》《庆阳市超计划用水累进加价实施方案》和《庆阳市节水器具推广使用办法》等10个办法。上述政策制度的制定和出台，为庆阳节水型社会建设构建了基本的制度框架。

（3）强化节水学习宣传，营造节水型社会建设的社会环境。试点工作开展以来，庆阳坚持把节水宣传作为节水型社会公众参与体系建设的突破口，分年度制定节水型社会建设宣传实施意见，细化宣传方案，充分利用各种新闻媒体，采取多种形式进行节水型社会建设和节约用水的宣传工作，如开展节庆集中宣传活动、设立宣传咨询台、开展节水主题实践活动等。启动了节水"十个一工程"，即每个县（区）、每个乡镇、每个村、每个组、每个院落、每个部门、每个单位、每个公共场所、每个LED屏和公交车辆、每个供水处都有一处以上的节水宣传公益广告。为解决节水工作中的技术困难，3年来，庆阳先后派出5批20多名工作人员赴甘肃张掖、北京大兴区、天津、河北石家庄和海南海口学习考察节水型社会建设工作，学习借鉴节水型社会建设试点工作的先进经验和成功做法，指导和推动庆阳节水型社会建设。

（4）科学确定示范点，狠抓项目落实。节水型社会建设试点工作开展以来，庆阳以集约节约综合利用为重点，结合"生态市创建"工作，在生态脆弱区域和水土流失重点区域规划荒山造林和封山育林，在工程造林中推广使用生根粉和保水剂以及容器袋苗木，不仅有效提高了工程造林质量，也大幅节约了灌溉用水；开展了《陇东冬小麦品种优选及节水高效技术集成研究与示范》课题研究，填补了庆阳农作物高效节水种植的空白，推动了全市绿色节水高效农业示范推广；开展了《庆阳市机场非常规水源利用实验研究》，创造性开展实施了雨水集蓄工程，建成的庆阳机场雨水集蓄利用工程年复蓄雨洪 47.11 万 m^3，集蓄的雨水可为周围 6000 亩农田提供灌溉水源；开展了《庆阳市农村饮用水质量检验及淡化净化技术研究》课题，通过科研攻关，取得环县北部高氟地区饮用水除氟新技术成果；为科学、准确、全面地掌握工业企业水平衡情况，对企业实行计划用水。在开展水平衡测试工作中，深入工业企业，进行水平衡测试工作知识宣传，定期派节水办人员深入用水企业进行水平衡测试工作指导，提高了工业企业节约用水工作管理水平（李树斌，2014）。

3.2.10　宁夏节水型社会建设的实践探索

宁夏位于我国西部的黄河上游，东邻陕西，西、北部接内蒙古，西南、南部和东南部与甘肃相连。宁夏处于腾格里、乌兰布和、毛乌素三大沙漠包围之中，南北相距约为 456km，东西相距约为 250km，总面积为 6.64 万多平方千米，是全国最大的回族聚居区。宁夏按自然地理分为北部引黄灌区、中部干旱区和南部山区。北部引黄灌区面积占 25%，灌排条件好；中部干旱区面积占 42%，土地荒漠化和沙化现象严重，人畜饮水困难；南部山区面积占 33%，水土流失问题突出。北部引黄灌区经济发展水平相对较高，中部干旱区和南部山区属于黄土高原和荒漠化草原，经济社会发展比较落后，是国家重点扶持的贫困地区。全区辖 5 个地级市，22 个县、市（区），2016 年底全区常住人口为 674.90 万人，其中城镇人口为 379.87 万人，占常住人口的 56.29%。

宁夏是我国水资源最少的省区，大气降水、地表水和地下水都十分贫乏，属严重缺水地区。黄河干流过境流量为 325 亿 m^3，可供宁夏利用水资源量为 40 亿 m^3，绝大部分在北部引黄灌区；中部干旱高原丘陵区最为缺水，不仅地表水量小，且水质含盐量高，多属苦水或因地下水埋藏较深，灌溉利用价值较低；南部半干旱半湿润山区，河系较为发育，主要河流有清水河、苦水河、葫芦河、泾河、祖厉河等。宁夏生产、生活和生态用水主要依靠黄河水。20 世纪 90 年代以来，黄河上游来水减少，引水量受限，导致宁夏北部引黄灌区农业、生态、工业和城市用水严重不足。南部山区山大沟深、田高水低，天然水资源利用率仅为 16.9%，资源型、工程型、水质型缺水并存，山区 8 县（区）中有 7 个县城缺水。日益加剧的水资源供需矛盾，给宁夏经济社会发展带来严峻的挑战。2006 年 5 月，水利部办公厅、国家发改委办公厅下发了《关于对宁夏节水型社会建设规划及试点工作有关意见的函》，宁夏节水型社会建设试点工作正式启动。通过全区 5 年的努力，节水型社会建设试点工作取得了来之不易的成绩。宁夏节水型社会建设试点的做法和经验主要有以下几个方面。

（1）建立完善组织机构，合力推动试点建设。试点期间，宁夏成立了以政府分管副主席为组长，以水利、住建、财政、农业等 19 个相关部门和各地级市政府为成员的节水型社会建设工作领导小组，印发了《宁夏节水型社会建设工作领导小组及成员单位职责分工》，明确了成员单位职责；按年度分解节水型社会建设目标任务，拟定考核指标，区市、市县逐级签订节水型社会建设目标责任书，实行年度考核。宁夏初步建立了责任明确、上下联动、齐抓共管的领导体制和工作机制，形成了政府主导、部门协力、全社会合力推动节水型社会建设的工作格局，为试点建设有序推进提供了根本保证。

（2）加快立法步伐，逐步完善节水型社会制度体系。先后颁布出台了《宁夏回族自治区节约用水条例》、《宁夏实施〈水法〉办法》《宁夏回族自治区取水许可和水资源费征收管理实施办法》《宁夏回族自治区黄河宁夏段水量调度办法》等地方节水法规；银川、石嘴山等也相继出台了《银川市水资源管理条例》《银川市再生水利用管理办法》《石嘴山市城市地下水资源开发利用管理办法》《石嘴山市计划用水及考核管理规程》等政策性文件，初步建立了节水型社会建设配套法规制度体系，为试点顺利实施提供了有力的法制支撑。2012 年宁夏回族自治区人民政府又出台《宁夏回族自治区节水型社会建设管理办法》，规定了各级政府及有关部门的节水型社会建设职责，明确了落实最严格水资源管理制度的各项措施，为加快推进节水型社会建设提供了法制保障。

（3）探索实践水权管理，提高用水效率和效益。节水型社会的本质特征是建立以水权、水市场理论为基础的水资源管理体制，充分发挥市场在水资源配置中的导向作用，形成以经济手段为主的节水机制，实现区域水资源在生态、生产、生活领域的合理配置，不断提高水资源利用效率和效益。在全区黄河可用水量既定的情况下，在确保粮食安全和基本生态用水的前提下，宁夏率先在黄河流域开展了水权转换试点工作，宁夏印发实施了《宁夏黄河水资源县级初始水权分配方案》，把黄河初始水权明确到县一级；出台了《宁夏黄河水权转换实施意见》《宁夏黄河水权转换实施细则》等办法，把水权转换纳入了法制化、规范化轨道，初步形成了自治区、市、县 3 级水权控制体系；建立了水资源合理流转机制，促进了区域内水资源在不同行业间的优化配置；开展了 10 余个农业水权有偿转换项目，形成了"农业综合节水-水权有偿转换-工业高效用水"，以农业节水支持工业发展、工业发展反哺农业的水资源利用新模式，实现了节水与增效的双赢，开辟了干旱缺水地区有效解决发展用水的新途径。

（4）不断完善管理体制，推进水资源优化配置。宁夏所有市县已成立水务局，盐池、中宁及固原等市县实现辖区内城乡水务一体化管理。积极推进城市、工业和农业的供水管理体制改革，成立了宁夏水务投资集团有限公司和宁夏宁东水务有限责任公司、宁夏太阳山水务有限责任公司等多家水务公司，逐步实现了城乡水资源统一管理。完善定额标准体系，先后颁布了工业产品、城市生活及农业用水定额。强化取水许可和建设项目水资源论证制度，大力开展水资源论证工作，出台《宁夏回族自治区水资源论证管理办法》，开展不同类型工业园区规划水资源论证，神华宁夏煤业集团公司煤制油等 100 余项水资源论证报告获批，为宁夏重大项目核准立项提供了水资源支撑。

（5）大力实施节水改造，构建工程技术体系。北部引黄灌区加快实施灌区续建配套、水权转换节水改造等重点项目，在市县及国有农场建立了不同类型万亩高效节水示范区 10 余个；中南部旱作区以水资源高效利用为重点，建设百万亩高效节水补灌工程，实施库坝塘池井窖联合运用，促进了用水方式的根本性转变；引入大型龙头企业，采取土地流转等形式发展现代高效节水农业，因地制宜地推广喷灌、滴灌、控灌等节水新技术。全区发展节水灌溉面积达 440 万亩，其中高效节水灌溉面积近 200 万亩，每年推广水稻控灌面积达 80 万亩，亩均用水量下降30%；全自治区新上火电项目全部采用空冷技术，节水达 70%以上，七大造纸企业全部完成碱回收项目改造。宁夏宁东能源重化工基地各大煤矿大力实施矿井水综合利用，减少新鲜水用量和污水排放量。率先在西北每个县建成污水处理厂，5 个地级市均建成中水厂，全区污水处理回用率提高到 20%。

（6）加快产业结构调整，努力提高水资源承载力。围绕宁夏建设引黄灌区现代农业、中部干旱带节水农业、南部黄土丘陵生态农业"三大示范区"，加大种植结构调整，大力发展设施农业、特色农业。推进 120 个现代农业示范基地建设，全自治区已发展设施农业 121 万亩，覆膜保墒旱作农业 149 万亩，扬黄补灌节水农业 80 万亩；围绕宁夏确定的"五大工业园区"和"十个特色园区"，以高耗水行业为重点，落实建设项目节水"三同时"制度，加强对企业的节水技术改造，促进节能降耗，提高水重复利用率。试点期间，共组织实施工业节水示范项目 92

个，关停小火电机组 740MW 和全部年产 10 万 t 以下小煤矿，关闭小造纸厂 60 余家、小炼油厂 43 家、小淀粉厂 1700 家，淘汰炼铁 57 万 t，炼焦 40 万 t，水泥 270 万 t，年减少地下水开采量为 3000 万 m³。

（7）稳步深化水价改革，发挥市场调控作用。采取"小步快走、逐步到位"的方式，3 次调整农业水价，改革水费收缴管理模式，实行了"一价制"水价政策和"一票制"收费方式，杜绝了搭车收费现象，农民水商品和节水意识大大增强；调整重点城市用水价格，银川、石嘴山、吴忠、中卫等市相继实行阶梯水价，普及 IC 卡水表，居民节水率达到 10%～15%；连续 3 年调整水资源费征收标准，大幅度提高企业自备井的水资源费征收标准。全区征收水资源费由不到 500 万元增加到 6000 万元，企业征收比例提高至 90%以上。通过不断深化水价改革，逐步形成了以经济手段为主的节水机制。

（8）深入开展宣传教育，动员社会广泛参与。连续多年通过宣传启动、送戏下乡、集中宣讲等各种形式，采取制作展板、悬挂横幅、发放资料等多种方式，充分利用广播、电视、报刊、互联网等媒体广泛宣传节水型社会建设工作，积极开展各类节水型社会载体建设，全社会节水意识不断增强，促进了全社会节约用水。银川 2007 年获"国家节水型城市"称号，青铜峡节水基地获"全国节水教育基地"称号。

宁夏通过节水型社会试点建设，在持续干旱和用水需求不断增长的情况下，用水总量逐年下降，保障了宁夏经济社会的快速发展和用水安全。其节水型社会试点建设取得的经验主要有：严格用水全过程管理是实现区域用水总量控制的根本性措施，开展水权转换是破解缺水地区用水难题的有效途径，加快产业结构战略性调整是节水型社会建设的重要内容，因地制宜是节水型社会建设的必要形式，全方位组织管理是推进节水型社会建设的重要组织保障。2011 年 11 月，宁夏节水型社会建设试点通过国家验收，成为全国唯一省级节水型社会建设试点示范区（司建宁，2013）。

第4章 甘肃河西地区节水型社会建设实践及理论分析

河西地区位于甘肃西北部，系指今甘肃的酒泉、张掖、武威等地，因位于黄河以西，自古称为河西。河西地区地处青藏高原、内蒙古高原、黄土高原三大高原交汇地带，位于 $37°17'\sim42°48'N$，$93°23'\sim104°12'E$，东起乌鞘岭，西北止于疏勒河下游甘肃和新疆交界处，南以祁连山、阿尔金山分水岭为界，北至内蒙古和蒙古国边界，包括河西走廊、省境内的阿拉善高原南缘、祁连山北翼和柴达木盆地北部，宽仅数里①至一二百里，长达 2000 余里，形成一狭长的天然走廊，亦称河西走廊，是中原地区通往西域的咽喉要道。该区包括甘肃黄河以西的大部分地区，行政上辖武威、金昌、张掖、嘉峪关、酒泉 5 个地级市，20 个县（区），17 个国有农牧场，总面积为 27.72 万 km^2，占甘肃土地总面积的 60.40%。河西地处西北干旱区，祁连山终年积雪，春夏消融，引以灌溉，"绿洲农业"发达，历史上是以殷富著称的农业区，是甘肃重要的产粮区，也是全国十二大商品粮生产基地之一和国家实施西部大开发的 9 个重点地区之一。

4.1 区域自然条件与社会经济发展状况

4.1.1 自然条件

1. 地形地貌

河西地区地形地貌十分复杂。在地形和大地构造上属地台区，包括阿拉善地台、北山断带、阿尔金山断块；从新构造运动来看，属于青藏板块、塔里木板块、阿拉善板块的作用区。河西地区山脉、绿洲、沙漠、戈壁相间，地形以山地和高原为主，由南部山脉、中部走廊平原和北部荒漠台塬 3 部分组成。中部走廊属祁连山地槽边缘拗陷带，大部分为祁连山北麓冲积-洪积扇构成的山前倾斜平原。喜

---

① 里，长度计量单位，1 里=500m。

马拉雅运动时，祁连山大幅度隆升，河西走廊接受了大量新生代以来的洪积、冲积物，自南而北依次形成南山北麓坡积带、洪积带、洪积冲积带、冲积带和北山南麓坡积带，沿河冲积平原形成武威、张掖、酒泉等大片绿洲，其余广大地区以风力作用和干燥剥蚀作用为主，戈壁和沙漠分布广泛。

河西地区呈北西—东南走向，从东向西长达 1100km，南北宽为 50～100km，地势自东向西、由南向北倾斜。该区以黑山、宽台山和大黄山为界分为石羊河、黑河和疏勒河三大内陆河水系。石羊河水系位于走廊东段，南部祁连山前山地区为黄土梁峁地貌及山麓洪积冲积扇，北部以沙砾荒漠为主，并有剥蚀石质山地和残丘，东部为腾格里沙漠，中部为武威盆地；黑河水系介于大黄山和嘉峪关之间，大部分为砾质荒漠和沙砾质荒漠，北缘多沙丘分布，张掖、临泽、高台之间及酒泉一带形成大面积绿洲，是河西地区重要的农业区；疏勒河水系位于走廊西端，南部为阿尔金山东段与祁连山西段山前剥蚀石质低山，北部为马鬃山，中部走廊为疏勒河中游绿洲和党河下游的敦煌绿洲，绿洲外围为面积广阔的戈壁与沙丘（表 4-1）。

表 4-1　河西地区范围与地形特征

区域	范围	地形特征
祁连山地	河西走廊以南，青藏高原北部，界线包括阿尔金山和苏干湖盆地	地势高峻，海拔多在 3500～4500m（最高为 5808m），现代冰川发育
走廊地区	位于祁连山与北山（马鬃山）、走廊北山（合黎山—龙首山）之间，东起乌鞘岭，西至玉门关	冲击-洪积倾斜平原与干燥剥蚀低山，绿洲与戈壁、沙地相间分布，海拔多在 800～2000m
阿拉善高原	走廊北山以北至蒙古国	海拔为 1500～2500m，戈壁、沙漠广布，为丘陵、山地地形

2. 气候

河西地区地处西北内陆，属温带干旱和高寒半干旱气候，局部地区属暖温带干旱气候。该区冬季寒冷漫长，夏季炎热短暂，春季回暖快，秋季短促，昼夜温差大，年平均气温为 5～10℃，空气相对湿度为 33.2～56.8，无霜期为 140～170 天。河西地区日照时间较长，光照资源丰富，年日照时数为 2800～3400h，≥10℃年积温为 1963.4～4032.3℃，太阳总辐射量高达 5600～6400MJ/（m² · a），远高于同纬度东部地区，对农作物的生长发育十分有利。

由于存在大面积的沙漠和戈壁，该区气温的日较差和年较差均较大，气温日较差平原区为 14～16℃，山区为 11～13℃；极端最高气温平原区为 38～43℃，山区为 26～33℃。冬季全区在蒙古国高压的控制之下，太平洋副热带高压比较弱小，冷空气由北直接南下，盛行偏北风。9 月以后，蒙古国冷高压逐渐增强，至 1 月达到最强，其后又逐渐减弱。每当极地大陆气团向东南伸展之时，就会出现不同程度的寒潮冷锋，气温陡降，因此河西走廊冬春两季常形成寒潮天气。夏季主要在大陆热低压和太平洋副热带高压的控制范围之内，由于受东南和西南方向的暖湿气流的影响，加之冷暖气团交互作用，冷空气重而切入暖空气下方，暖空气被迫抬升造成大气层结构的不稳定而产生降水。同时，祁连山的阻隔作用，夏季河西西部基本不受东南季风的影响，仍为西风气流所控制。秋季9月之后，太平洋副热带高压衰退，蒙古国高压增强南扩，往往形成秋高气爽的天气。河西地区降水稀少，气候干燥，蒸发强烈，自东而西年降水量渐少，年降水量由东部古浪的150mm递减到西部敦煌的36mm，而年蒸发量为1900~3000mm。在时间上，该地区降水主要集中在夏季，夏季降水量占年降水量的50%~70%，春季占15%~25%，秋季占10%~25%，冬季占3%~16%。在空间上，河西走廊平原区降水稀少，年降水量为36~200 mm，而祁连山地区由于受太平洋和印度洋暖湿气流的影响，降水量较多，年降水量为400~700mm。同时，降水量随纬度的升高而递减，随海拔的升高而递增，河西东部年降水量为150~250mm，中部为100~150mm，而西部仅为36~100mm。东段冷龙岭年降水量达700mm，而平原区（武威）仅为161mm。河西走廊风向多变，武威、民勤一带以西北风为主；嘉峪关以西的玉门、安西、敦煌等地以东北风和东风为主，安西年8级以上大风的风日有80天，有"风库"之称（表4-2）。

表4-2 河西地区气候特征

气候区	年均气温 （℃）	≥10℃积温 （℃）	无霜期 （d）	年日照时数 （h）	年降水量 （mm）	主要气象灾害
温带干旱区	7~8	2000~3300	140~160	2800~3300	50~200	大风、干热
西部暖温带干旱区	8~10	>3600			<50	干热风、霜冻
祁连山高寒半干旱半湿润区	<4	4000~4500	<140	2600左右	100~500	冰雹

3. 土壤

河西地区地域辽阔，山地、平原对比强烈，且位于我国三大自然区（东南季风区、蒙新高原区、青藏高原区）交汇处，自然条件复杂，因此土壤形成过程和土壤类型多种多样。土壤类型的分布受经向地带性和垂直地带性的影响显著，分异明显，可划分为高寒山地土壤区和温带荒漠土壤区两大分区，土壤类型有黑垆土、棕钙土、灰棕荒漠土、棕色荒漠土、高山土壤及非地带性土等类型。

荒漠土壤广泛分布于走廊以及北部的阿拉善荒漠和半荒漠地区，其中灰棕荒漠土分布在走廊中段以及西段山前砾质戈壁带，土壤结构差，主要用作牧场；棕色荒漠土分布在河西走廊嘉峪关以西，土壤发育程度极弱，可用于灌溉农耕；灰漠土分布在走廊中段和西段山前洪积扇、剥蚀残丘及河岸阶地上，土壤较细，可供农业利用。高山寒漠土壤为高山土壤类型之一，分布在祁连山海拔为 4200～4600m 的高山地带，土壤贫瘠、气候严寒、植被稀少，不适合农牧利用；海拔为3500～4300m 主要分布高山草甸土类，植物根系发达，耐牧性强，是良好的夏季牧场；海拔为 3100～3600m 主要分布亚高山灌丛土类，潜在肥力高，草质优良，历来为优质牧场；高山草原分布在祁连山西段盆地和河流上游海拔为 4000～4300m 处，地表多沙砾，目前仅为纯牧业用地。山地栗钙土是祁连山地分布范围最广、面积最大的土类之一。非地带性土类包括盐碱土、草甸土、风沙土、沼泽土和灌耕土等。盐碱土主要分布在走廊以及阿拉善高原各个河流的下游平坦地区，绝大部分为盐土；风沙土是风沙地区在沙性母质上发育的土壤，主要分布在阿拉善高原，不宜开垦；沼泽土主要分布在黑河、疏勒河沿岸的山前洪积扇前沿的泉水溢出带，自然植被较好，一般为牧业用地；灌耕土是长期耕作形成的农耕土壤，土壤质地好，主要分布于走廊和阿拉善高原各河流的下游绿洲中。河西走廊的耕地主要分布在山前平原上，冲积扇上部组成物质以砾石为主，夹有粗砂，目前很少利用；冲积扇中部和下部组成物质以砂土为主，多辟为耕地。冲积平原土质较细，组成物质以亚砂土、亚黏土为主，也是开耕的主要区域，在长期耕作灌溉条件下形成厚达 1m、有机质含量高、土壤肥力高的土层，为发展农业提供了优越的条件。走廊西部分布棕色荒漠土，中部为灰棕荒漠土，走廊东部则为灰漠土、淡棕钙土和灰钙土；淡棕钙土分布在接近荒漠南缘的草原化荒漠地带，灰钙土分布在祁连山山前黄土丘陵、洪积冲积扇阶地与平原绿洲。灰棕荒漠土带的西端以石膏灰棕荒漠土为主，东端以普通灰棕荒漠土和砂质原始灰棕荒漠土为主，东北部原始灰棕荒漠土和灰棕荒漠土型松沙土占显著地位。盐渍土类广泛分布于低洼地区，自东向西，面积逐渐扩大，草甸土分布面积则自东向西缩小。

4. 植被

河西地区生态地域复杂，植被具有中纬度山地和平原荒漠植被的特征。植物区系属泛北极植物区的亚洲荒漠植物区和青藏高原植物区。平原荒漠区主要以旱中生、旱生、超旱生植物为主；南部山地植物区主要以阴生、湿生、寒生、寒旱生、中生、旱生植物为主；荒漠低山丘陵以旱生、超旱生植物为主，种类较为贫乏。森林植被包括青海云杉、祁连圆柏、油松、山杨、胡杨，分布于祁连山中东段的中山带荒漠河流沿岸；灌丛植被如杜鹃、高山柳、金露梅、柽柳、白刺、苏枸杞等广泛分布于山区和平原；草原植被由中温型的旱生丛生禾草、寒温型的寒旱生丛生禾草、中温型旱生丛生禾草-旱生半灌木组成，主要分布于中低山带、中山带和高山带；荒漠植被则广泛分布于整个河西地区；草甸植被分布于平原和山区；积水沼泽和土壤过湿环境中分布沼泽植被。

因水热条件的关系，河西地区的植被在水平分布上自东南向西北逐渐荒漠化，大体为森林、灌丛、草原及荒漠 4 个植被带，地带分异性明显。地带性植被主要由超旱生灌木、半灌木荒漠和超旱生半乔木荒漠组成。东部荒漠植被具有明显的草原化特征，形成较独特的草原化荒漠类型；西部砾质戈壁分布有典型的荒漠植被，流动沙丘常见有沙拐枣、籽蒿、沙米、沙芥等，固定沙丘常见有多枝柽柳、齿叶白刺、白刺等。疏勒河中、下游和北大河中游有少量胡杨和尖果沙枣林。河流冲积平原上分布有芦苇、芨芨草、甘草、骆驼刺、花菜、苦豆子、马蔺、拂子茅等组成的盐生草甸。为防止风沙和干热风侵袭，绿洲地区采用钻天杨、青杨、新疆杨、沙枣等营造防风林带。

5. 水文地质

从水文地质角度分析，河西地区可分为北山山地、祁连山地和河西走廊及阿拉善高原 3 个区域，这些地区并不是各自孤立的，之间存在着一定的水文地质联系，但它们又是相对独立的，各有不同的水文地质特征。

（1）北山山地：北山山地在地貌上属荒漠化剥蚀低山残山类型，其中只有龙首山为侵蚀中山地形，为甘肃境内最干旱的地区。在构造、地貌、气候条件的控制下，河流水系不发育，无常年地表径流，仅有季节性瞬时洪流。北山山地地区的地下水就是靠这些极为有限的稀少降水作为唯一的补给来源。地下径流模数小于 $0.5L/(s \cdot km^2)$，所以地下径流很微弱，地下水资源很贫乏，为地下水资源最匮乏的地区。北山山地地区除大面积的变质岩、碎屑岩系地下水资源贫乏外（裂隙泉水流量小于 0.01L/s，管井涌水量小于 $100m^3/d$），尚存在一些富水性较好和地下水源较为丰富的地段。尽管分布面积有限，但在干旱的北山地区具有不可忽视的重大意义。北山山地干旱区地下水的归宿消耗于蒸发，地下水普遍矿化，矿化度一般在 1000mg/L 以上。在海拔 2000m 以上的山地，矿化度小于 2000mg/L，此高程以下的丘陵地带矿化度增至 2000～10 000mg/L，而一些地下水埋藏浅的地段矿化度可达 10 000mg/L 以上。但在一些较富水的断裂带、岩深带、裂隙带仍有矿化度小于 1000mg/L 的淡地下水存在。

（2）祁连山地：祁连山地年平均气温在 2℃以下，海拔 4200m 以上终年积雪，现代冰川发育，海拔 3600m 以上发育多年冻土。以水量较大、动态稳定的冻结层下水和不够稳定的冻结层上水为地下水主要存在形式。在多年冻结层分布高程以下，地下水则以裂隙水、脉状水的形式赋存于前古生代、古生代岩层中。地下水的矿化度不超过 5000mg/L，平均地下径流模数为 1～5L/（s·km²）。山地与走廊平原毗邻地带，随着地势的降低，气候趋于干燥，以致祁连山西段的许多孤立山岭存在不同程度的半荒漠化或荒漠化，阿克塞至昌马大坝一带尤甚。地下水矿化度一般为 1000～5000mg/L，地下径流模数大为降低，在 0.5L/（s·km²）以下。

祁连山地地下水可分为 3 个带：高山多年冻结层淡地下水带、中高山淡裂隙水带和荒漠山地弱矿化裂隙水带。分析可知，祁连山地的地表水由西向东渐趋丰富，祁连山地地表水与地下水有极为密切的关系，地表水的多寡与地下水的丰富程度呈正比关系，因此地表水资源可作为衡量地下水资源的标志。在河网强烈深切的条件下，山区地下水均排泄到河流，最后以地表径流的形式补给走廊平原。而以地下径流形式直接进入走廊平原的仅仅是河谷地带冲积层及其风化裂隙带的潜流。通过对若干大河流量过程曲线分析表明，山区地下水对河流的补给量占河流总径流量的 30%～60%。从祁连山流出的约 70 亿 m^3 地表水中，有 20 亿～40 亿 m^3 是由地下水转化而来的。因此，不论山区与平原衔接地带的地层、地质结构如何，山区地下径流都不可能大量地直接流入平原。

（3）河西走廊及阿拉善高原：河西走廊经第四纪以来的强烈沉降，堆积了巨厚的洪积、冲积和湖积松散物质，它蕴藏着丰富的地下水资源，地下径流模数尚达 5～10L/（s·km^2），含水层储量模数为 500 万～4000 万 m^3/km^2，具有典型山前平原自流斜地的水文地质特征。走廊平原在地貌上是由扇形砾石平原和细土平原构成，因此走廊平原地下水分为砾石平原潜水和细土平原承压水两大类型。近山麓附近，潜水含水层为单一巨厚的砾卵石、沙砾石层，在南盆地一般厚 50～300m。潜水埋深在祁连山前一般在 200m 以上，向扇缘递减，直至溢出地表。在平原中下部，由砾石平原潜水过渡到细土平原承压水，单一的粗粒潜水含水层过渡到砂砾石、砂与黏性土构成的多层承压水系，一般在 3～4 层，在赤金盆地、酒泉盆地最多达 9 层，单层厚一般几米到十几米，总厚度在 50～100m，含水层埋深十余米到一二百米。北盆地及阿拉善高原的额济纳平原、雅布赖盆地和南盆地规律基本相同，但潜水带含水层颗粒一般比南盆地细，潮水盆地以碎石、块石为主，承压水带含水层以砂、砾砂为主，地下水补给源不如南盆地充沛，所以含水层富水性比南盆地弱。走廊平原地下水主要来源不是山前裂隙水的侧向补给，而是来源于河流（渠系）在山前平原洪积扇带的大量渗漏。据不同地段的实测资料可知，天然河道渗漏量与其流量相关，可达到 50%～100%。渠系的渗漏率视其衬砌类型而异，一般为 4%～60%，块石干砌渠道在输水量为 5m^3/s 时每千米的渗漏率为 3.2%，输水量为 30m^3/s 时每千米的渗漏率降至 2.4%。据估算，河流在扇形砾石平原带总渗漏量达 40 亿～45 亿 m^3/a，占走廊平原地下水资源的 70%～80%。走廊平原地表径流与地下径流密切相关，一般水系发育、河水资源丰富的地区地下水资源也丰富，反之，地下水资源就贫乏。在走廊平原灌区，灌溉水的"回归"也是地下水的重要来源之一。据多年的地下水动态观测资料，在走廊平原中、东段降水量为 80～200mm 的地区，当地下水位小于 5m 时，连续降水量大于 10mm 就可引起潜水位的普通上升。河西走廊的北盆地通过与南盆地相连的现代河道和古河道得到补给，分割南北盆地的山体是阻水的，而且连通两盆地的河谷暗流又非常有限，所以北盆地地下水主要是南盆地排泄出的泉水和流经南盆地后剩余的地表径流入渗转化而来。阿拉善高原的额济纳平原处于黑河的下游，其北部的居延海是黑河的终点，黑河地表径流是额济纳平原地下水的主要补给来源，其补给形式和走廊平原相反。河西走廊及阿拉善地区为一个闭塞内流区，水资源最终消耗于蒸发。不过，各地段受地质、地貌等因素的制约，地下水的排泄主要有 3 种形式：泉水溢出、泉水溢出和蒸发、蒸发并重。以泉水溢出为主要排泄形式的有永昌盆地、昌马盆地、大马营盆地、山丹盆地、阿克塞盆地和祁连山地内的石包城盆地等；以泉水溢出和蒸发为主要排泄形式的有武威盆地、张掖盆地、酒泉盆地、玉门—踏实盆地；以蒸发为主要排泄形式的有安西—敦煌盆地、金塔—花海盆地、潮水—民勤盆地及阿拉善高原的额济纳平原和雅布赖盆地。

阿拉善高原的巴丹吉林沙漠大部分地区和腾格里沙漠的西部，以及河西走廊西部库木塔格沙漠东部等沙漠地区，地下水按其埋藏条件和形成条件可分为沙丘潜水和沙漠下垫层地下水，但它们之间有着密切的水力联系。在沙丘间广泛分布着所谓的"海子"和"湖盆"。"海子"是集水的内陆湖，在巴丹吉林沙漠内面积通常为 $0.5\sim1.0km^2$，大部分地区为咸水湖，矿化度为 $3000\sim5000mg/L$，湖水由沙丘潜水和沙下承压水溢出汇集而成，湖缘常有淡水泉分布。"湖盆"是大型丘间洼地，湖盆内地下水埋深一般为 $0.5\sim3.0m$，周围沙丘中往往有淡水泉溢出，湖盆中心潜水强烈矿化，局部矿化度可达 $10\,000mg/L$ 以上。围绕海子和湖盆，地下水质形成环带分布现象。沙区内部的大气降水和凝结水是沙丘潜水的补给来源，径流流程极短，排泄于邻近的"海子"中。沙丘潜水的蒸发浓缩过程往往被局限于窄小的丘间洼地范围内，因而沙丘潜水普遍为矿化度为 $1000\sim3000mg/L$ 的淡水和弱矿化水。沙漠地区地下水主要赋存于沙漠之下的河湖相地层，其承压水水质普遍是较淡或不同程度的矿化。巴丹吉林沙漠承压水埋藏深度不大，矿化度多为 $500\sim1000mg/L$，腾格里沙漠和库木塔格沙漠区的承压水和其毗邻的武威—民勤盆地、敦煌盆地的承压水大同小异。沙漠下垫层承压水主要来自沙漠区毗邻冲积平原地带的地表和地下径流的侧向补给。位于巴丹吉林沙漠西侧的额济纳河（河水矿化度为 $550mg/L$），早期每年近 10 亿 m^3 的渗入量对沙漠浅层承压水的补给具有重大意义。

6. 冰川与水系

河西地区冰川主要分布在祁连山地，包括阿尔金山东段、疏勒南山、土尔根达板、走廊南山、党河南山、大雪山及冷龙岭等山脉。据《中国冰川目录》统计，该区域祁连山地共有冰川 2444 条，冰川面积有 $1657.2km^2$，占祁连山地冰川总面积的 84%，储水量为 801.3 亿 m^3。由祁连山地冰川观测资料分析可知，冰川末端、雪线和冰川中值高度均由东向西抬升，这种分布特性与冰川发育的气候条件和地形条件有关。虽然祁连山地东部降水量大于西部，但从热量分布情况来看，西部的冷储条件更好，东部冰川的消融区比例大于西部。近些年来，祁连山地部分冰川后退，雪线上升，高寒山区的湿地和湖泊在消亡，草地退化，森林减少。根据估算，如果祁连山地的气温上升3℃，其雪线高度几年内可上升500m，冰川将会大量融化，加速后退，冰川对河道径流的调节作用就会逐渐减少或消失，该区河流在枯季将不会产生径流。由河西各河流的统计资料（表4-3）可以看出，目前冰川径流在河西地区河川径流中所占比例很大。区域内最大的冰川为老虎沟12号冰川，面积为21.91km²，长为10.1km，该冰川在大雪山北麓、昌马河上游。面积大于10km²的冰川有15条，哈尔腾河上游分布有6条、疏勒河上游分布有7条、大雪山南北侧各1条。此外，石羊河水系最大冰川在西营河支流水管河上游，面积为3.16km²，长为2.7km；民乐南山最大冰川分布在大渚马河上游，面积为1.15km²，长为1.8km；高台南山最大冰川分布在马营河上游，面积为1.87km²，长为1.9km。酒泉南山最大冰川分布在洪水坝河上游，面积为7.02km²，长为5.5km，著名的"七一"冰川分布在讨赖河支流柳沟泉河上游，面积为2.78km²，长为3.8km。

表4-3　河西地区冰川面积、储量及冰川补给比例

水系	河名	水文站	冰川面积 （km²）	冰川储量 （亿m³）	冰川径流量 （亿m³）	河川径流量 （亿m³）	冰川补给 比例（%）
石羊河	杂木河	杂木寺	3.86	0.989	0.0332	2.53	1.4
	金塔河	南营	6.73	1.544	0.0573	1.44	4.0
	西营河	九条岭	19.80	7.072	0.1701	3.61	5.3
	东大河	沙沟寺	34.43	11.829	0.3186	3.01	10.1
	流域小计		64.82	21.434	0.5797	15.73*	3.7
黑河	洪水河		9.56	2.321	0.0885		
	大渚马河	瓦房城	10.40	2.727	0.0962	0.87	10.9
	黑河	莺落峡	59.00	13.808	0.5460	16.05	3.4
	梨园河	梨园堡	16.18	3.884	0.1198	2.42	5.2
	摆浪河		15.13	4.809	0.1500		
	马营河	红沙河	19.52	5.410	0.1755	1.16	14.7
	丰乐河	丰乐河	23.25	7.379	0.1598	1.03	13.8
	洪水河	新地	130.84	53.263	0.8302	2.58	31.5
	讨赖河	冰沟	136.67	43.099	0.8130	6.60	12.6
	流域小计		410.55	136.70	2.9790	36.44*	8.2

续表

水系	河名	水文站	冰川面积（km²）	冰川储量（亿 m³）	冰川径流量（亿 m³）	河川径流量（亿 m³）	冰川补给比例（%）
疏勒河	白杨河	白杨河	10.23	2.415	0.0838	0.48	1.75
	石油河		24.60	8.073	0.2017		
	疏勒河		549.44	320.876	3.2684	8.50	32.3
	踏实河	蘑菇台	5.37	2.092	0.0291	0.57	5.1
	党河	党城湾	232.66	111.236	1.2302	3.23	39.6
	崔木土河		27.08	12.668	0.1253		
	哈尔腾河		322.46	185.816	1.4919	4.27	34.9
	流域小计		1171.84	643.176	6.4304	20.22*	31.8
总计			1647.21	801.31	9.9886	72.39	13.8

注：带"*"为不是直接相加得到的数值。

资料来源：李世明等，2002。

从表 4-3 可知，祁连山地冰川的分布以疏勒河、哈尔腾河最多，其次为讨赖河及党河，石羊河流域最少，即冰川面积分布由东向西增加，而降水量的分布则相反。冰川融水是河西地区河流的重要补给来源，冰川融水径流量每年从 6 月开始，7～8 月达到最大，9 月开始减弱，补给量占年径流量的 10%以上。祁连山地冰川储量近河川径流量的 10 倍，具有"高山多年调节水库"的作用，对平衡河西走廊水资源的分布及调节年径流量具有极为重要的意义。特别是干旱少雨年份补给量较大，多雨年份补给量相对减少，使年径流量变差系数减小，起着均衡多年径流量的作用。区域内天然湖泊较少，最大的湖泊有苏干湖（系哈尔腾河的尾闾咸水湖）和居延海（系黑河的尾闾咸水湖）。小苏干湖面积为 10.6km²，为过水湖，在腾格里沙漠中有一些由地下水补给形成的小淖尔。

河西地区的河流均发源于祁连山地，东南部以乌鞘岭、毛毛山、老虎山和黄河流域为分界，通常划分为石羊河水系、黑河水系、疏勒河水系，有时也将疏勒河水系分成疏勒河和苏干湖两个水系。

（1）石羊河水系：石羊河水系上游山区较大的河流自西向东有西大河、东大河、西营河、金塔河、杂木河、黄羊河、古浪河以及大靖河等，这些河流均发源于祁连山地东段的冷龙岭及毛毛山。河流出山以后，进入河西走廊的永昌—武威盆地，水量大部分被农业引灌和下渗进入洪积扇，转化为地下水，在洪积扇边缘地带又以泉水的形式溢出地表，形成众多的泉水河道，再次汇合成为石羊河。此后河流向北穿过红崖山，进入民勤盆地，水流经引灌而耗于蒸发，河流也逐渐消失。石羊河流域面积约为 $4.07×10^4km^2$，河流全长约为 300km。历史上，上游山区的各支流可以直接汇入石羊河，而后穿过民勤盆地汇入下游尾闾湖——青土湖和白土湖。中华人民共和国成立以后，特别是 20 世纪 60 年代以来，不仅上游支流建立了不少山谷水库，中游也建了红崖山水库，因此很少有洪水经红崖山水库而至下游，尾闾湖早已不复存在。而且由于上游灌溉面积的逐年增加，中游泉水也逐渐消耗，从 70 年代起进入民勤盆地的水量迅速减少。

（2）黑河水系：黑河水系以黑河为干流，发源于青海境内走廊南山南麓，在祁连县黄藏寺纳入八宝河后进入甘肃境内，经莺落峡流出山口进入走廊的张掖等灌区。莺落峡为黑河干流上、中游的分界，至鼎新有讨赖河汇入。黑河流经正义峡后，经张掖向北进入内蒙古，称为额济纳河（古称弱水），在下游狼心山处分为东、西两支，最后汇入居延海。黑河全长为 695km，流域面积为 $12.83×10^4km^2$。黑河水系东起金瑶岭，西至讨赖山西段，主要支流有白石崖河、民乐洪水河、大渚马河、梨园河、马营河、丰乐河、酒泉洪水河及讨赖河等。由于支流上游农业用水的增加，下游基本为季节性河流，原有自然生态受到很大影响，大量胡杨、沙枣和红柳林枯亡。

（3）疏勒河水系：疏勒河水系有昌马河、党河和哈尔腾河三大支流，有白杨河、石油河、榆林河等较小支流。疏勒河干流发源于疏勒南山东段的纳嘎尔当，至昌马峡流出山口（昌马峡以上称为昌马河）进入河西走廊的玉门、安西灌区。双塔堡水库未修建之前，河水可以直接流到下游的西湖农场以西，党河在疏勒河下游黄冬子农场以北汇入疏勒河。疏勒河全长为 945km，流域面积为 $10.19×10^4km^2$（未含苏干湖水系）。双塔堡水库修建以后，下游水量只能引灌到西湖农场。党河为疏勒河的主要支流，但因敦煌灌区的大量引用而不再汇入疏勒河。白杨河、石油河、榆林河（踏实河）以及阿尔金山北麓诸支流，均已成为独立流域，不再汇入疏勒河。由于用水量的大量增加，进入下游哈拉湖滩地的水量在减少，哈拉湖滩地也趋于消亡。苏干湖水系的干流为哈尔腾河，发源于敦煌南山东端的奥果吐乌兰，下游汇入苏干湖，是一个独立的水系，干流全长约为 320km，流域面积约为 2.1 万 km^2，其主要支流有小哈尔腾河。

从河西地区各主要水系各时段径流量变化分析，各水系年径流量的均值最大变幅没有超过 10%。其中疏勒河（以昌马堡站为代表）各时段年径流量变幅为 -6%～8%，在 20 世纪 90 年代较多年均值偏少 4%；黑河（以莺落峡站为代表）各时段年径流量变幅为 -9%～10%，在 90 年代较多年均值偏少 4%；石羊河（以上游的 5 条河流的合成系列为代表）各时段年径流量变幅为 -9%～3%，在 90 年代较多年均值偏少 9%。河西各河流径流量年内分配不均，汛期径流量集中，冬春径流量少，为枯水期。疏勒河、黑河、石羊河连续最大 4 个月径流量占年径流量的比例为 70%左右，冬季 11 月～3 月 5 个月的径流量占年径流量的比例较小，其中石羊河仅为 6.7%。

7. 水资源

河西地区有石羊河、黑河和疏勒河三大内陆河水系，共有大小出山口河流 58 条，石羊河、疏勒河两条河流最终在甘肃境内消失，黑河进入内蒙古额济纳旗。河西地区水资源总量为 74.8 亿 m³，可利用水资源量为 61.29 亿 m³，其中自产地表水资源量为 56.62 亿 m³，占可利用水资源量的 92.4%；与地表水不重复的地下水资源量为 4.68 亿 m³，占可利用水资源量的 7.6%。河西地区干涸区包括河西走廊、北山山地及其他荒漠地区，该区虽有径流，但量小流程短，多消耗于蒸发和下渗。从多年径流情况来看，往往不是丰水，就是枯水或无水，中等径流较少出现，变差系数 C_V 值在 1.0 以上。

河流水化学特征主要受降水量及土壤含盐量等因素的影响，具有明显的地带性分布规律，一般表现为降水量充沛地区河流矿化度低，干旱地区河流矿化度高。河西内陆区河流均发源于祁连山地，河流水质良好，一般出山口处矿化度在 400mg/L 左右，在流经绿洲荒漠的过程中矿化度逐渐增大，到走廊北部即河流的下游段矿化度较高，但可用于灌溉。河西内陆河 9 个监测河段中，Ⅰ类、Ⅱ类河段 2 个，占 22.2%，Ⅲ类河段 4 个，占 22.5%，Ⅴ类河段 1 个，占 11.1%，超Ⅴ类河段 2 个，占 22.2%。疏勒河水质良好，石油河上游水质良好，下游污染严重；黑河张掖以上水质良好，以下污染严重；石羊河中下游水体受到污染。

河西地区疏勒河流域平原区含水层水质具有明显的水平和垂直分带性，流域中上游大部分地区的地下水为适合农灌的Ⅰ、Ⅱ级水，只有冲积扇下缘部分水质略差，属Ⅲ级水。流域下游平原大部分地区水质较差，只能勉强用于灌溉，而在昌马灌区北石河沿线，敦煌北部，安西西部西湖乡及花海乡毕家滩西部等地区地下水质很差，不仅不能作为饮用水，甚至不宜用于农业灌溉；黑河流域地下水天然水质状况绝大部分地区较好，城市周围地下水体污染较为严重，主要表现为含氮量、挥发酚类、汞等超标，局部地区不能饮用。下游地区水化学成分以天然状态为主，但随径流长度增加，盐分含量增加乃至不能饮用。总体来看，地下水中溶解氧、化学需氧量（chemical oxygen demand，COD）及氮含量均符合生活及灌溉水质标准。石羊河流域下游地区的地下水水质状况总体较差，大部分地区为重度污染，特别是北部盆地地下水质急剧恶化，为严重污染带，不但不能饮用，而且灌溉也存在一定问题。东部地区地下水相对稀少，在一些零星的河谷地带分布有为数不多的地下水，表现为越是干旱的地区地下水水质越差。

8. 土地与矿产资源

河西地区东西长约 800km，南北宽 40～100km，总面积为 27.72 万 km²。全区土地结构质量较差，其中人工绿洲仅占 4.12%。大面积的荒漠景观与镶嵌在其中的斑块状绿洲是该区域土地空间结构的最大特征。2008 年，全区耕地面积为1312.77 万亩，其中农田有效灌溉面积为 980.57 万亩，农田实灌面积为 924.71 万亩。河西地区虽拥有众多的土地类型，但由于气候水文条件的限制，难利用土地所占比例较大。图 4-1 反映了中华人民共和国成立以来河西地区耕地面积变化趋势。大面积垦荒、退耕还林还牧政策以及城镇化过程中建设用地的增加，是河西地区耕地面积变化的主要原因。20 世纪 80 年代以后，伴随人口的持续增长，人均耕地面积虽有波动，但总体在不断减少。

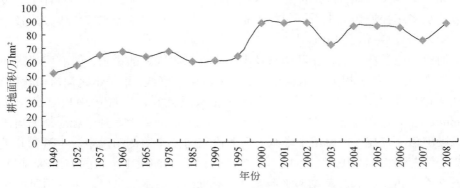

图 4-1　中华人民共和国成立以来河西地区耕地面积变化

　　河西地区是甘肃矿产资源最丰富的地区。大中小型铁矿遍布祁连山西段及北山山地，但品位均较低。镜铁山矿规模最大，其储量占全省已探明储量的 70% 以上。祁连山、阿尔金山和北山还分布有许多小型锰矿，北山还有大型钒矿床。冶金辅料矿产，如熔剂灰岩、熔剂石英岩、萤石、耐火黏土、铸型用黏土、菱镁矿等也相当丰富，均以大中型矿占优势。有色金属矿产种类和数量更为可观，有铜、镍、钴、镉、钨、锑、铂族、硒、碲等，均以大中型矿床为主。金昌的镍矿，不仅品位高，且规模大，与镍矿共生的铜矿也相当丰富，具有很高的工业价值。祁连山西段和北山还拥有大中型钨矿及与之伴生的钨钼矿、钨锡矿、铜钨矿等，祁连山西段和北山还蕴藏有金矿等贵金属。能源矿产方面，河西东部有中型煤田 4处，焦煤分布比较普遍，无烟煤和褐煤仅见于东部且多为小型煤田。玉门油田是我国最早建成的石油基地，酒泉盆地和张掖盆地都具有生油条件和储油构造。非金属化工原料矿产方面，北山、龙首山及祁连山东段有中小型磷矿，其中龙首山马房子沟是甘肃最重要的含磷矿床。肃北、玉门、高台等地蕴藏食盐、开然碱或钾盐，大道尔吉有大型化肥蛇纹岩矿，金昌有大型硫铁矿，民勤西硝池有大型芒硝矿，北大河上游有大型重晶石矿。此外，河西地区非金属建材原料矿产也较丰富，阿尔金山有石棉、白云母，祁连山东西两端均有大型水泥灰岩，高台正北山和天祝县境有大中型石膏矿，金昌附近有中型膨润土及小型陶瓷黏土等。

4.1.2 社会经济概况

河西地区行政区划上含酒泉、嘉峪关、张掖、金昌和武威 5 市，自古就是我国与西亚经济与文化交流的重要通道和桥梁，自汉代实行"屯田"和"徙民实边"以来，就是西北内陆河流域的绿洲灌溉农业经济区，灌溉农业发展具有一千多年的历史。2015 年，河西 5 市总人口达 487 万人，有汉、裕固、藏、蒙古、哈萨克等 10 多个民族。

河西地区地理位置特殊，兰新铁路、312 国道横贯全境，交通条件良好，沿线城市已成为全区产业布局、项目建设、集市贸易和人口聚集的重点区域，形成了明显的点轴发展模式与空间格局。从河西的发展过程看，酒钢的建立，镍都的壮大，玉门油田的开发，不仅加快了嘉峪关、金昌、玉门等工业型城市的建设，而且促进了产业转型和城市化水平的提高。酒泉、张掖、武威等中心城市农业产业化水平的提高，辐射能力的增强和小城镇的发展，都在一定程度上带动了周围地区的发展，重点区域开发成为带动河西经济整体发展的有效途径。

河西地区经济的发展，大多是建立在开发利用自然资源的基础上，由此形成了两种不同类型的产业发展模式。一种是以石油和矿产资源开发为主，在此基础上大力发展能源原材料工业，形成了较为雄厚的工业基础，有效地提高了工业化和城市化水平；另一种是以农业资源开发为主，在此基础上大力发展种植业、养殖业和加工业，形成了依托第一产业，积极发展第二、第三产业的格局，推动了河西地区农业和农村经济的发展。由于河西生态环境特殊，自然条件相似，各地在加快工业化进程、努力提高农业产业化水平的过程中，按照发挥比较优势，发展特色经济的思路，大力发展优质高效特色农业，努力壮大规模、形成优势，草产业、蔬菜业、瓜果业、养殖业等产业得到较快发展，并向种养加一体化、产供销一条龙方向发展，建立起全省重要的农副产品生产和加工基地，农副产品加工业成为推动河西地区经济发展的重要力量。

改革开放特别是西部大开发战略实施以来，河西地区充分发挥政策和区位优势，走出了一条依托资源、壮大产业、发展城市、带动周边的道路，经济发展取得了较大成就，主导产业日趋明晰，技术含量不断提高，工业园区和非公有制经济的发展势头迅猛，对外开放不断扩大。2015 年 GDP 达到 1782.14 亿元，其中第一、第二、第三产业产值分别达 304.16 亿元、704.54 亿元、773.57 亿元，经济增长速度和整体水平均明显高于甘肃全省平均水平（表 4-4）。近年来，河西 5 市私营和个体工商业不断发展，2015 年 5 市私营和个体工商业户数达到 42 430 户，投资者人数达 8.2 万人，雇工人数达 30.3 万人，个体从业人员达 42.4 万人。根据 GDP、人均 GDP、财政一般预算收入、人均财政收入、城乡居民储蓄存款、人均居民储蓄存款、农民人均纯收入 7 项指标综合测算，河西 5 市的经济实力在甘肃名列前茅。但河西经济在较快增长的同时，也面临着资源储备减少、水资源短缺、经济增长乏力等一些制约经济长远发展的突出问题。一是随着经济的发展和人口的增长，河西地区水资源日益紧缺，使河西地区上、中、下游水资源分配矛盾十分突出，严重制约和影响着经济社会的可持续发展。二是虽然河西地区矿产资源的开发利用有效地推动了工业经济和城市经济的发展，但矿产资源资源的无序开采和浪费等突出问题，使资源的储备大量减少，缩短了支持经济发展的周期。有色金属等重要矿产资源开采时限提前，难以支持酒钢、金川公司等大型企业的长远发展，嘉峪关、金昌等矿产资源型城市面临着老工业基地改造、资源接续和产业转型等问题。三是产业结构水平亟待提高。目前，河西地区产业结构层次仍处于较低水平，主要表现在农业比例过高、工业化进程缓慢、农业产业化水平较低等方面。四是区域外向型经济发展严重滞后，地区之间缺乏联合与协作，产业雷同问题十分突出。各地在主导产业的选择、定位与发展等方面存在明显的低水平重复建设问题，导致区域内部竞争加剧，而外部竞争力和辐射范围却十分有限。五是政府对经济发展的引导、调控和服务能力不强，对市场、资源、资金、技术等缺乏深入研究和分析，尚未建立起科学完善的信息传输和产业导向机制。

表 4-4　2008～2015 年河西地区人口与产业构成变化

行政分区	年份	总人口（万人）	产业产值（亿元）			
			GDP	第一产业	第二产业	第三产业
酒泉	2008	101.32	248.02	43.16	121.65	83.21
	2015	111.94	577.90	87.20	202.90	287.9
嘉峪关	2008	20.98	144.07	1.69	118.28	24.10
	2015	24.39	190.00	4.17	108.56	77.30
张掖	2008	128.16	169.66	49.03	65.03	55.60
	2015	121.98	373.53	95.02	109.84	168.67
金昌	2008	47.29	192.26	9.63	155.53	27.10
	2015	47.05	224.52	17.98	130.70	75.84
武威	2008	191.14	210.09	49.04	77.34	83.71
	2015	181.64	416.84	99.79	152.54	163.86
合计	2008	488.89	964.10	152.55	537.83	273.72
	2015	487	1782.14	304.16	704.54	773.57

4.1.3 河西地区水资源情势与开发利用现状

甘肃河西地区三大内陆河水系水资源总量为 74.8 亿 m³，可利用水资源量为 61.29 亿 m³，人均水资源量为 1145m³，是全国人均水资源量 2280m³ 的 50%。亩均水资源量为 471m³，是全国亩均值的 1/3。由于水资源短缺，河西地区上、中、下游水资源分配矛盾十分突出。中游地区用水量的不断增加以及长期大规模超采地下水，又导致地下水位下降和生态环境恶化。然而，河西地区在面临日益严峻的水资源危机的同时，却存在着严重的用水结构不合理及用水浪费现象。2000 年，河西地区人均用水量达 1628m³，比 430m³ 的全国平均水平高 3.8 倍；农田灌溉亩均用水量达 789m³，其中疏勒河流域为 979m³，黑河流域为 787m³，石羊河流域为 713m³，远高于 479m³ 的全国平均水平；万元 GDP 用水量高达 3036.73m³，比 610m³ 的全国平均水平高 4.98 倍。水资源利用效率的低下与水资源供需矛盾的加剧，严重影响河西地区经济社会的可持续发展。

2002 年 3 月，水利部和甘肃省人民政府联合批准了《张掖市节水型社会建设试点方案》，张掖被确定为全国第一个节水型社会建设试点，标志着我国节水型社会建设试点工作正式启动。试点工作启动以来，张掖在制度建设、水权配置、水票运行、建立 WUA、水资源统一管理等方面进行了大胆探索和实践，初步形成了以水权改革、结构调整、总量控制、社会参与为主要内容的节水型社会建设基本框架和政府调控、市场引导、公众参与的节水型社会运行机制，有效地促进了水资源的合理配置和高效利用。河西地区节水型社会建设，在积极借鉴张掖试点成功经验的基础上逐渐在各市展开。目前，敦煌也已被列为国家节水型社会建设试点城市，酒泉被列为全国节水灌溉示范市，河西地区其他县（市、区）已被列为省级试点。同时，河西三大内陆河水系均已成立了流域管理机构，各行业积极采取多种节水措施，努力提高水资源利用效率与效益。这些举措，为河西地区全面建设节水型社会奠定了良好的基础。

4.2 河西地区社会水循环分析

4.2.1 社会水循环的概念与基本环节

水循环包括自然水循环和社会经济水循环两个方面。地球上绝大部分的水处在不停运动之中，在太阳照射下，海面、湖面以及地表面的水被大量蒸发到上空凝结成云，随后以降水的形式回到地球表面，其中降落在陆地上的水逐渐汇集、形成地表和地下径流并相互补给，最后流入大海。随后，海洋和陆地表面的水再被蒸发，又回到空中，往复不断地进行着水文循环，水在陆地、海洋和大气中的这种循环模式称为水的自然循环；人类从大自然取水，供自己生活和生产使用，用过的水排放，重新回到大自然中，水的这一循环过程称为水的社会循环。水的社会循环实质上是水的自然循环的一部分，自然水循环是自然因子驱动的水循环，社会经济系统水循环是人文因子驱动的水循环（图 4-2）。社会经济系统水循环指社会经济系统对水资源的开发利用及各种人类活动对水循环的影响，是相对于自然水循环而言的（贾绍凤，2003）。

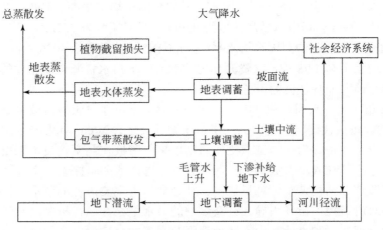

图 4-2　自然水循环与社会水循环的关系分析

从水的社会循环和自然循环的角度重新审视水问题，不难看出，人类经济的发展造成用水量增加，事实上是使水的社会循环量增加，水的社会循环严重干扰水的自然循环，造成水环境的整体恶化。开展社会经济系统水循环研究有两个方面的背景：一是社会经济的发展必须有足够数量和质量的淡水供给；二是人类开发利用水资源及其他活动对水循环的影响越来越显著。随着人口增长与经济发展，人类社会对水的需求日益扩大，促使人类大规模地蓄水、引水，社会经济系统的用水活动与自然水资源系统的相互作用越来越强烈，水在社会经济系统的运动状况正成为控制社会系统与自然水系统相互作用过程的主导力量。同时，工业和生活废水排放量的剧增造成越来越严重的水污染，许多地区出现前所未有的水环境退化问题（陈庆秋等，2004）。所以，不论是从人类对水资源需求来说，还是从全面掌握全球、区域、地方各个层次的水循环及其生态环境影响来说，都有必要开展对社会经济系统水循环的研究（贾绍凤，2003）。

　　水在社会经济系统的运动过程与水在自然界中的运动过程一样，也具有循环性的特点。社会水循环包括水的"提取、调蓄、利用、消耗、排放"5 个主要过程与环节。关于社会水循环过程，Merrett（1997）提出了"hydrosocial cycle"的概念，并给出如图 4-3 所示的社会水循环的简要模型。

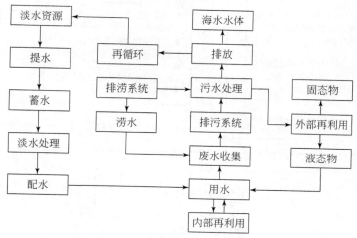

图 4-3　社会水循环简要模型

资料来源：Merrett，1997

　　陈庆秋等（2004）认为，Merrett 提出的社会水循环简要模型与原有城市水循环（urban water cycle）概念框架并无多少差异，进而提出了社会水循环的概念模型，更加突出了社会水循环与自然水循环的匹配性，并把水资源管理的对象定义为社会水循环，认为水资源管理是以构建良性社会水循环、实现水资源可持续利用为目的，政府有关部门依据水法调控社会水循环各循环要素所实施的行政管理。在此基础上提出基于社会水循环概念的水资源管理应包括水系统性状监测管理、取水许可管理、水资源的配置与再配置管理、水价管理、用水定额管理、水用户教育、污水排放许可管理、污水排放权的配置与再配置管理、污水处理行业管理 9 项主要内容（图 4-4）。

　　长期以来，我国各级政府在水资源管理中发挥着主导作用，市场机制在水资源配置与管理中的功能未能充分发挥，导致水资源配置与管理的效率十分低下。因此，建立科学合理的社会水循环过程，构建高效的社会水循环机制，必须在政府有效管理的前提下，充分发挥市场机制在社会水循环和水资源管理中的功能。社会水循环与水资源管理的市场机制结构非常复杂，从提供供水与废水处理等服务的总体过程来看，包括生产机制、分配机制、交换机制和消费机制等；从经济

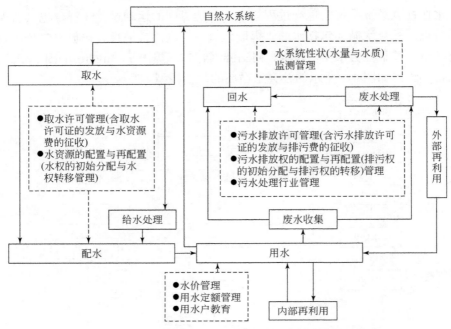

图 4-4　社会水循环概念框架及其管理内容

运行过程来看，包括动力机制、调节机制、反馈机制等；从资金运转过程来看，包括投资机制和税收机制等；从功能来看，包括价格机制、供求机制和竞争机制等。构建科学合理的社会水循环机制，一是应将区域水系统视为一个统一的系统，整体考虑区域的需水、用水、再生循环、排水以及居民生活条件等问题，尊重水的自然运动规律，科学合理地利用水资源，使水的社会循环不损害水的自然循环；二是树立水资源循环利用理念，加大水资源管理体制改革力度，将水资源的利用由过去的"取水—输水—用户—排放"的单向流动转变为"节制性取水—输水—节约用水—再生水循环"的反馈式循环过程，实现供水、蓄水、用水、污水处理、污水再利用等环节的统一管理。

4.2.2　河西地区社会水循环过程及其现状特征

1. 河西地区社会水循环过程分析

1）水的提取与调蓄

河西地区石羊河、黑河和疏勒河三大内陆河水系均发源于祁连山，由冰雪融水和雨水补给，各河流出山后，除部分为绿洲工农业生产和生活利用之外，大部分渗入戈壁形成潜流，仅较大河流下游注入终端湖。经过多年水利工程建设，河西地区已基本形成了"水库调蓄、渠道输水、机井提灌"的水资源提取调蓄工程模式（图 4-5）。目前，河西地区已建成水库 143 座，总库容为 14.96 亿 m³，兴利库容为 10.1 亿 m³，其中大型水库 3 座，总库容为 5.4 亿 m³。有引水工程 156 处，机电井 29 631 眼，现状水工程设计供水能力为 84 亿 m³（图 4-6 和图 4-7、表 4-5）。

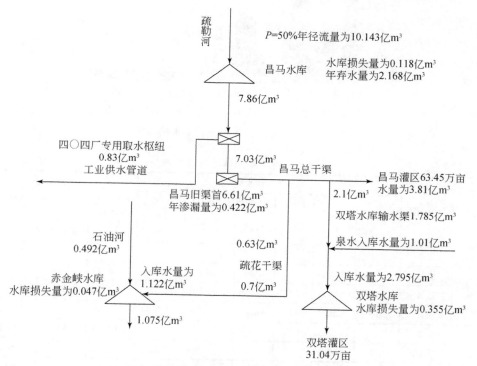

图 4-5　疏勒河流域水资源利用及总量控制示意图

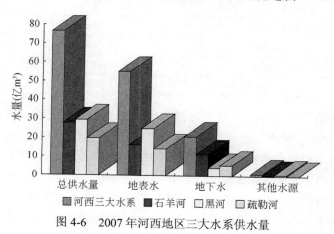

图 4-6　2007 年河西地区三大水系供水量

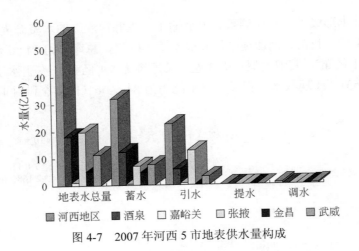

图 4-7　2007 年河西 5 市地表供水量构成

单位：亿 m³

表 4-5　2007 年河西地区供水量

水系	行政分区	地表水源供水量						地下水源供水量	其他水源供水量	总供水量
		蓄水	引水	提水	跨流域调水		小计			
					调入量	调出流域名称				
石羊河	张掖							0.1086		0.1086
	金昌	4.7541	0.1936		0.1341	黄河	5.0818	1.6793	0.0360	6.7971
	武威	7.5487	3.0932	0.0213	0.5019	黄河	11.1651	9.4720	0.0784	20.7155
	小计	12.3028	3.2868	0.0213	0.636		16.2469	11.2599	0.1144	27.6212
黑河	张掖	7.0414	12.5888	0.0375			19.6677	3.3245	0.599	23.5912
	酒泉	0.7741	3.0601				3.8342	0.2022	0.0117	4.0481
	嘉峪关	0.4347	0.8081				1.2428	0.5470	0.0200	1.8098
	小计	8.2502	16.457	0.0375			24.7447	4.0737	0.6307	29.4491
疏勒河	酒泉	11.3566	2.8103				14.1669	5.3287		19.4956
	张掖		0.0077				0.0077			0.0077
	小计	11.3566	2.818				14.1746	5.3287		19.5033
合计		31.9096	22.5618	0.0588	0.636		55.1662	20.6623	0.7451	76.5736

　　黑河干流最早的平原水库为马尾湖水库，由于干流缺乏骨干调蓄工程，每年 5～6 月河道来水不能满足灌溉需求，造成"卡脖子"旱。自 20 世纪 50 年代开始，在黑河干流两岸利用自然洼地修建了大量的平原水库。根据《河西地区节水型社会建设规划（甘肃省水利厅，2007）》，黑河流域共有中、小型水库 50 座，总库容为 2.47 亿 m³，兴利库容为 2.14 亿 m³；其中中型水库 8 座，总库容为 1.52 亿 m³；兴利库容为 1.30 亿 m³，已淤积库容为 0.10 亿 m³，水库供水灌溉面积为 70.65 万亩；

小型水库 42 座，总库容为 0.95 亿 m³；能够正常运行的平原水库有 32 座，设计库容为 1.03 亿 m³，有效库容为 0.73 亿 m³，年实际蓄水量为 1.59 亿 m³，控制灌溉面积为 39.27 万亩。黑河干流共有独立开口的取水口 48 处，流域中游张掖现已建成大型灌区 8 处，万亩以上灌区 24 个，中小型水库 43 座，塘坝 35 座，总蓄水能力为 2.02 亿 m³；新建、改建干支渠 893 条共 4415km，其中高标准衬砌为 2734km；建成小水电站 19 座，装机总量为 1.4 万 kW，配套机电井 4433 眼，田间配套 174 万亩，水利固定资产达 9 亿多元，形成了以中小型水库为骨干，井灌、提灌为补充，渠道、条田相配套的水利建设格局。

根据《河西地区节水型社会建设规划（甘肃省水利厅，2007)》，石羊河全流域共有水库 20 座，其中中型水库 8 座，小型水库 12 座，总库容为 4.5 亿 m³，兴利库容为 3.7 亿 m³，除杂木河外，石羊河其余七条支流均建有水库；已建成总干渠、干渠 109 条，干支渠总长为 3989km；建有机电井 1.69 万眼，配套 1.56 万眼，其中民勤现有机井数量为 1.01 万眼，配套 0.9 万眼；建成万亩以上灌区 17 个；建成"景电二期民勤调水工程"和"引硫济金工程"两项跨流域调水工程，水利工程建设为流域经济社会发展发挥了重要作用。2003 年，全流域总供水量为 28.77 亿 m³，其中蓄水工程为 10.89 亿 m³，占总供水量的 37.8%；引水工程为 3.24 亿 m³，占总供水量的 11.3%；地下水工程为 14.47 亿 m³，占总供水量的 50.3%；其他供水量为 0.17 亿 m³，占总供水量的 0.6%。现状蓄水工程、引水工程、地下水工程供水比为 38∶11∶51，以蓄水工程和地下水工程为主（表 4-6）。

表 4-6　2003 年石羊河流域实际供水量统计表

市（县）	地表水供水量（亿 m³）				地下水供水量（亿 m³）	其他供水量（亿 m³）	总计（亿 m³）
	蓄水工程	引水工程	提水工程	小计			
金昌	3.9	0.3	0	4.2	2.95	0.08	7.23
武威	6.99	2.94	0	9.93	11.52	0.09	21.54
其中：民勤	0.64	0.47	0	1.17	6.65	0	7.82
合计	10.89	3.24	0	14.13	14.47	0.17	28.77
所占比例（%）	37.8	11.3	0	49.1	50.3	0.6	100.00

资料来源：甘肃省水利厅，2007。

2）水的利用与消耗

根据水资源利用统计资料，河西地区水资源利用主要有农业用水、工业用水、生活用水、建筑业及第三产业用水、生态环境用水 5 个方面，其中农业用水占用水总量的 90% 以上，是河西地区的用水大户（图 4-8，表 4-7 和表 4-8）。2005 年，河西地区实际用水总量为 73.65 亿 m³，其中农业用水量为 68.66 亿 m³，占实际用水总量的 93.2%；工业用水量为 3.26 亿 m³，占实际用水总量的 4.4%；生活用水量为 1.13 亿 m³，占实际用水总量的 1.5%；建筑业及第三产业用水量为 0.37 亿 m³，占实际用水总量的 0.5%；生态环境用水量为 0.23 亿 m³，占实际用水总量的 0.3%。

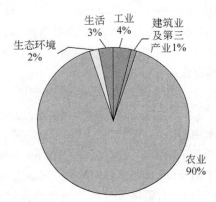

图 4-8　2007 年河西地区各行业用水结构

表 4-7　2005 年河西内陆河三大水系水资源量及水资源开发利用率

水系	多年平均水资源量（亿 m³）				2005 年实际供水量（亿 m³）			水资源开发利用率（%）		
	地表水	地下水	重复量	总量	地表水	地下水	总供水量	地表水	地下水	总量
石羊河	15.037	7.706	5.692	17.051	13.952	12.676	26.628	84.8	164.5	149.1
黑河	34.93	9.333	7.116	37.157	29.326	5.517	34.843	83.9	59.1	93.8
疏勒河	20.737	3.733	3.289	21.181	11.886	3.395	15.281	57.3	90.9	72.1
合计	70.704	20.772	16.097	75.389	55.164	21.588	76.752			

资料来源：胡建勋，2008。

表 4-8　2007 年河西地区各行业用水量　　　　　　　　单位：亿 m³

水系	行政分区	生活			工业	建筑业及第三产业	农业	生态环境	合计
		城镇生活	农村生活	小计					
石羊河	张掖	0.0002	0.002	0.0022			0.0746		0.0768
	金昌	0.1151	0.3622	0.4773	0.9078	0.0568	5.5428	0.132	7.1167
	武威	0.1396	0.4807	0.6203	0.5171	0.1019	18.7204	0.468	20.4277
	小计	0.2549	0.8449	1.0998	1.4249	0.1587	24.3378	0.6	27.6212

续表

水系	行政分区	生活			工业	建筑业及第三产业	农业	生态环境	合计
		城镇生活	农村生活	小计					
黑河	张掖	0.1574	0.2078	0.3652	0.4432	0.1008	21.8332	0.065	22.8074
	酒泉	0.0771	0.0948	0.1719	0.1322	0.0516	4.4762		4.8319
	嘉峪关	0.0742	0.0515	0.1257	0.6609	0.0368	0.7463	0.2401	1.8098
	小计	0.3087	0.3541	0.6628	1.2363	0.1892	27.0557	0.3051	29.4491
疏勒河	酒泉	0.0928	0.4194	0.5122	0.7369	0.0687	17.2817	0.8617	19.4612
	张掖	0.0013	0.0037	0.005	0.0013	0.0009	0.0257	0.0092	0.0421
	小计	0.0941	0.4231	0.5172	0.7382	0.0696	17.3074	0.8709	19.5033
合计		0.6577	1.6221	2.2798	3.3994	0.4175	68.7009	1.776	76.5736

2005 年，河西地区总耗水量为 50.82 亿 m³，其中生活耗水量为 0.88 亿 m³；生态环境耗水量为 0.11 亿 m³；工业耗水量为 1.06 亿 m³；农业耗水量为 49.10 亿 m³，占总耗水量的 96.6%；建筑业及第三产业耗水量为 0.22 亿 m³。各用水户综合耗水率为 69%，其中生活耗水率为 78%，生态环境耗水率为 48%，工业耗水率为 32%，农业耗水率为 72%，建筑业及第三产业耗水率为 60%。

石羊河流域 2003 年总耗水量为 20.75 亿 m³，其中山区总耗水量为 0.86 亿 m³，平原区总耗水量 19.89 亿 m³，总耗水率为 72.1%。在平原区总耗水量中，社会经济耗水量为 17.24 亿 m³，水库、河道等蒸发耗水量为 2.65 亿 m³。在平原区社会经济耗水中，城镇生活耗水量为 0.25 亿 m³，农村生活耗水量为 0.6 亿 m³，工业耗水量为 1.11 亿 m³，农业耗水量为 14.66 亿 m³，林草耗水量为 0.62 亿 m³。民勤盆地总耗水量为 4.85 亿 m³。在中游各灌区中，现状河水灌区灌溉水利用系数约为 0.40～0.54，机井灌区灌溉水利用系数约为 0.55～0.60；中游地区河水灌区综合净灌溉定额为 370m³/亩，机井灌区为 399m³/亩，下游民勤盆地为 385m³/亩，净灌溉定额偏高；从种植结构分析，石羊河流域粮食作物种植面积较大，高耗水作物种植比例偏高，复（套）种面积比例达 22%，个别灌区高达 60%。从水资源利用效益分析，2003 年石羊河流域单方水平均生产粮食 0.41kg，与同期全国 0.6～1.0kg/m³ 的单方水粮食产量相比仍有较大差距；现状工业万元产值用水量为 105m³，重复利用率为 40%；城市用水年增长率与城市经济年增长率之比约为 0.9，远大于节水型社会提出的 ≤0.5 的要求；现状万元 GDP 用水量为 2078m³，为全国平均水平的 4 倍。万元 GDP 用水量降低率仅为 0.6%，远小于节水型社会要求的 ≥4%；城镇管网漏失率 20%～25%，漏失率普遍较高。

3）污水处理与排放

河西地区污水处理程度低，水污染物主要来自农田灌溉、造纸、化工、食品工业和城市生活污水，虽然排污量不大，但污染物含量高，达标排放率低，水污染对水资源及区域可持续发展已构成巨大威胁。

黑河流域水污染主要来源于中游。从流域总体来看，黑河上游水质较好，汛期好于非汛期；中下游由于受工业和城市生活废污水及农业退水的污染，水质较差，主要污染物为 COD、氨氮及盐类物质。黑河中游张掖现状工业废水排放量约为 1385 万 t/a，达标排放率仅为 1.53%。每年化肥施入量约为 30 万 t，通过各种途径进入干流。张掖各河流干流出山口段水质均为 I 类，而到中下游则降为 II～III 类。随着区域工农业的进一步发展和用水量的增加，水污染的潜在威胁将日益增大。《黑河水资源开发利用保护规划》（2007 年）采用《地表水环境质量标准》（GB 3838—2002），选取 pH 酸碱度、溶解氧、高锰酸盐指数、COD_{Cr}[①]、生化需氧量、氨氮、亚硝酸盐、硝酸盐、挥发酚、总氰化物、氟化物、总砷、总汞、六价铬、总铜、总铅、总镉、硫酸盐、氯化物等 19 项参数作物评价因子，对黑河水质现状进行了评价，总评价河长为 749km，评价断面为 8 个，评价结果见表 4-9 和表 4-10。

表 4-9　黑河流域水质现状评价表

监测断面		时段	水质类别	主要超标项目
名称	代表河长（km）			
祁连	210	汛期	II	
		非汛期	II	
		年平均	II	
莺落峡	36	汛期	II	
		非汛期	II	
		年平均	II	
张掖	26	汛期	III	
		非汛期	IV	氨氮、COD
		年平均	IV	
高崖	143	汛期	III	
		非汛期	IV	氨氮、COD
		年平均	IV	

---

① COD_{Cr} 是采用重铬酸钾（$K_2Cr_2O_7$）作为氧化剂测定出的 COD，即重铬酸盐指数。

监测断面		时段	水质类别	主要超标项目
名称	代表河长（km）			
正义峡	57	汛期	IV	硫酸盐、氯化物
		非汛期	V	
		年平均	IV	
鼎新	57	汛期	IV	硫酸盐、氯化物
		非汛期	V	
		年平均	IV	
纳林河	215	汛期	IV	硫酸盐、氯化物
		非汛期	V	
		年平均	V	

表 4-10　黑河不同类别水质河长所占比例

代表河长（km）	时段	不同类别水质河长所占比例（%）				
		I、II类	III类	IV类	V类	劣V类
749	汛期	46.2	23.1	23.1	7.69	
	非汛期	15.4	23.1	15.4	23.1	23.1
	年平均	23.1	30.8	30.8	7.69	7.69

点污染源调查分析表明，2003 年黑河流域共有工矿企业排污口 27 处，废水排放量为 4687 万 m^3/a，主要污染物 COD_{Cr} 排放量为 11 377t/a，氨氮排放量为 1020t/a；有城镇生活排污口 9 个，污水排放量为 1217 万 m^3/a，主要污染物 COD_{Cr} 排放量为 4049t/a，氨氮排放量为 172t/a。2003 年黑河废水排放总量为 5904 万 m^3/a，主要污染物 COD_{Cr} 排放量为 15 426t/a，其中张掖废水排放量为 5254 万 m^3/a，占黑河废水排放总量的 89%。通过实地调查，黑河流域现有较大的入河排污口 24 处，入河废水量为 4542 万 m^3/a，主要污染物 COD_{Cr} 入河量为 11 751t/a，氨氮入河量为 893t/a，其中张掖废水入河量为 4525 万 m^3/a，占黑河入河废水量的 99.6%（表 4-11）。

面污染源调查主要包括农村生活污水及固体废弃物产生量、化肥及农药施用量和流失量、分散式畜禽养殖、水土流失污染物等几个方面，据此分析计算流域面源污染物产生量与入河量。分析结果表明，张掖面源污染产生量中，COD 为 77 179t/a，氨氮为 3820t/a，总氮为 38 817t/a，总磷为 41 414t/a；面源污染入河量中，COD 为 6013t/a，氨氮为 344t/a，总氮为 3625t/a，总磷为 3163t/a（表 4-11 和

表 4-12）。究其原因，主要是张掖为粮食产区，耕地面积大，水少地多，水资源开发利用程度较高，灌溉水重复利用次数多，农药、化肥施用量大，大部分农药化肥在回归水中大量积累，对地下水质及土壤污染严重（表 4-12）。

表 4-11 张掖点（面）污染源贡献率调查统计表

点污染源贡献率（%）				面污染源贡献率（%）			
COD$_{Cr}$	氨氮	总氮	总磷	COD$_{Cr}$	氨氮	总氮	总磷
66	72	43	20	34	28	57	80

表 4-12 张掖现状面污染源统计表

面源生产量（t/a）				面源入河量（t/a）			
COD	氨氮	总氮	总磷	COD	氨氮	总氮	总磷
77 179	3 820	38 817	41 414	6 013	344	3 625	3 163

石羊河流域现状 COD 入河总量为 7048t/a，氨氮现状入河总量为 738t/a。COD 入河量主要集中在凉州区，氨氮入河量主要集中在金川区，COD 及氨氮入河量已远远超出水体的承受能力。随着经济的快速发展，流域中游地区城市废污水排放明显增加，现状金昌废污水排放量约为 3364.42 万 t，武威约为 2471.47 万 t。由于石羊河干流流程短，地表流量小，河道自净能力弱，纳污量十分有限，下游地表水水质污染严重，红崖山水库现状水质基本为Ⅴ类或劣Ⅴ类。《甘肃省石羊河流域重点治理规划》（2007 年）依据国家《地面水环境质量标准》（GB 3838—2002），采用单因子评价方法对石羊河流域水资源质量进行了评价，评价时段划分为汛期、非汛期和全年 3 个时段。评价结果显示：石羊河流域西大河、东大河、西营河、金塔河、杂木河、黄羊河和古浪河出山口以上河段水质均为Ⅰ类水质，大靖河为Ⅱ类水质，总体属优良水质；石羊河干流和红崖山水库等平原区河段水质差，基本为劣Ⅴ类水质。金川峡水库为Ⅲ类水质；武威南盆地地下水水质较好，北盆地地下水水质明显恶化，矿化度升高，各种有害离子含量增大，民勤湖区地下水矿化度普遍在 3g/L 以上，局部地区高达 10g/L。《甘肃省环境状况公报》显示，2008年石羊河流域高锰酸盐指数、COD、生化需氧量、氨氮、总磷等指标浓度值均有所下降，但河段总体水质仍污染严重，污染综合指数为 1.58。

受中游地表水污染及当地城市污水、地表各种污染物渗漏的影响，民勤盆地北部（泉山北部及湖区）地下水质已明显恶化且呈快速南侵之势。同时，由于民勤盆地位于流域尾闾，本身就是整个流域的盐分容泄区，加上民勤盆地长期大量提取地下水灌溉，反复蒸发浓缩，使地下水盐分浓度不断升高，民勤盆地大规模的人类活动进一步加剧了这种演变趋势。现状湖区大部分地下水因矿化度高，不仅人畜不能饮用，而且也无法用于农田灌溉，水质恶化进一步加重了下游的水资源危机。为解决日益严重的水污染问题，近年来武威加大水污染治理力度，已建成武威市和金昌市污水处理厂，日污水处理能力分别为 90 000t 和 80 000t。根据《甘肃省城镇污水处理及再生利用设施建设规划初步方案》，石羊河流域待建的污水处理厂有民勤、古浪、永昌城区及永昌河西堡镇等 4 座，设计日污水处理能力分别为 10 000t、5000t、10 000t 和 30 000t。到 2010 年，武威年污水集中处理能力达到 3832 万 t，其中凉州区为 3285 万 t，民勤为 365 万 t，古浪为 182 万 t；金昌污水集中处理能力达到 4380 万 t，其中金川区为 2920 万 t，永昌为 365 万 t，永昌河西堡镇为 1095 万 t。

2. 河西地区社会水循环现状特征

1）水资源严重匮乏，开发利用程度高

河西地区三大内陆河水系年均水资源总量约为 74.8 亿 m³，人均水资源占有量约为 1145m³，远低于国际公认的 1700m³ 的警戒线，也低于全国 2135m³ 的人均水平。亩均水资源为 471m³，是全国亩均值的 1/3，其中石羊河流域人均水资源量和耕地亩均水资源量仅为全国平均水平的 1/3 和 1/9。黑河流域中游张掖现状人均水资源量只有 1250m³，亩均水资源量为 511m³，分别为全国平均水平的 57%和29%，现状平水年区域缺水量为 2.29 亿 m³，缺水率为 8.5%。按现有人口增长速度，到 2015 年，张掖人均水资源量将下降为 1000m³，属严重缺水地区。石羊河流域近 20 年来人口增加了 33%，农田灌溉面积增加了 30%，粮食产量增加了 45%，随着人口增长与社会经济的发展，水资源供需矛盾日益突出。有关资料表明，20世纪 90 年代与 50 年代相比，除疏勒河流域外，石羊河和黑河的来水量均减少了5 亿多立方米，而同期全流域人口增加了 250 万人，农业灌溉面积增加了 490 多万亩，农业用水增加了 34 亿 m³，工业和城镇生活用水增加了 4 亿 m³。日益严重的水资源短缺问题，严重威胁到该区域经济社会的可持续发展。

根据流域多年平均自产水资源总量和实际总用水量统计分析，河西各流域水资源开发利用率均在 70%以上。2003 年，河西地区水资源平均开发利用率已达到115%，仅石羊河中下游地区地下水年超采量就达 5 亿 m³ 以上，其中民勤地下水超采量就近 4 亿 m³，地下水位下降 10~20m，一些地方下降达 40m。石羊河流域多年平均水资源总量为 17.051 亿 m³，而 2005 年实际总供水量却高达 26.628 亿 m³，石羊河水资源消耗量远大于水资源总量，现状地下水年超采量达 4.32 亿 m³，水资源开发利用率高达 172%。2005 年疏勒河流域和黑河流域的水资源开发利用率也分别达到 72.1%和 93.8%，均远高于国际上通用的 40%的水资源开发利用率红线。

2）水利工程建设布局及用水结构不合理

河西地区现已建成水库 143 座，总库容为 14.96 亿 m³，兴利库容为 10.1 亿 m³，引水工程 156 处,但水利工程建设布局不合理,干流缺乏骨干控制性调蓄工程。三大水系大型水库仅有 3 座,其余均为中小型水库。在黑河流域,一方面,黑河径流量年内分配与农时不适,来水与用水过程极不协调,每年 5~6 月灌溉高峰期的来水量仅占年径流量的 20%,而同期灌溉需水量却占全年的 35%,河道来水不能满足灌溉需求,造成"卡脖子"旱;另一方面,全流域 50 座水库均为中小型水库(中型水库 8 座,小型水库 42 座),干流缺乏骨干调蓄工程,除调蓄功能弱小之外,水库蒸发、渗漏十分严重。在黑河中下游,平原水库平均蓄水深度多为 1~2m,蒸发渗漏损失量约占总蓄水量的 30%~40%。同时,流域引水口门较多,在黑河干流 48 处引水口门中,同岸口门相距较近的只有 400~500m,年引水量最小的仅为 50 万 m³,过于密集的渠系布局加大了渠系输水的蒸发渗漏损失。相关研究表明,河西走廊无效蒸发损耗的水量占河西走廊水资源总量的比例达到 35%。

从用水结构分析,河西地区用水结构极不合理,农业用水所占比例明显偏高,而工业用水、生活用水、建筑业及第三产业用水、生态用水占总用水总量的比例均较低。2005 年,河西地区实际用水总量为 73.65 亿 m³,其中农业用水量为 68.66 亿 m³;工业用水量为 3.26 亿 m³;生活用水量为 1.13 亿 m³;建筑业及第三产业用水量为 0.37 亿 m³;生态环境用水量为 0.23 亿 m³,农业用水量占实际用水量的 93.2%。2000 年张掖农业、工业、生活、生态用水比为 87.7:2.8:2.2:7.4,远高于 63.7:20.7:10.1:5.5 的全国同期平均水平。通过近几年黑河治理和节水型社会建设,张掖用水结构发生了较大变化,2008 年全市农业、工业、生活、生态用水比调整为 84.7:2.5:2.5:10.3,但农业用水比例仍然过大,用水结构不合理的问题依然十分突出。同时,农业种植结构也不尽合理,粮食作物及高耗水作物种植比例偏高,复(套)种面积比例达 22%,个别灌区高达 60%。河西地区的用水结构特征,反映出该地区产业结构仍处于较低水平,这种状况不但制约了区域经济的健康快速发展,而且也造成了水资源的巨大浪费,加剧了水资源供需矛盾。

3)用水方式粗放,水资源利用效率与效益低下

河西地区工农业生产用水方式粗放,产业结构落后,水资源利用效率和效益较低。2008 年,河西地区人均用水量达 1565m³,比 446m³ 的全国平均水平高 3.5 倍;农田灌溉亩均用水量达 693m³,远高于 435m³ 的全国平均水平;万元 GDP 用水量高达 794m³,比 193m³ 的全国平均水平高 4.1 倍。黑河流域现状万元工业产值用水量为 167m³,工业用水重复利用率仅为 45%,远低于全国 72% 的平均水平;农业亩均用水量达 610m³,比全国平均水平高出 27%,农业单方水的 GDP 产出仅为 2.81 元,是全国平均水平的 1/6。黑河中游及下游鼎新灌区现状灌溉水利用系数为 0.37~0.58,农田灌溉定额平均为 666m³/亩,远高于全国 421m³/亩的平均水平。近年来,随着黑河流域综合治理和节水型社会建设的推进,张掖农业用水效益有所提

高，农业单位产值耗水量由 2000 年的 0.55m³/元降低到 2008 年的 0.28m³/元，但由于农业在经济结构中所占比例较大，全市整体用水效益仍然较低。石羊河流域现状万元 GDP 用水量为 2078m³，为全国平均水平的 4 倍；现状万元工业产值用水量为 105m³，水资源重复利用率仅为 40%；在石羊河流域中游各灌区中，河灌区综合净灌溉定额为 370m³/亩，井灌区为 399 m³/亩，下游民勤盆地为 385 m³/亩，净灌溉定额偏高。现状河水灌区灌溉水利用系数约为 0.40~0.54，机井灌区灌溉水利用系数约为 0.55~0.60。农业单方水平均生产粮食 0.41kg，远低于全国平均水平。

4）污水处理及达标排放率低，水资源污染严重

河西地区污水处理及达标排放率低，水污染进一步加剧了水资源供需矛盾。总体来看，河西地区主要水污染物为 COD、氨氮及盐类物质，水污染源主要来自农田灌溉、造纸、化工、食品工业和城市生活污水，主要产生于工农业生产集中、人口密集的各流域中游。河流上游水质普遍较好，汛期好于非汛期，而中下游由于受农业退水、工业和城市生活废水的污染，水质较差。在黑河流域中游张掖，每年化肥施入量达 30 万 t，现状工业废水排放量为 1385 万 t/a，达标排放率仅为 1.53%。2003 年黑河流域 5904 万 m³ 的废水排放总量中，张掖就占到排放总量的 89%，主要原因在于张掖耕地面积大，水少地多，灌溉水重复利用次数多，农药化肥施用量大，大部分农药化肥在回归水中大量积累，造成水资源的严重污染。在石羊河流域，COD 和氨氮入河量也主要集中在武威凉州区和金昌金川区，现状金昌废污水排放量约为 3364.42 万 t，武威约为 2471.47 万 t。由于污水处理及达标排放率低，加之石羊河干流流程短，地表流量小，河道自净能力弱，纳污量有限，导致下游地表水水质污染严重。《甘肃省环境状况公报》显示，2008 年石羊河流域水质污染仍十分严重，污染综合指数为 1.58。

5）水资源管理体制与运行机制不健全

科学合理、统一高效的水资源管理体制与运行机制是实现流域水资源有效管理的基本前提和重要手段。要建立有利于水资源节约和保护的社会水循环过程，就必须建立健全包括取水许可管理、水资源的配置与再配置管理、水价管理、用水定额管理、污水排放许可管理、污水排放权的配置与再配置管理以及污水处理行业管理等内容的水资源管理体制与运行机制。从河西地区各流域水资源管理的现状分析，尽管各级政府及水资源管理部门在流域水资源管理方面进行了大量的实践与探索，但各流域水资源管理仍较为混乱，水资源统一管理严重缺位。在石羊河流域，流域内水资源缺乏统一管理和调度，水资源管理各自为政的问题仍极为突出，造成水资源的无序开发。石羊河流域下游民勤在 20 世纪 80 年代中期灌溉面积仅有 60 多万亩，进入 90 年代，在"瓜子热"的经济利益驱动下，耕地开荒处于无序状态，灌溉面积最高峰曾达到 120~130 万亩，而随着瓜子市场的萎缩，大量耕地被撂荒。

目前，民勤的灌溉面积仍维持在 100 万亩左右，现状超采地下水量维持在 4.0 亿 m^3 以上。地下水的掠夺性开采、地下水位的持续下降和地下水水质的恶化，又导致了新一轮的土地撂荒，使民勤绿洲已面临十分严重的水资源危机和生存危机。

4.3　河西地区节水型社会建设的主要措施

节水措施通常包括管理措施与工程技术措施两大类（图 4-9）。改进灌溉制度、建立技术服务体系、改进水源管理、改革水管理体制、制定合理水价标准与水费计收办法，是管理节水的主要措施与内容。总体来看，河西地区目前采取的节水措施除管理措施与工程技术措施之外，还包含了产业结构的调整。

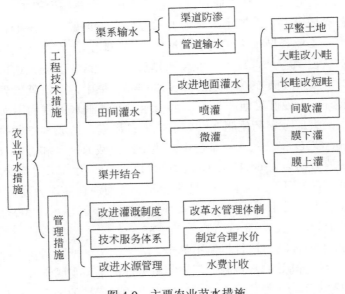

图 4-9　主要农业节水措施

4.3.1　管理制度改革

河西地区的管理节水以水管理体制改革为核心，涵盖了灌溉制度、水源管理、技术服务、水价改革等方面。在张掖试点的基础上，河西地区积极推进以水权为中心的用水管理制度改革。水权管理的核心是建立总量控制和定额管理两套指标。一套是宏观的总量指标，把用水指标逐级分解，把水资源的使用权量化到每个流域、每个地区、每个城市、每个单元，层层有控制指标；另一套是微观定额指标，结合总量指标，核定单位工业产品、人口、灌溉面积的用水定额。两套指标同时实施，将水权落实到每一个用水单元，并运用多种手段保障水权的实施，同时允许水权流转形成水市场，用水户和用水单元节约的水量可通过水市场进行有偿转让。目前，河西各地已在明确各自用水总量的同时，制定了较为系统的行业用水定额指标，编制了化工、食品、建材、建筑、冶金等重点工业及小麦、玉米、蔬菜、牧草、林草等农作物的用水定额指标，制定了城乡生活用水定额指标。为保障水权制度的顺利运行，河西地区还建立了 WUA，在核发水权证的基础上，推广和实施了水票制。以张掖为代表，目前在河西地区逐渐推广和实施的水权制度，是水资源管理体制的重大变革。实践证明，实施强制性的区域用水总量控制，根据总量束缚制定发展战略和调整经济结构，真正实现量水而行，以水定发展，不但效果显著，而且现实可行。

4.3.2 产业结构调整

农业是河西地区的用水大户。1994～2003 年，河西地区农业用水占总用水量的比例均在 85%以上。节水型社会建设实施以来，河西地区采取多种措施大力发展第二、第三产业，产业结构得到明显优化。张掖三产业比已由 1994 年的 50∶25∶25 调整为 2007 年的 30∶37∶33，武威三产业比也由 1994 年的 44∶21∶35 调整为 2007 年的 26∶35∶39（图 4-10～图 4-12）。近年来，河西地区通过大力发展高效节水农业和压缩高耗水作物种植面积，农业种植结构得到明显优化，粮食作物与经济作物播种面积比由 1994 年的 69∶31 调整为 2007 年的 56∶44。产业结构与农业种植结构的调整优化，促进了水资源合理利用与优化配置，有效地提高了水资源的利用效率。

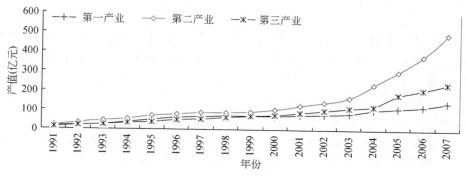

图 4-10 河西地区三产业产值变化趋势

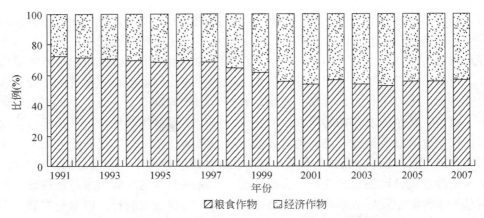

图 4-11 河西地区粮食作物与经济作物播种面积比例变化

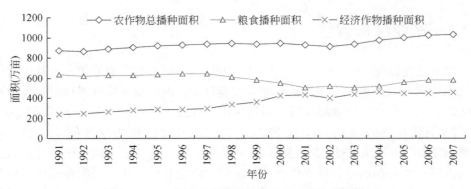

图 4-12 河西地区农作物种植面积及其构成变化

4.3.3 工程技术措施

河西地区采取的农业节水工程与技术措施,包括渠系输水节水措施与田间灌水节水措施两个方面。目前,以渠道防渗和管道输水为主的渠系输水节水措施在河西地区已较为普遍,以地面灌水工程技术(平整土地、大畦改小畦、长畦改短畦、间歇灌、膜下灌和膜上灌等)、喷灌技术和微灌技术为主的田间灌水节水措施在河西地区也得到不同程度的推广。

2008 年,河西 5 市节水灌溉面积为 524.2 万亩,占农田有效灌溉面积的 53.5%,其中喷灌、微灌、低压管灌、渠道防渗分别占节水灌溉总面积的 2.2%、3.9%、15.4%、70.1%。特别是张掖近年来在灌区农田节水方面,注重把农业工程节水与农艺节水相结合,大力推广喷灌、滴灌、管道输水(低压管灌)、条田地大畦改小畦等工程节水技术，节水面积达 65 万亩；在沿山区积极推广以马铃薯、小麦、啤酒大麦为主的垄膜沟灌技术、垄作沟灌技术，节水面积达到 45 万亩左右；在川区以加工番茄，种植玉米、蔬菜为重点，推广半膜覆盖和垄膜沟灌节水技术，节水面积达 100 万亩。这些工程技术措施的推广实施，对提升张掖农业节水水平发挥了极为重要的作用。

4.4 河西地区节水型社会建设的节水效果分析

4.4.1 各种节水措施的节水效果

1. 结构调整的节水效果

河西地区产业结构的调整与其实施的以水权为中心的用水管理制度改革密切相关。从用水总量与用水结构变化趋势分析，虽然近年来河西地区用水总量基本保持稳定（图 4-13）（已趋近零增长），但用水结构发生了明显变化。1994 年，河西地区第一产业占 GDP 的比例为 29%，第一产业与第二、第三产业产值的比值为 0.41，第一、第二产业与第三产业产值的比为 2.79，农业用水占总用水量的比例高达 89.01%；2008 年，河西地区第一产业占 GDP 的比例下降为 16%，第一产业与第二、第三产业产值的比值下降为 0.19，第一、第二产业与第三产业产值的比例下降为 2.52，农业用水占总用水量的比例也下降至 83.73%。在 1994~2008 年的 15 年间，农业用水所占比例下降超过 5%，农业年用水量减少了 3.86 亿 m^3（图 4-13~图 4-16）。

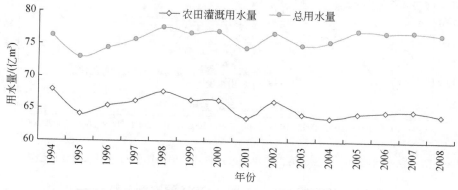

图 4-13 甘肃河西地区农田灌溉用水与总用水量变化趋势

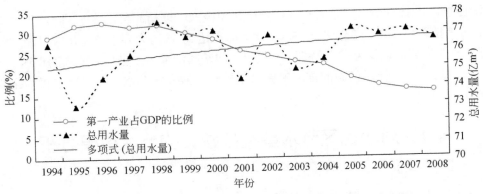

图 4-14　河西地区第一产业占 GDP 的比例与总用水量变化趋势

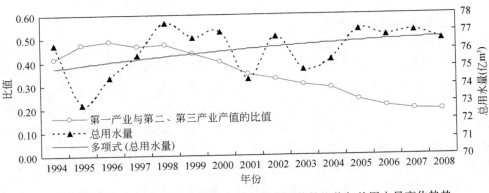

图 4-15　河西地区第一产业与第二、第三产业产值的比值与总用水量变化趋势

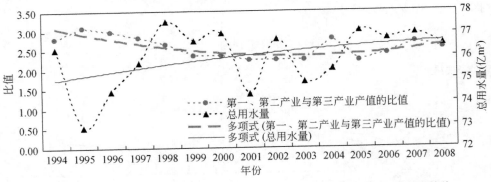

图 4-16　河西地区第一、第二产业与第三产业产值的比值与总用水量变化趋势

1994~2008 年，河西地区第一产业占 GDP 的比例及第一产业与第二、第三产业产值的比值均有明显下降，但第一、第二产业与第三产业产值的比值变化不

大，一方面反映出河西地区第三产业发展仍明显滞后，另一方面也反映出农业与工业用水效率的提高，是河西地区在用水零增长条件下保持经济快速发展的主要原因。1994～2008 年，河西地区第一产业万元 GDP 用水量减少 14 832m³，由 1994年的 19 331m³ 下降为 2008 年的 4499m³；2001～2008 年，河西地区万元工业增加值用水量减少 357m³，由 2001 年的 435.68m³ 下降为 2008 年的 79.18m³。2004 年以来，河西地区在保持工业增加值快速增长的同时，工业用水量开始迅速下降，工业用水效率显著提高（图 4-17 和图 4-18）。

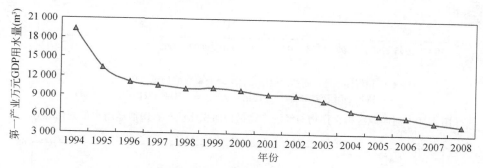

图 4-17　甘肃河西地区第一产业万元 GDP 用水量变化趋势图

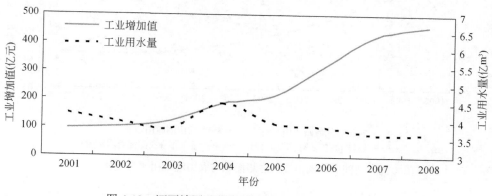

图 4-18　河西地区工业增加值与工业用水量变化趋势

　　河西地区农业用水量的减少，主要在于实施了以"压缩高耗水作物种植面积，扩大经济作物种植面积"为主要内容的农业种植结构的调整（图 4-19 和图 4-20～图 4-22）。农业种植结构的调整，不但有效地降低了农业用水量，而且明显提高了农业经济效益。以张掖为例，全市玉米制种、啤酒大麦、马铃薯、牧草、中草药等作物的种植面积目前已经达到 200 万亩，亩均节水量为 80～120m³，年节水可达1.6 亿～2.4 亿 m³，仅制种玉米一项，年节水量可达 1.4 亿 m³。据此推算，河西地区在经济作物种植面积占总播种面积的比例达到 50%时，其节水量可达到 4.13 亿～

6.19 亿 m³，与种植粮食作物（小麦）相比，经济效益增加值将达到 10.84 亿～751.36 亿元。

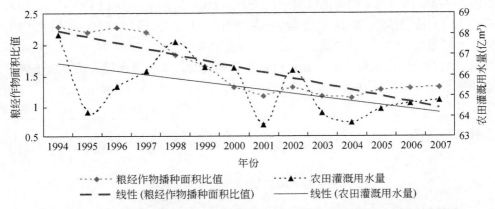

图 4-19　河西地区粮食作物与经济作物播种面积比值与农田灌溉用水量变化趋势

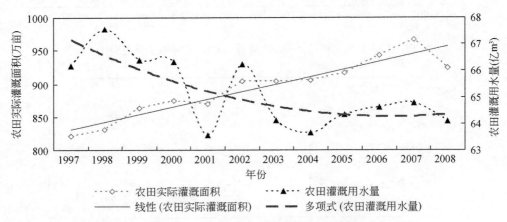

图 4-20　河西地区农田实际灌溉面积与农田灌溉用水量变化趋势

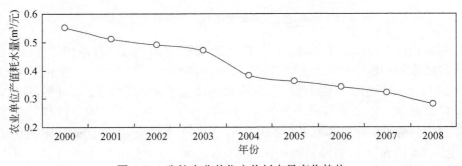

图 4-21　张掖农业单位产值耗水量变化趋势

需要说明的是，由于不同经济作物的单方水经济效益与单位面积经济效益增加值差异明显（表 4-13），同时各主要经济作物的种植面积及所占比例年际变化较大，在经济效益增加值测算时，最高值与最低值分别以最高效益与最低效益经济作物为依据进行测算，而平均值则在假定各主要经济作物等比例（面积）种植的条件下，以其平均值为依据进行测算。节水量与经济效益增加值随经济作物种植面积扩大而增加的测算数据详见表 4-14。

表 4-13　河西地区农业种植结构调整的节水效果与经济效益分析基础数据表

指标	主要经济作物	单方水经济效益（元/m³）	单位面积经济效益增加值（元/亩）
经济效益	制种玉米	3	720
	马铃薯	7.6	1 550
	啤酒大麦	1.9	210
	瓜菜	20	11 160
	设施葡萄	43	14 560
节水效果	经济作物亩均节水量（m³）	80～120	

资料来源：表中数据为从张掖市农业局各类统计资料中整理计算得出。

表 4-14　河西地区农业种植结构调整的节水效果与经济效益分析

指标	经济作物占播种面积的比例（%）	经济作物播种面积（万亩）	总节水量（亿 m³）			经济效益增加值（亿元）		
			最高值	最低值	平均值	最高值	最低值	平均值
现状数据	43.55	449.45	5.39	3.6	4.49	654.4	9.44	253.49
预测数据	50	516.05	6.19	4.13	5.16	751.36	10.84	291.05
	60	619.25	7.43	4.95	6.19	901.63	13	349.26
	70	722.46	8.67	5.78	7.22	1051.91	15.17	407.47
	80	825.67	9.91	6.61	8.26	1202.18	17.34	465.68
	90	928.88	11.15	7.43	9.29	1352.45	19.51	523.89

注：节水量与增加经济效益均为相对于种植粮食作物计算得出，其中经济效益增加值为相对于种植小麦计算得出；现状指标为 2007 年相关指标，其中农作物播种面积为 1032.09 万亩；总节水量平均值与经济效益增加平均值按主要经济作物等比例种植计算得出。

2. 工程技术措施的节水效果

1）渠道防渗

渠道输水是目前我国农田灌溉的主要输水方式，渠道渗漏是农田灌溉用水损失的主要方面。传统的土渠输水渠系水利用系数一般为 0.4～0.5，差的仅 0.3 左右，也就是说，大部分水都渗漏和蒸发损失掉了。采用渠道防渗技术后，一般可使渠

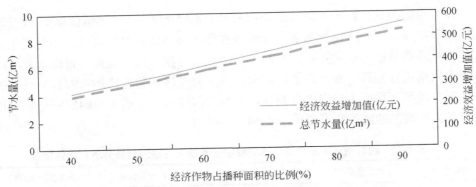

图 4-22 农业种植结构调整与节水量及经济效益增加值变化趋势分析图

系水利用系数提高到 0.6～0.85。2008 年，河西 5 市节水灌溉面积为 524.2 万亩，占农田有效灌溉面积的 53.5%，其中渠道防渗占节水灌溉面积的 70.1%。2008 年干支渠总长为 8755.62 km，已衬砌为 5793.38 km，衬砌率为 66.17%；斗农渠总长为 35 039.77km，已衬砌为 10 570.71km，衬砌率为 30.17%。2008 年渠系水综合利用系数为 0.57。

根据渠道衬砌率提高及相应渠系水利用系数的变化以及总引水量，计算渠道渗漏损失量的差值，可得出衬砌率提高及相应渠系水利用系数的节水量。计算公式如下：

$$W_s = W(\eta_{al} - \eta_{bl}) \tag{4-1}$$

式中，W_s 为渠道节水量（m^3）；W 为渠道引水量（m^3）；η_{al} 为衬砌后的渠系水利用系数；η_{bl} 为衬砌前的渠系水利用系数。

2008 年，河西 5 市渠道总引水量为 55.66 亿 m^3，根据假定的渠系水综合利用系数目标值及式（4-1）进行计算分析，当渠系水利用系数由现状值 0.57 分别提高到 0.70、0.80 与 0.90 时，其节水量可分别达到 7.24 亿 m^3、12.80 亿 m^3 与 18.37 亿 m^3（表 4-15）。根据统计资料分析，目前河西地区未衬砌及受到严重破坏的干支渠总长度达 3647km，占干支渠总长的 41.65%，斗农渠衬砌率仅为 30.17%，因此，渠道衬砌防渗的节水潜力十分巨大。

表 4-15 河西地区渠系水综合利用系数与节水量计算分析表

指标	渠系水综合利用系数		节水量（亿 m^3）	渠道总引水量（亿 m^3）
现状值 η_{bl}	0.57			55.66
目标值 η_{al}	η_{al1}	0.70	7.24	
	η_{al2}	0.80	12.80	
	η_{al3}	0.90	18.37	

注：渠道总引水量按地表水总引水量计算。

图 4-23 反映了渠系水利用系数与节水量之间的关系，图中渠道引水量 W 为直线的斜率。

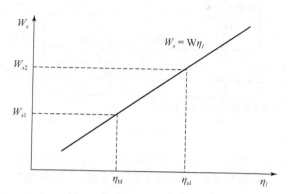

图 4-23　渠系水利用系数与节水量之间的关系

2）低压管道输水

低压管道输水[①]是我国北方井灌区的主要输水方式，常用的管材有混凝土管、塑料硬（软）管及金属管等。管道输水与渠道输水相比，具有输水迅速、节水、省地等优点，水利用系数可提高到 0.95，比衬砌渠道减少渗漏损失 15%～20%。但是，管道输水仅仅减少了输水过程中的水量损失，而要真正做到高效用水，还应配套喷、滴灌等田间节水措施。为减少输水损失，甘肃河西地区部分井灌区已开始采用低压管道输水。据统计，河西地区现有井灌面积为 220 多万亩，已发展低压管道输水灌溉面积为 30 多万亩，其中酒泉、张掖两市低压管道输水灌溉面积分别达到 13.94 万亩、7.44 万亩，武威与金昌两市低压管道输水灌溉面积均为 3 万亩。河西地区低压管道输水灌溉面积占全部井灌面积的比例为 13.6%，低压输水灌溉得到初步发展。但受资金、技术等因素的制约，喷灌、微灌等配套高效节水灌溉仍处在起步阶段，节水工程与技术措施的不配套，严重影响了河西地区农田灌溉的整体节水效果。2008 年，河西内陆河水系地下水总供水量为 19.0097 亿 m^3，依据低压管道灌溉增长率、管道输水利用系数及河西地区现状渠系水利用系数，根据式（4-1）可计算得出河西地区管道输水相对于现状渠系输水的节水量（表 4-16）。从计算结果可知，当低压管道输水灌溉率达到 80% 时，其相对于现状渠系输水的节水量可达 5.78 亿 m^3。

---

　　① 管道输水是利用管道将水直接送到田间灌溉，以减少水在明渠输送过程中的渗漏和蒸发损失。发达国家的灌溉输水已大量采用管道。例如，以色列从 1950 年就开始建设管道输水系统，目前除个别边远山区外，全国基本实现了输水管网化，无论是国家输水工程的大系统，还是北方约旦河谷的小系统，输水与配水已管道化，除一定距离留有给水栓等实施之外，管道全部埋于地下，将输水过程中水的渗漏和蒸发损失降低到最小。

表 4-16   河西地区低压管道输水节水量计算分析表

指标	地下水总供水量 （亿 m³）	低压管道 灌溉率（%）	低压管道引 水量（亿 m³）	渠系水 利用系数	管道输水 水利用系数	管道输水 节水量（亿 m³）
现状值	19.0097	13.6	2.59	0.57	0.95	0.98
测算值	19.0097	20	3.80	0.57	0.95	1.44
	19.0097	40	7.60	0.57	0.95	2.89
	19.0097	60	11.41	0.57	0.95	4.33
	19.0097	80	15.21	0.57	0.95	5.78

注：管道输水可能输水总量按地下水总供水量计算。

3）田间灌溉技术

田间灌溉技术包括喷灌、微灌、畦灌、膜上灌、膜下灌等具体技术类型。改进田间灌溉技术，主要是为了提高田间水利用系数[①]。通常情况下，喷灌节水率在30%以上，微灌节水率为 50%~70%，畦灌节水率为 20%~30%。河西地区现状农田有效灌溉面积为 980.57 万亩，节水灌溉面积为 524.2 万亩。其中喷灌、微灌分别占节水灌溉总面积的 2.2%和 3.9%，所占比例较小。其他田间灌溉技术（主要为畦灌）所占比例也仅为 8.4%。根据河西地区节水灌溉技术构成及其节水率、田间配套程度、节水灌溉面积及主要作物的灌溉定额，可对不同田间灌溉技术的节水量进行初步测算，测算结果见表 4-17。需要说明的是，由于受多种因素的影响，现实情景下的节水面积增长及其构成情况极为复杂，表 4-17 中数据仅为几种假定情形下的测算值。

表 4-17   河西地区田间灌溉技术节水量分析测算表

指标	节水灌溉 面积 （万亩）	田间节水灌溉									总节 水量 （亿 m³）
		喷灌			微灌			畦灌			
		比例 （%）	面积 （万亩）	节水量 （万 m³）	比例 （%）	面积 （万亩）	节水量 （万 m³）	比例 （%）	面积 （万亩）	节水量 （万 m³）	
现状值	524.2	2.2	11.53	1 902.85	3.9	20.44	6 644.24	8.4	44.03	6 164.59	1.47
测算值	524.2	10	52.42	8 649.30	10	52.42	17 036.50	20	104.84	14 677.60	4.04
	524.2	30	157.26	25 947.90	30	157.26	51 109.50	40	209.68	29 355.20	10.64
	600	10	60.00	9 900.00	10	60.00	19 500.00	20	120.00	16 800.00	4.62
	600	30	180.00	29 700.00	30	180.00	58 500.00	40	240.00	33 600.00	12.18

注：①根据不同田间节水灌溉技术的节水率及河西地区主要作物的灌溉定额，经计算确定的喷灌、微灌与畦灌的亩均节水量分别为 150~180m³、250~400m³、100~180m³。为方便计算，表 4-17 中节水量按其平均值进行计算。②不同田间节水灌溉技术所占比例与田间节水工程配套率含义相同。

---

① 田间水利用系数：是指田间有效利用的水量（计划湿润层内实际灌入的水量，也即净灌溉水量）与进入毛渠的水量的比值，是衡量田间工程质量和灌水技术水平的重要指标。

3. 管理措施的节水效果

节水灌溉管理措施是根据作物需水规律进行水源的控制与调配，以最大限度地满足作物对水的需求，实现灌区效益最佳的农田水分调控管理技术。节水灌溉管理技术包括土壤墒情监测预报技术、灌区输配水与量水技术、灌区优化配水技术、节水高效灌溉制度、地表水与地下水联合调度运用技术等方面。灌区通过采用先进的科学技术对土壤水分进行观测，可结合气象预报对灌水时间和灌水量进行预报，做到适时适量的科学灌水；根据灌区各级输配水渠道和灌溉农田及作物分布的具体情况，按照水源可供水量和作物某生长阶段的需水量进行优化配水，以减少输水和田间灌水过程中水的损失；通过采用先进的量水设施，提高灌区的量水效率和量水精度；通过对地下水、地表水实行统一管理、优化调度和联合运用，提高灌区的灌溉管理水平，达到节水增产的目的。国外相关试验研究表明，科学的用水管理可节水 20%左右。目前，甘肃河西地区节水灌溉管理技术仍较为落后，若以 76.53 亿 m³ 的现状总用水量及节水 20%的标准计算，其管理节水潜力可达 15.31 亿 m³，管理节水的潜力十分巨大。

4.4.2 综合节水效果分析

根据统计资料分析，近 10 余年来，河西地区总用水量虽有小幅波动，但基本保持稳定，变化范围为 74.36 亿～77.13 亿 m³。然而，河西地区在用水总量基本保持稳定的前提下，却实现了社会经济的快速发展。2001～2008 年，河西地区GDP 增长率均在 10%以上，其中 2004 年、2005 年与 2007 年 GDP 增长率均超过20%。近 10 余年来,河西地区万元 GDP 用水量持续降低，万元 GDP 用水量由 1994年的 6065.8m³ 下降为 2008 年的 793.8m³（图 4-24）。2004 年以来，河西地区用水弹性系数明显降低（0.01～0.08），特别是 2006 年与 2008 年，河西地区在用水负增长的前提下保持了经济的快速增长，用水弹性系数分别为-0.02 与-0.06（图 4-25）。

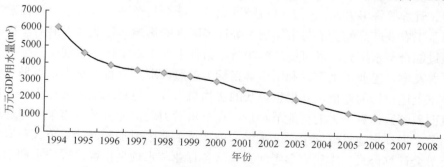

图 4-24　甘肃河西地区万元 GDP 用水量变化趋势图

单位产值用水量的持续降低，反映出河西地区用水效率在逐步提高，也反映出河西地区所实施的多种节水措施取得明显的效果（图4-26）。

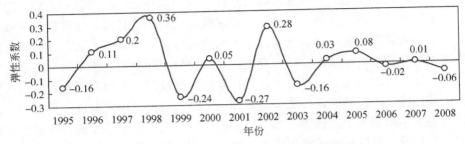

图 4-25　甘肃河西地区用水弹性系数变化趋势

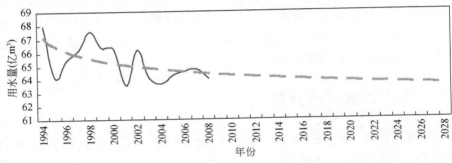

图 4-26　甘肃河西地区农田灌溉用水量变化趋势预测图

4.5　河西地区各行业节水潜力分析

节水潜力是指在生产生活等用水过程中，通过管理措施与工程技术措施等节水措施的实施所能节约的水量。节水是一项复杂的系统工程，涉及经济、技术、人口、管理等许多方面，受人口与经济规模、社会与经济发展水平、科技发展水平以及工农业产品的价值与市场规模等许多因素的影响。行业节水潜力是指各行业通过综合节水措施，以可能达到的节水条件下的用水定额、水利用系数、节水器具普及率、工业用水重复利用率等指标为参照标准，分析现状用水水平与节水条件下上述指标的差值，并根据现状的实物量指标（包括现状的增加值、人口、灌溉面积等）计算最大的可能节水量。在节水潜力理论分析及近年来全国逐渐开展的节水型社会建设规划中，节水潜力的计算主要采用水利部计算公式和海河水利委员会计算公式。本研究参考河西地区各行业节水规划指标，采用水利部计算公式，对甘肃河西地区的理论节水潜力进行计算分析。

4.5.1 农业节水潜力

河西地区 2008 年农田实灌面积亩均用水量为 693m³, 远高于同期 435m³ 的全国平均水平, 平均灌溉水利用系数为 0.51, 与目前国内先进水平相比仍有一定差距。因此, 通过提高灌溉水利用系数和调整种植结构等措施, 减少农田灌溉用水量仍有很大潜力。2008 年, 河西 5 市节水灌溉面积为 524.2 万亩, 其中喷灌面积为 16.92 万亩, 微灌面积为 30.76 万亩, 管道输水面积为 83.71 万亩, 渠道防渗面积为 399.05 万亩, 其他节灌面积为 46.68 万亩。节水灌溉面积占农田有效灌溉面积的 53.5%, 高于全国平均水平。在灌溉面积增长的情况下, 要实现灌溉用水量不增长, 必须提高节水灌溉面积。

水利部农业节水潜力计算公式是考虑了调整农作物种植结构、改造大中型灌区、扩大节水灌溉面积、提高渠系水利用系数、改进灌溉制度和调整农业供水价格等因素的综合节水潜力, 涵盖了工程节水、工艺（农艺）节水、管理节水 3 个方面。计算公式为

$$W_n = A_0 \times (Q_0/\mu_0 - Q_t/\mu_t) \tag{4-2}$$

式中, W_n 为农田灌溉节水潜力；A_0 为现状农田灌溉面积（有效灌溉面积）（万亩）；Q_0 为现状作物加权净灌溉需水定额（m³/亩）；Q_1 为考虑农作物种植结构调整后的规划远期水平年作物加权净灌溉需水定额（m³/亩）；μ_0 为现状水平年灌溉水利用系数；μ_t 为规划远期水平年灌溉水利用系数。

2008 年, 河西地区共有农田灌溉面积为 980.57 万亩, 其中酒泉为 286.05 万亩, 嘉峪关为 5.37 万亩, 张掖为 320.82 万亩, 金昌为 86.57 万亩, 武威为 281.76 万亩。根据式（4-2）及表 4-18 相关指标, 可计算得出河西地区及所属各市 2020 年的农业节水潜力。从表 4-18 可知, 在有效提高农田灌溉水利用系数和降低农田灌溉需水定额后, 河西地区 2020 年农业节水潜力可达 16.99 亿 m³。

表 4-18　甘肃河西地区农业现状用水指标、节水指标与节水潜力

农业用水指标	区域	灌溉水利用系数 （%）	农田灌溉亩均用水量 （m³/亩）	节水潜力 （亿 m³）
现状指标（2008 年）	河西地区	0.51	365	
2020 年指标	酒泉	0.57	360	2.41
	嘉峪关	0.57	360	0.05
	张掖	0.59	326	5.23
	金昌	0.62	290	2.15
	武威	0.62	290	6.99
	河西地区	0.59	320	16.99

注：表中相关指标参考《河西地区节水型社会建设规划》及国内外先进节水技术条件下的用水定额与用水效率确定。

4.5.2　工业节水潜力

河西地区现状万元工业增加值取水量为 195m³，远高于 2008 年全国 108m³的平均水平。工业用水重复利用率为 50%，管网漏失率为 16%，与《中国城市节水 2010 年技术进步发展规划》所要求的工业用水重复利用率大于 75%、工业万元增加值取水量小于 40m³ 的指标存在很大差距。与发达国家工业用水水平相比，工业节水具有很大潜力。

水利部工业节水潜力计算公式是考虑产业结构调整、产品结构优化升级、节水技术改造、调整水资源费征收力度等条件下的综合节水潜力，涵盖了工程节水、工艺节水、管理节水 3 个方面。计算公式为

$$W_g = Z_0 \times (Q_0 - Q_t) \qquad (4\text{-}3)$$

式中，W_g 为工业节水潜力；Z_0 为现状水平年工业增加值（亿元）；Q_0 为现状水平年万元工业增加值取水量；Q_t 为规划远期水平年万元工业增加值取水量。

2008 年，甘肃河西地区工业增加值为 459.71 亿元，其中酒泉为 91.94 亿元，嘉峪关为 115.27 亿元，张掖为 53.5 亿元，金昌为 147.52 亿元，武威为 51.48 亿元。根据上式（4-3）及表 4-19 相关指标数据，可计算得出河西地区及各城市 2020 年的工业节水潜力。从表 4-19 可知，与 2008 年相比，在有效降低万元工业增加值取水量之后，2020 年河西地区工业年节水潜力可达 5.29 亿 m³。

表 4-19　甘肃河西地区工业用水主要控制指标与节水潜力

工业用水指标	区域	万元工业增加值取水量（m³/万元）	工业用水重复利用率（%）	管网漏失率（%）	污水处理回用率（%）	节水潜力（亿 m³）
现状指标（2008 年）	河西地区	195	50	16	20	
2020 年指标	酒泉	80	65	11	50	1.06
	嘉峪关	80	65	11	50	1.33
	张掖	80	65	11	50	0.62
	金昌	80	65	12	50	1.7
	武威	80	65	12	50	0.59
	河西地区	80	65	11	50	5.29

注：表中相关指标参考《河西地区节水型社会建设规划》（甘肃省水利厅，2007）及国内外先进节水技术条件下的用水定额与用水效率确定。

4.5.3　城镇生活节水潜力

河西地区城镇居民现状人均生活用水量为 115L/d，虽低于 2008 年全国 212L/d 的平均水平，但与国内节水先进城市相比仍有一定的差距，供水管网漏失率仍然偏高（约为 16%），各种节水型器具推广普及率较低，新建房屋节水型器具配备尚未达到国家要求。国内节水水平较高的城市（如北京、天津、上海等）开始推行的"中水道"设施在河西地区尚未起步，因此生活节水仍有巨大潜力。

水利部生活节水潜力计算公式主要考虑了节水器具普及率提高和管网综合漏失率降低两个方面的节水潜力，包括建筑业与服务业。涵盖了工程节水、工艺节水，未涵盖管理节水方面的节水潜力。计算公式为

$$W_s = W_0 - W_0 \times (1-L_0)/(1-L_t) + R \times (P_t - P_0) \times J_z /1000 \qquad (4\text{-}4)$$

式中，W_s 为城镇生活节水潜力；W_0 为现状自来水厂供出的城镇生活用水量；L_0 为现状水平年供水管网综合漏失率（%）；L_t 为规划远期水平年供水管网综合漏失率（%）；R 为现状城镇人口；J_z 为节水型器具的日可节水量（L/（d·人））；P_0 为现状水平年节水器具普及率（%）；P_t 为规划远期水平年节水器具普及率（%）。

2008 年，甘肃河西地区有城镇人口约 218.26 万人，城镇生活用水总量（含建筑业与服务业）为 1.15 亿 m³，其中酒泉为 0.31 亿 m³，嘉峪关为 0.12 亿 m³，张掖为 0.27 亿 m³，金昌为 0.18 亿 m³，武威为 0.28 亿 m³。河西地区现状（2008 年）城镇居民人均生活用水量为 115 L/d。相关研究表明，在生活中推广使用节水型器具，节水率可达 30%～40%。据此推算，河西地区如在城镇生活中推广使用节水型器具，城镇居民人均节水量可达 35～46 L/d（在以下计算中，人均节水量按 40L/d 计算）。根据式（4-4）及表 4-20 相关指标，可计算得出河西地区及各城市 2020 年的城镇生活节水潜力。从计算可知，与 2008 年相比，在有效提高节水器具普及率和降低管网综合漏失率的前提下，2020 年河西地区城镇生活节水潜力可达 0.223 亿 m³。

表 4-20　甘肃河西地区城镇生活用水主要控制指标与节水潜力

城镇生活用水指标	区域	城镇居民人均生活用水量（L/d）	管网漏失率（%）	节水器具普及率（%）	节水潜力（亿 m³）
现状指标（2008 年）	河西地区	115	16	20	—
2020 年指标	酒泉	160	11	90	0.061
	嘉峪关	170	11	90	0.020
	张掖	169	11	90	0.046

续表

城镇生活用水指标	区域	城镇居民人均生活 用水量（L/d）	管网漏 失率（%）	节水器具普 及率（%）	节水潜力 （亿 m³）
2020 年指标	金昌	170	12	90	0.028
	武威	170	12	90	0.067
	河西地区	169	11	90	0.223

注：表中相关指标参考《河西地区节水型社会建设规划》及国内外先进节水技术条件下的用水定额与用水效率确定。

4.5.4 河西地区总节水潜力分析

根据农业、工业及城镇生活节水潜力的分析，河西地区在强化水资源管理、加大节水投资力度及充分挖掘节水潜力的条件下，2020 年经济社会总节水量可达 22.503 亿 m³。其中农业节水量为 16.99 亿 m³，占总节水量的 75.5%，节水潜力较大；工业节水量为 5.29 亿 m³，工业节水也具有较大潜力。而城镇生活节水量较小，占总节水量的比例不足 1%（图 4-27、图 4-28 和表 4-21）。

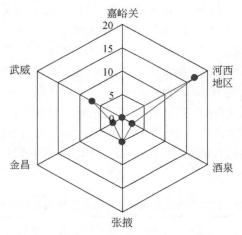

图 4-27　2020 年河西地区农业节水潜力（亿 m³）

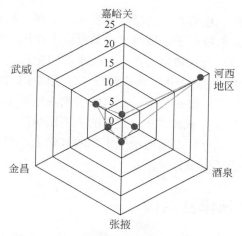

图 4-28　2020 年河西地区总节水潜力（亿 m³）

表 4-21　甘肃河西地区 2020 年总节水潜力分析　　　　单位：亿 m³

区域	节水潜力			
	农业	工业	城镇生活*	总节水量
酒泉	2.41	1.06	0.061	3.531
嘉峪关	0.05	1.33	0.020	1.4
张掖	5.23	0.62	0.046	5.896
金昌	2.15	1.7	0.028	3.878
武威	6.99	0.59	0.067	7.647
河西地区	16.99	5.29	0.223	22.503

* 城镇生活用水计算中包含建筑业及第三产业用水。

4.6　节水型社会建设的主要影响因素分析

　　节水是一项复杂而艰巨的系统工程，受人口、经济、政策、技术、水价及市场等诸多因素的影响。陆大道（2009）认为，一个区域（在一定量可利用的水资源前提下）水资源承载力是经济社会发展规模、结构、水资源管理水平和政策的函数。水资源承载力评估必须与用水成本、用水效益和节水成本联系起来，并根据水资源承载力因素的作用框架，将节水型社会的基本框架内涵概括为 5 个方面：①经济发展规模及结构，包括 GDP，工农业和第三产业的比例，能源重化工与制造业的比例，种植业的内部结构，水资源利用的技术结构。②农业用水取决于播种面积及种植结构，农作物的价值及市场范围可能决定节水技术的应用和节水量。

③社会发展规模及结构，包括人口总量，城乡人口比例，城镇规模结构等。④水价及其他区域性政策。水价对于区域需水量具有巨大作用，制定水价政策的依据包括实际供水成本，用户收入和生活水平，用水部门生产的产品的价值和市场范围等。⑤水资源的重复利用。中水、海水淡化、分质供水、政策、法规的制定等。以上关于节水型社会基本框架的分析，不但系统深入地揭示了节水型社会的丰富内涵，而且也指明了节水及节水型社会建设的主要影响因素与基本内容。遵循上述理论观点，本研究在结合甘肃河西地区实际的基础上，对节水的主要影响因素及其与节水的关系进行了初步分析。

4.6.1　经济发展规模及结构

在一定技术水平或水资源利用水平的条件下，经济发展规模的扩大必然伴随着用水量的增长。但随着技术进步（包括工农业生产技术与节水技术）与应用水平的不断提高以及经济结构的不断优化，经济发展规模扩大导致用水量增长的程度将逐渐减小，在一定发展阶段将出现 GDP 增长条件下用水量的微增长、零增长甚至负增长（图 4-29）。图中直线 *OB* 为一定技术水平或水资源利用水平条件下经济规模与用水量的变化关系，曲线 *OCD* 为技术进步与应用水平不断提高以及经济结构不断优化条件下经济规模与用水量的变化关系。1994～2008 年，河西地区经济保持了持续增长，2003 年以后呈现出加速增长态势，河西地区用水微增长、零增长条件下经济规模的扩大与 GDP 的增长，是技术进步与应用水平不断提高以及经济结构不断优化的结果（图 4-30 和图 4-31）。

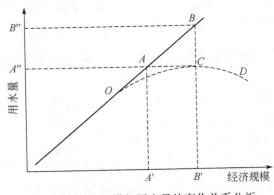

图 4-29　经济规模与用水量的变化关系分析

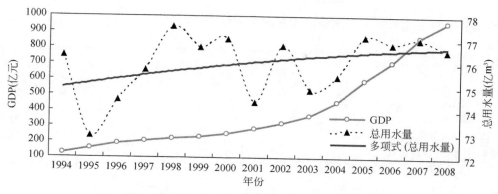

图 4-30　河西地区 GDP 与总用水量的变化趋势

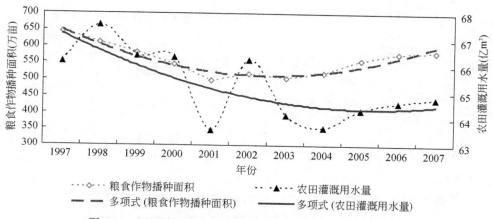

图 4-31　河西地区粮食作物播种面积与总用水量的变化趋势

相关研究表明，人口、环境与经济发展的关系具有库兹涅茨倒 U 形曲线[①]的特征，可分别称为人口库兹涅茨曲线和环境库兹涅茨曲线。在人类发展的历史上，人们最初关注的是土地资源，如何化解土地资源的稀缺性和土地资源分配不平均对经济发展的制约，成为重要的研究课题；20 世纪 50 年代以来，能源逐渐成为人们关注的焦点；随着人口的增长与经济的不断发展，水资源短缺的问题越来越突出，水资源已成为 21 世纪人类越来越关注的资源。国内学者李周等（2009）对世界部分发达国家经济发展与用水总量增长的关系进行了分析，结果表明，这些国家经济发展与用水总量的变化也呈现出库兹涅茨曲线的基本特征（图 4-32～图 4-34 和表 4-22）。在经济发展的初期，用水总量快速增长，随着经济发展水平的不断提高，用水总量则逐渐下降。在经济发展的过程中，用水总量先增加再减

[①] 1955 年，美国著名经济学家库兹涅茨提出了收入分配状况随经济发展过程而变化的曲线，被称作库兹涅茨曲线，是发展经济学的重要概念，又被称为分配库兹涅茨曲线。

少这样一种变化，可称为水资源库兹涅茨曲线。

图 4-32　1930～2000 年瑞典总用水量与 GDP 变化趋势

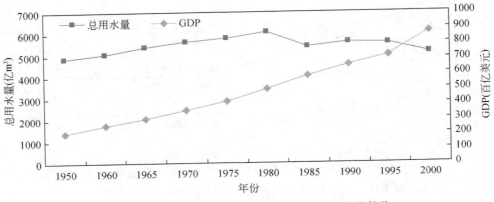

图 4-33　1950～2000 年美国总用水量与 GDP 变化趋势

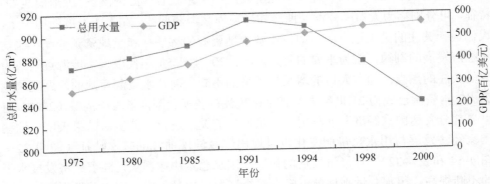

图 4-34　1975～2000 年日本总用水量与 GDP 变化趋势

1965 年以前，瑞典用水总量的增速略高于 GDP 的增速。1965 年，瑞典的用水总量达到峰值（48 亿 m³）。1965～2000 年，GDP 的增速趋于稳定，2000 年的 GDP 为 318 亿美元，是 1965 年的 2.48 倍（1995 年不变价），但用水总量却呈现出显著的下降趋势。2000 年的用水总量为 10 亿 m³，略低于 1930 年的用水总量，与 1965 年相比，减少了 79.2%。从图 4-32 可以看出，瑞典的用水总量的变化趋势具有明显的库兹涅茨倒 U 形曲线特征。

美国经济增长与用水总量的变化表现出类似的特征。1950～1980 年，美国 GDP 和用水总量都持续增长，但用水总量的增速低于 GDP 的增速，1980 年美国的用水总量达到峰值（6080 亿 m³）。1980～2000 年，美国经济持续增长，2000 年的 GDP 为 8.64 万亿美元（1995 年不变价），是 1950 年的 4.63 倍，但用水总量呈下降的态势。1985 年减少到 5510 亿 m³，1985～1995 年用水总量趋于稳定，2000 年用水总量减少到 5140 亿 m³，与 1950 年的用水总量极为接近，与 1980 年相比下降了 15.5%。从图 4～33 可以看出，美国用水总量的动态变化也具有库兹涅茨倒 U 形曲线的特征。

日本总用水量的时间序列数据虽然相对较短，但经济增长与用水总量的变化趋势也表现出了相同的特征。从图 4-34 可以看出，1975～1991 年，GDP 和用水总量都在增长，两者的增速也较为接近。1991 年，日本的用水总量达到峰值（914 亿 m³），1991～2000 年，日本的 GDP 增加到 5.64 万亿美元（1995 年不变价），与 1991 年相比增长了 18%，但用水总量趋于下降，2000 年用水总量为 843 亿 m³，已低于 1975 年的用水总量（876 亿 m³），与 1991 年相比，下降了 7.8%。

在发达国家经济发展与水资源利用的诸多影响因素中，改进节水技术、减少农业和工业用水量发挥了极为重要的作用。许多国家十分重视改进工业用水技术，降低用水定额。例如，美国炼油厂每炼 1t 原油，1937 年用水定额为 33m³，1962 年为 20m³，1970 年为 11～12m³，以后逐渐降至 5m³；德国西部采用新工艺的造纸厂生产 1kg 纸耗水 7kg，仅为老厂的 1%；美国农业发展初期，由于灌溉面积扩大，用水量迅速增加。20 世纪 70 年代末以来，美国开始大力发展节水灌溉技术，使农业用水逐渐趋于稳定。在较为干旱的加利福尼亚州，大型喷灌已改为低悬挂喷。对果树及经济作物则采用了定喷、微喷和滴喷。先进灌溉技术的应用，既节省了动力，减少了水分蒸发，也大大提高了灌溉效率。以色列众多节水技术中，农业滴灌技术尤为突出，可使水直接输送到农作物根部，比喷灌节水 20%，而且在坡度较大的耕地应用滴灌不会加剧水土流失。化肥制造商也千方百计地开发可溶于水的产品，施肥可与滴灌同时作业。

表 4-22 反映了美国、日本、瑞典、荷兰 4 国工业、农业和生活用水对用水总量减少的贡献率。可以看出：①4 个国家的工业和农业对用水总量减少的贡献率都是正的，除瑞典外，生活用水对用水总量减少的贡献率都是负的。②在美国和

荷兰，农业对用水总量减少的贡献率最大。在瑞典，工业对用水总量减少的贡献率最大。日本则表现为有时农业贡献率大有时工业贡献率大的情形。③除1990年农业用水之外，瑞典用水总量的减少是工业用水、农业用水和生活用水共同作用的结果。④虽然1980年、1985年和1990年日本的用水总量没有减少，但工业用水总量是减少的。可以看出，在用水结构变化及其对水资源库兹涅茨曲线的影响方面，各国也存在着明显的差异。

表 4-22　部分发达国家用水总量减少的行业贡献率分析

年份	总用水减少量（亿 m³）				农业的贡献率（%）			
	美国	日本	瑞典	荷兰	美国	日本	瑞典	荷兰
1980			-5			-166.67	32.00	
1985	-636		-5	-1.73	28.30	50.00	16.00	98.27
1990			-3	-3.33		6.67	-3.33	111.11
1995	-85	-19	-4	-2.93	47.06	147.37	7.50	105.80
2000	-273	-45	-4	-2.6	10.99	84.44	7.50	107.69

年份	工业的贡献率（%）				生活的贡献率（%）			
	美国	日本	瑞典	荷兰	美国	日本	瑞典	荷兰
1980		300.00	60.00			-233.33	8.00	
1985	81.92	90.00	60.00	32.37	-10.22	-140.00	24.00	-30.64
1990	13.33	66.67	6.61			-106.67	36.67	-17.72
1995	95.29	5.26	50.00	18.77	-42.35	-52.63	42.50	-24.57
2000	98.53	46.67	75.00	14.62	-9.52	-31.11	17.50	-22.31

　　国内学者李周和包晓斌（2009）利用世界52个国家20世纪90年代末的横截面数据，分析了水资源利用水平与人均GDP（以1995年不变价）的关系。从图4-35可以看出，横截面数据同样表明水资源利用水平与经济发展水平具有库兹涅茨倒U形曲线的特征。

　　改革开放以来，我国经济持续快速增长，水资源利用总量虽尚未呈现库兹涅茨倒U形曲线的变化特征，但近20年来水资源利用总量开始趋于稳定，表明我国已进入以较低的用水增长支撑较高的经济增长的阶段，用水弹性系数明显降低。随着我国经济的进一步发展，用水增长速度将进一步减缓并实现用水的零增长与负增长。

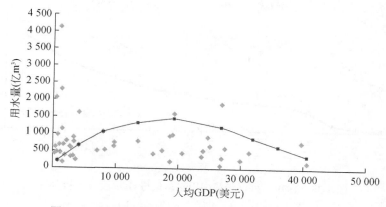

图 4-35　部分国家用水量与人均 GDP 的库兹涅茨曲线

4.6.2　人口规模与城镇化

1. 人口规模

人口增长是导致用水增长的主要因素。相关统计数据表明，全球人口在 20 世纪 50 年代为 25 亿，1999 年为 60 亿，在约 50 年间增长了 1.4 倍。与此同时，全球农业用水增加了 5 倍，工业用水增加了 26 倍，家庭及生活用水增加了 18 倍。在整个 20 世纪，全球人口增长将近 4 倍，全球用水量增长了 36 倍。水资源的短缺已经影响到各大洲以及地球上超过 40% 的人口，快速增长的水需求造成了有史以来最严重的水危机。相关研究表明，到 2025 年，全球将有 18 亿人口生活在绝对缺水的国家或地区，有 2/3 的世界人口将会生活在用水紧张的条件下。在全球性缺水的背景下，我国的水资源也面临着严峻的挑战。我国水资源总量为 28 000 亿 m^3，仅次于巴西、俄罗斯和加拿大，居世界第 4 位，但是人均水资源只有 2200m^3，是世界平均水平的 30%。然而，我国又是世界上用水量最多的国家之一，2002 年全国淡水取用量高达 5497 亿 m^3，约占全球年取用量的 13%，约为美国 1995 年淡水取用量 4700 亿 m^3 的 1.2 倍。

在 1949～2008 年的 60 年间，我国人口增长了约 2.4 倍，全国用水总量增长了 5.7 倍（由 1949 年的 1031 亿 m^3 增长到 2008 年的 5910 亿 m^3），大约每 10 年增加 1000 亿 m^3，年平均增加约 100 亿 m^3。1980 年以后，全国总用水量的增长幅度略有下降，但年均增长量仍高达 62 亿 m^3。与 2007 年相比，2008 年全国总用水量增加 91 亿 m^3（图 4-36）。人口的增长以及与之相伴的工业化和城市化过程，在造成用水量不断增长的同时，也导致污水排放量不断增加，水资源污染日益严重，而水资源的污染又进一步加剧了水资源供需矛盾。

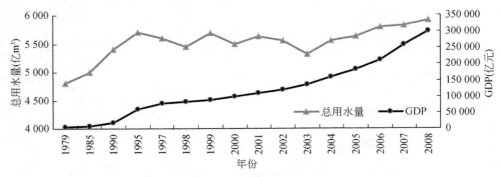

图 4-36　1979~2008 年我国用水总量与 GDP 变化趋势分析

从统计数据分析，随着总量控制及一系列节水措施的实施，1997~2008 年甘肃河西地区总用水量虽未因人口的增长（由 1997 年的 448.33 万人增长到 2008 年的 488.89 万人）而出现增长趋势（图 4-37），但总体来看，随着人口的增长、城镇化过程的推进及城镇人口用水量的不断增加，河西地区水资源仍面临着人口增长特别是城镇人口增长的巨大压力，水资源供需矛盾仍在不断加剧。需要特别指出的是，随着河西地区农村人口数量的减少，河西地区农田灌溉用水量呈明显下降的趋势（图 4-38），但其主要原因在于农业种植结构的调整、节水技术的应用推广和农业用水效率的提高。

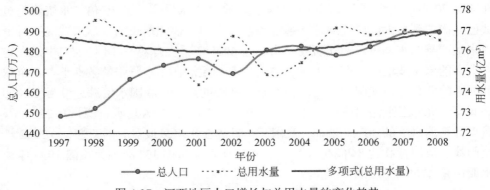

图 4-37　河西地区人口增长与总用水量的变化趋势

2. 城镇化

城镇化是用水总量与用水结构变化的重要因素之一。随着城镇化水平的提高，城镇生活用水量将大大增加，必将进一步加剧水资源供需矛盾（表 4-23 和表 4-24）。1949~2002 年，我国城镇人口净增加 40 771 万人，年均增长 3.2%，城镇生活用水量增加了 315 亿 m³，年均增长 7.8%。2004 年，全国人均生活用水量为 210.82L/d，

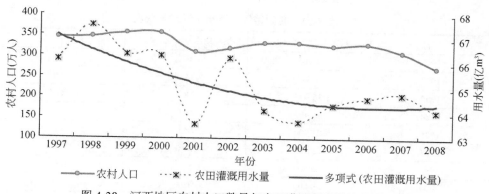

图 4-38 河西地区农村人口数量与农田灌溉用水量的变化趋势

其中西藏人均生活用水量高达 513.37L/d，上海、海南、广东、湖南 4 省（直辖市）
也均在 300L/d 以上（图 4-39）。2008 年，我国城镇人口已突破 6 亿人，达到 6.07
亿人，城镇化率达到 45.68%，比解放初期提高了 35%，年均增长 0.95%；与 2000
年相比，2008 年全国城镇人口增加 1.48 亿，城镇化率提高 9.46%，年均提高 3.78%。
与 2007 年相比，2008 年全国总用水量增加 91 亿 m³，其中生活用水增加 19 亿 m³。
2008 年，全国人均用水量为 446m³，其中城镇人均生活用水量（含公共用水）为
212L/d，农村居民人均生活用水量为 72L/d。按 2008 年城镇居民与农村居民人均
生活用水量的差值计算，一个农村居民转变为城镇居民，每日将增加生活用水量
140L，每年将增加生活用水量约 50m³。若以我国现状人口总量计算，我国城镇化
水平每提高 1%，年生活用水量将增加约 6.8 亿 m³①。

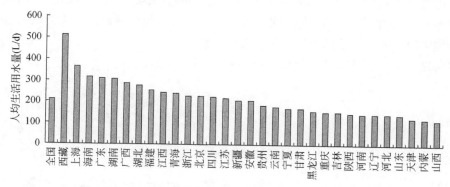

图 4-39 2004 年全国各省（市、区）人均日生活用水量

---

① 由于受国家严格的耕地保护政策及我国城市化质量较低等因素的影响，同时也由于可灌溉农田通常为优质
农田，人口城镇化而弃耕可灌溉优质农田的现实可能性非常小，城镇化水平的提高并未导致耕地面积特别是农田
灌溉面积的减小，农业生产用水并未因城镇化水平的提高而降低。我国城镇化水平提高所带来的生活用水量（含
公共用水）的增长情景，基本反映了城镇化因素对用水总量及用水结构的影响（城镇人口增长对工业用水量的影
响较小，随着技术的进步及工业用水效率的提高，近年来我国工业用水量呈下降趋势）。

表 4-23　我国城镇生活用水量增长状况

年份	城市人口（万人）	生活用水量（亿 m³）	年递增率（%）
1949	5 765	6.3	
1957	9 949	14.2	10.6
1965	13 045	18.2	3.2
1980	18 495	49.0	6.8
1985	21 900	64.0	5.5
1987	23 400	69.0	3.8
1990	25 600	84.0	6.8
2000	30 600	168	7.2

资料来源：冉茂玉，2000。

表 4-24　我国 21 世纪上半叶城市生活用水量预测

年份	城市人口数量（亿人）	城市生活年用水量（亿 m³）	年增长率（%）	占总水量的比例（%）	用水指标（L/（人·d））
2000	2.8	189		3.3	185
2010	3.5	268	3.56	4.6	210
2030	5.0	456	2.69	6.6	250
2050	8.0	730	2.38	8.8	250

资料来源：赵明和舒春敏，2003。

　　1997～2008 年，甘肃河西地区城镇化水平急剧提高，城镇化水平由 1997 年的 23%提高到 2008 年的 44.64%，11 年间城镇化水平提高了 21.64%。冒进式城市化在造成虚假城镇化和贫困城镇化等许多突出问题的同时，也导致城市用水量的快速增长。1997 年，河西地区城镇居民生活用水量和城镇总用水量分别为 0.38 亿 m³ 和 4.89 亿 m³，到 2008 年则分别增长到 0.71 亿 m³ 和 5.87 亿 m³，虽然城镇用水总量不大，但增长速度较快（图 4-40～图 4-44）。

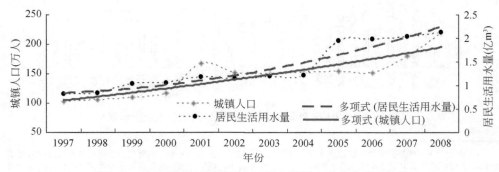

图 4-40　河西地区城镇人口与居民生活用水量变化趋势分析

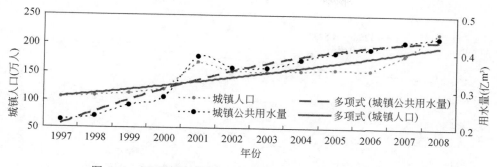

图 4-41 河西地区城镇人口与城镇公共用水量变化趋势分析

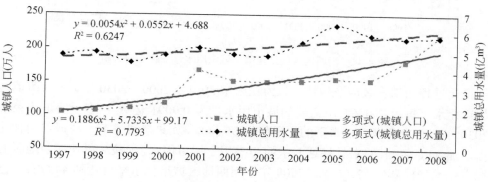

图 4-42 河西地区城镇人口与城镇总用水量变化趋势分析

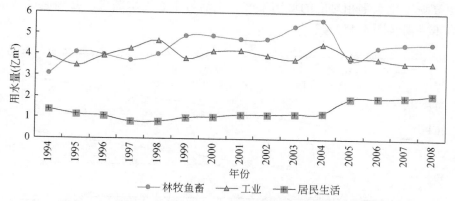

图 4-43 河西地区林牧鱼畜、工业与居民生活用水量变化趋势

国内学者方创琳（2005）基于河西走廊多重胁迫约束（总水资源量、总供水量和总用水量基本保持不变；不跨区调水；水资源约束下确保经济增长 7%；农业用水按 0.61%的速度退水 9.12 亿 m³；生态用水比例不低于 12%）的假定，分析了分阶段进城的农民数量与城市化水平的上限值，进而得出水资源变化与

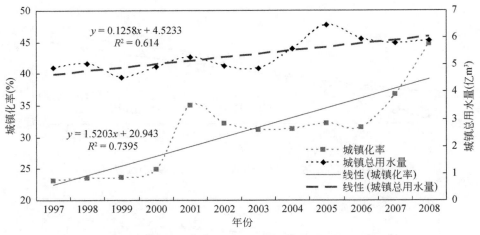

图 4-44　河西地区城镇化率与城镇用水量变化趋势分析

城市化过程的耦合效应及规律，认为在未来 30 年（2000～2030 年），河西地区城市化水平每提高 1%，所需要的城市用水量为 0.9091 亿 m³；多重胁迫约束下2030 年河西走廊城市化水平的上限值为 35.14%。如果能通过节水与调水两种途径增加 15.8 亿 m³ 的水且将这些水的 70%用于城市用水，则最终可使河西地区的城市化水平提高到 47.17 %。2008 年，河西地区城市化水平已达到 44.64%，已远高于多重胁迫约束下城市化水平的上限值，因此，要满足与城市化现状水平或更高城市化水平相对应的城镇生产、生活与生态用水需求，必须通过节水与调水来实现（图 4-45）。

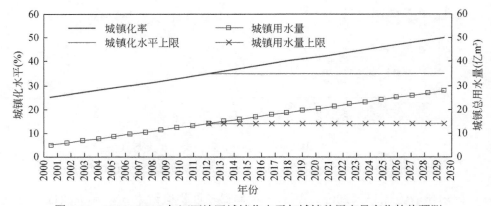

图 4-45　2000～2030 年河西地区城镇化水平与城镇总用水量变化趋势预测

4.6.3 水价

水价对用水需求具有显著的调节功能。适时调节水价，运用经济杠杆约束水资源需求，是许多发达国家采取的主要节水措施之一。例如，德国政府保护水资源的经济手段包括规定自来水价格、征收生态税和污水排放费，对私营污水处理企业减税等许多方面。不论供水企业以何种方式营运，供水成本均须通过水价回收，这是德国所有供水企业营运的一条基本原则。

国内许多学者认为，目前我国水资源浪费的主要原因是水价过低。水价较低，一方面，难以有效地刺激用水单位采用节水技术和节水措施，在一定程度上阻碍了节水器具与节水技术的普及和推广；另一方面，由于水资源的二次利用成本远高于自来水价格，用水单位缺乏节水的积极性和主动性。近年来，我国水资源商品化管理步伐明显加快，2008 年全国 36 个大中城市居民生活用水和工业用水的终端平均水价分别为 2.35 元/t 和 3.19 元/t，比 2005 年分别提高了 12.4%和 17.2%（表 4-25 和图 4-46）。但总体来看，目前水价标准仍普遍偏低，依靠水价抑制不合理用水增长的功能尚未充分发挥，特别是农业水价大都低于供水成本。

表 4-25　2008 年全国各省（直辖市、自治区）用水价格汇总表　　单位：元/t

省（直辖市、自治区）	行政事业用水	服务业用水	特种行业用水	工业用水	省（直辖市、自治区）	行政事业用水	服务业用水	特种行业用水	工业用水
全国	2.65	3.56	9.04	2.83	河南	2.37	3.23	7.33	2.47
北京	5.40	6.10	41.50	5.60	湖北	2.05	2.60	3.86	2.16
天津	6.20	6.20	20.60	6.20	湖南	1.83	2.90	5.50	1.94
河北	3.03	4.29	23.32	3.15	广东	2.05	2.82	4.02	2.30
山西	2.58	4.21	14.30	3.21	广西	1.46	1.97	3.05	1.50
内蒙古	2.97	4.83	13.50	3.07	海南	1.80	3.15	4.03	1.80
辽宁	2.61	4.14	14.80	2.85	重庆	2.80	4.10		3.35
吉林	3.56	5.77	11.00	3.56	四川	2.35	3.43	5.13	2.42
黑龙江	3.63	5.25	9.60	4.19	贵州	2.53	4.03	8.27	2.63
上海	2.40	2.70	3.70	2.50	云南	3.25	4.30	9.05	3.80
江苏	2.71	2.92	4.36	2.92	西藏	1.00	1.20	0.90	1.40
浙江	3.13	3.28	6.23	3.50	陕西	3.23	3.80	8.44	3.26
安徽	1.91	2.61	3.94	1.92	甘肃	1.72	2.45	7.45	1.98
福建	2.43	2.75	3.55	2.68	青海	2.56	3.31	6.14	2.15
江西	1.22	1.98	4.28	1.39	宁夏	2.13	3.07	5.52	2.38
山东	3.51	3.96	9.16	3.56	新疆	1.65	3.09	8.72	1.91

随着水资源的日益短缺和供需矛盾的加剧，水资源的商品属性将日益显现，水价对用水需求的调节作用将逐渐增强。从理论上分析，在不同的价格（水价）区间，水的需求弹性具有明显的差异。如图 4-47 所示，水需求曲线的 *AB*、*BC*、*CD*、*DE* 段分别表现出缺乏弹性、富有弹性、缺乏弹性和无弹性特征（E_p 为水需求弹性系数，即水需求价格弹性系数）。

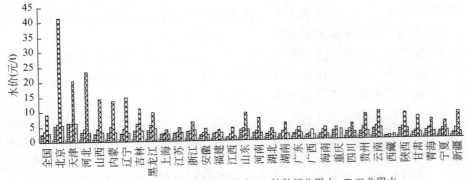

图 4-46　2008 年全国各省（直辖市、自治区）用水价格比较

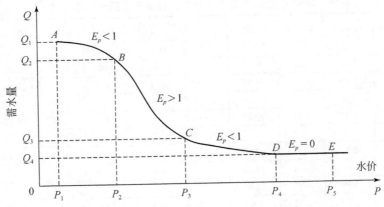

图 4-47　水价与需水量的变化关系分析——水需求曲线

在需求曲线 *AB* 段，需求量变动幅度小于价格变动幅度（$\Delta P/P > \Delta Q/Q$），需求缺乏弹性，用水者对此区间的水价变化（$P_1 \sim P_2$）不敏感，水价的提高尚不足以导致其需水量的明显下降，水价对用水需求的调节作用较小；在需求曲线 *BC* 段，需求量变动幅度大于价格变动幅度（$\Delta P/P < \Delta Q/Q$），需求富有弹性，用水者对此区间的水价变化（$P_2 \sim P_3$）已十分敏感，水价的提高导致其需水量明显下

降，水价对用水需求表现出明显的调节作用；在需求曲线 *CD* 段，虽然用水者对水价变化高度敏感，但由于用水刚性需求的逐渐显现，水价对用水需求的调节作用开始减弱，需求缺乏弹性；在需求曲线 *DE* 段，在一定经济与技术发展水平条件下，受用水刚性需求的限制，用水需求量不再随价格的变动而变动，即不管 ΔP 的数值如何，ΔQ 总是为零，水需求函数 $Q=K$（任意既定常数）。从调节供需关系的意义上分析，此时水价（P_4）已为极限水价。

在现实中，一方面，由于受区域经济发展水平、用水者承受能力等许多因素的影响，水价调整客观上面临诸多挑战；另一方面，一些地方政府（水管行政部门）对当地水资源供需矛盾、水资源管理体制、供水制度、供水成本、水价形成、水价补偿机制等问题也缺乏系统深入的分析研究，对以水价改革调节用水需求的作用认识不到位，认为"水是天赐之物、用水是一种福利"的思想观念仍在主导着人们的日常行为，甚至影响到管理部门的决策（陆大道，2009）。上述问题的存在，导致许多地方的水价仍处在较低的水平（图 4-47 中 $P_1\sim P_2$），水价尚未发挥调节用水需求的巨大作用。因此，应积极推进水价改革，重点在富有需求弹性的范围内（图 4-47 中 $P_2\sim P_3$）提高水价，切实发挥水价对用水需求的调节作用。

4.6.4 农作物的价值与市场规模

1. 基本关系分析

农作物的价值及市场规模对节水技术应用具有直接的影响。节水技术的应用需要较高的资金投入，必然引起农业生产成本（总投入）相应增加，只有在农作物的价值较高且具有一定市场规模的前提下，才能保证农业生产者（种植户）获得的一定经济收益（能使其收入增加、生活水平得到提高的门槛期望收益）。因此，农业生产的投入-产出状况及其所决定的纯收益的高低，是决定农业生产中节水技术能否应用的根本因素。而农业产出的高低，则取决于农作物的价值及市场规模。图 4-48 反映了农产品的价值及市场规模与节水技术应用程度的关系，农产品价值与市场规模中任何一个因素的提高或扩大（包括两者同时提高或扩大的情形），都会促使该农产品节水技术应用程度的提高。

从河西地区节水技术应用的实际情况分析，农业节水技术特别是喷灌、滴灌等高新节水技术主要应用于玉米制种、设施果蔬（设施蔬菜、设施葡萄、加工番茄）等市场价值较高且具有一定市场规模的农作物种植，而一般农作物则主要采用大畦改小畦、垄膜沟灌、垄作沟灌等投入成本较低的节水技术。总体来看，节水技术在普通粮食作物生产中应用程度低、推广难度大，而在经济作物种植中应用程度高且较易推广。需要说明的是，与优质高效设施农业相比，一般经济作物

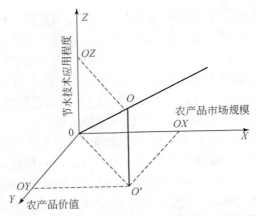

图 4-48 农作物的价值及市场规模与节水技术应用的关系分析

节水技术应用程度的提高主要依赖于市场规模的扩大，而优质高效设施农业节水技术的应用及应用程度的提高，则主要依赖于其较高的市场价值（图 4-49）。

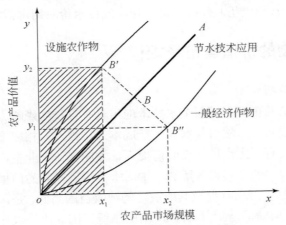

图 4-49 不同农作物节水技术应用的比较分析

2. 甘肃河西地区主要经济作物市场潜力分析

1）蔬菜种植业

甘肃河西地区的主要蔬菜品种有辣椒、茄子、甘蓝、菜花、大蒜、洋葱、胡萝卜、加工番茄、加工甜椒等。从整体上看，蔬菜是甘肃的主要经济作物之一，也是甘肃种植业中最具竞争力的优势产业之一[①]。近年来，甘肃蔬菜种植业呈现出

---

① 甘肃省农牧厅种植业管理处，《甘肃省蔬菜产业发展调查报告》，2007。

以下显著特征：①蔬菜种植面积迅速扩大。近 10 年来，受蔬菜种植比较效益高的拉动作用，甘肃蔬菜种植面积迅速扩大。与 2000 年相比，2005 年甘肃蔬菜种植面积由 297.6 万亩增加到 460 万亩，年均扩大种植面积为 32.5 万亩，年均增长率为 10.9%，总产量相应由 2000 年的 501.3 万 t 增至 2005 年的 866.9 万 t，增长率为 72.9%，是甘肃种植业中面积增长最快的产业之一，增长速度远高于全国平均水平。2000~2004 年，全国蔬菜种植面积由 2.29 亿亩增至 2.63 亿亩，扩大种植面积 3486.12 万亩，年均增长率为 3.8%，而同期甘肃蔬菜种植面积年均增长率为 11.2%，比全国年均增长率高 7.4%。②优势区域逐步形成，季节优势更加明显。由于气候条件、劳动力资源和生产成本等因素处于比较有利的地位，甘肃蔬菜生产在全国处于优势地位，在种植面积迅速扩大的同时，逐步形成以河西走廊、沿黄灌区、泾河流域、渭河流域和徽成盆地为主的五大蔬菜产业区。2005 年，五大优势区蔬菜种植面积达到 424.4 万亩，产量为 812.5 万 t，分别占全省的 92.3% 和 93.7%。在蔬菜产业发展中，各地充分利用 7~9 月东南沿海地区蔬菜生产不足而甘肃恰为蔬菜生产旺季的有利条件，大力发展设施蔬菜和高原夏菜，打好季节差，占领市场空间，形成了生产规模较大且相对集中的设施蔬菜生产区和高原夏菜生产优势区。1997~2005 年，甘肃设施蔬菜面积由 16.2 万亩扩大到 69.5 万亩，增长了 3.3 倍。2005 年全省高原夏菜面积达到 285 万亩，较 2000 年扩大 95 万亩，增长 75%；其中日光温室生产面积由 9.1 万亩增至 30.5 万亩，扩大 21.4 万亩，增长了 2.35 倍，形成了以河西 5 市及兰州、白银为主的日光温室种植区及以张掖、武威、兰州、白银、天水、陇南为主的塑料大棚重点分布区。③蔬菜种植结构明显优化，经济效益显著提高。以张掖为例，全市通过增加精细瓜菜、果树、花卉、食用菌、名优特蔬菜和安排两茬精细蔬菜的方法，加大日光温室种植结构调整力度，温室效益不断提升。2008 年全市温室种植面积约为 53 000 亩，温室蔬菜总产量达 2.6 亿 kg，总收入 4.5 亿元，平均座收入 8500 元，最高座收入达 2.7 万元。④已形成加工销售、专业批发市场与产地直销相结合的市场销售型模式。截至 2005 年，甘肃已建成脱水、制酱、榨汁等蔬菜深加工企业 30 多家，年加工各类蔬菜 20 多万 t，其中达到省级重点龙头企业标准的有 18 家，年加工销售蔬菜 210 万 t。已建成规模较大、功能齐备的区域性蔬菜专业批发市场 30 多个，年批发销售蔬菜 370 万 t。据统计，全省从事蔬菜收购、运销、储藏、加工、包装等相关服务的劳动力约有 120 万人。张掖甘州区南关蔬菜专业批发市场运销协会已形成 30 余家专业运销企业，部分运销企业已开始由批发市场收购转向产地收购。

甘肃蔬菜生产规模的迅速扩大，与巨大的市场需求的拉动密切相关。从国内市场分析，随着我国东部沿海地区第二、第三产业的快速发展，部分土地转化为工业用地，部分土地因污染而废耕，因此对外蔬菜需求量相对增加。同时，受气候逐渐变暖的影响，南方夏季持续高温天数越来越长，甘肃蔬菜东调也相应由 20 世纪 90 年代初的 7 月上中旬提前到 6 月中下旬；从国际市场分析，近年来我国蔬菜出口量逐渐增加。欧亚大陆桥的开通及我国西向贸易的日益加强，为甘肃蔬菜走向中、东欧市场创造了难得的机遇和条件。在农业部编制的《全国蔬菜重点区域发展规划（2009～2015 年）》中，也将甘肃规划为面向中东欧国家的重点蔬菜出口基地。从近年来河西地区蔬菜销售的情况分析，河西地区蔬菜充分发挥高品质、反季节等优势，蔬菜销售西进东输的趋势日益明显，大棚蔬菜走西口（销往国内新疆、青海、西藏等地，出口哈萨克斯坦、土库曼斯坦等国）、高原夏菜及高品质瓜果蔬菜（如天祝县、古浪县、凉州区的人参果及海拔 2000m 以上种植的葡萄等）向我国东部地区输出的规模越来越大。

从政策因素分析，1997～2007 年来甘肃逐步出台且力度逐渐加大的农业重点产业扶持政策，也是甘肃蔬菜产业快速发展的主要因素之一。从 2001 年开始，甘肃安排专项资金 5000 万元，扶持包括蔬菜产业在内的农业重点产业；2002 年，甘肃将蔬菜产业作为甘肃重点发展的十大产业之一，出台了许多优惠政策，加大了扶持力度；2004 年，按照有基础、有优势、有特色、有前景、带动能力强的原则，选择扶持一批蔬菜加工与流通企业，增加重点产业发展资金 3000 万元，使重点产业发展资金达到 8000 万元。上述扶持政策，为甘肃蔬菜产业的发展提供了良好的政策环境。

2）制种业

制种业是甘肃河西地区最具发展潜力的产业之一。相关资料表明，我国目前已成为世界第二大种子市场，常年农业用种量高达 125 亿 kg，玉米种植面积约占世界玉米种植总面积的 1/5，潜在市场规模约为 800 亿元。地处甘肃西北部的河西走廊，境内降水量少，蒸发量高，光照充足，昼夜温差大，天然隔离条件好，地理位置与气候条件非常适合种子生产，所产种子色泽鲜艳、籽粒饱满、发芽率高，是天然的"种子生产车间"，张掖和酒泉被称为种子的"天然仓库"。目前，在我国种子企业 50 强中，有近 30 家在河西走廊中段的张掖落户，并建成种子加工中心 18 个，建立了良种繁育体系、种子质量检测体系和管理体系。酒泉已成为全国重要的玉米、棉花、瓜菜、花卉种子生产基地和全国最大的外贸种子生产基地，已建成以 5 个农业县（市）为主的小麦原良种生产基地，以敦煌、金塔为主的棉花原良种生产基地，以肃州、玉门为主的玉米杂交种生产基地，以肃州、金塔为主的瓜菜种子生产基地，以肃州为主的花卉种子生产基地和以肃州、玉门为主的草、糖、油料种子生产基地。先后与美国、德国、意大利、以色列等 16 个国家的 66 家种子公司和国内山东、河北、辽宁、陕西等 23 个省（直辖市、自治区）的 100 多家种子科研生产单位建立稳定的产销合作关系，采取委托育种、合作育种、成果转让和联合营销的方式，选育开发了一批适合本地农业发展和种子市场急需的农作物新品种，兴建了 46 家制种龙头企业。在制种龙头企业的带动下，酒泉已形成了生产专业化、加工机械化、质量标准化、经营集团化、繁育推销一体化的外向型高效制种产业，2006 年酒泉制种面积已达 38.6 万亩，种子产业总产值达 9.5 亿元，农民人均来自制种的收入达 1300 元。2008 年，河西地区仅玉米杂交制种面积就达 150 万亩，产种约为 6 亿 kg，占我国用种量的 60%以上。发展蔬菜花卉种子基地 15 万亩，年产种为 300 万 kg。

河西走廊凭借其高产优质种子，目前已发展成为国内最大的杂交玉米种子生产基地和国内重要的瓜菜花卉制种基地。玉米、蔬菜、瓜子等种子每年不仅销往河南、山东、河北、湖北等 20 多个省（直辖市、自治区），而且远销美国、法国、日本、荷兰、意大利、韩国等 10 多个国家和地区，年出口种子达 100 万 kg 以上。河西走廊制种业不但已形成了政策鼓励、市场开放、投资推动的良好发展局面，而且也显示出巨大的市场潜力。

4.7 河西地区水资源供需平衡分析

4.7.1 水资源总供需平衡分析

根据《河西地区节水型社会建设规划》（2007 年），在保证率 P =50%时，2010 年河西地区地表水可供水量为 55.75 亿 m³，地表水工程供水量比 2005 年增加 2.97 亿 m³。2020 年地表水可供水量为 54.20 亿 m³。2020 年，河西地区地下水工程可供水量为 16.20 亿 m³，相对于现状地下水供水量减少 7.62 亿 m³；2010 年外调水量为 1.20 亿 m³（其中民调工程[①]为 0.8 亿 m³，引硫济金[②]为 0.4 亿 m³）。2020 年新增南水北调西线工程，外调水量将达到 2.89 亿 m³；根据节水型社会建设的要求，2020 年废污水回用量将达到 1.57 亿 m³。通过综合分析，河西地区 2010 年、2020 年可供水量分别为 74.87 亿 m³、74.86 亿 m³（表 4-26 和表 4-27）。

---

① 即景电二期延伸向民勤调水工程。工程于 1995 年 11 月 8 日正式开工建设，穿越腾格里沙漠腹地，于 2000 年 10 月基本建成并试通水，2001 年 3 月 5 日正式开始调水。截至 2009 年 11 月 15 日，共向民勤县实际调水 4.26 亿 m³。

② 从青海省门源县的硫磺沟引水，穿越祁连山冷龙岭于永昌县西大河水库上游的小平羌沟，再经西大河水库通过西金输水渠入金川峡水库。引水隧洞全长 8866m，工程竣工后按硫磺沟年径流量的 88%给金昌供水，每年平均引水量为 4000 万 m³。

表 4-26　河西地区可供水量预测表　　　　　　　　　单位：亿 m³

年份	合计	地表水	地下水	外调水量	污水回用
2010	74.87	55.75	17.17	1.20	0.75
2020	74.86	54.20	16.20	2.89	1.57

表 4-27　2020 年河西地区废污水回用量计算

分类	用水量 （亿 m³）	废污水排 放系数	废污水排放量 （亿 m³）	废污水处理率 （%）	废污水处理 回用率（%）	回用量 （亿 m³）
生活	0.8363	0.56	0.4683	90	50	0.2107
工业	4.4503	0.68	3.0262	90	50	1.3618
合计	5.2866		3.4945			1.5725

资料来源：甘肃省水利厅，2007。

根据《甘肃省全面建设小康社会规划纲要》（2003 年）、《甘肃省国民经济和社会发展第十一个五年规划纲要》及河西各市国民经济和社会发展第十一个五年规划纲要，结合河西地区的实际，确定 2020 年河西地区社会经济发展指标与农业灌溉发展规模（表 4-28 和表 4-29）。预计 2020 年，河西地区城镇化率将达到 52.1%，届时城镇人口将达到 282 万人；GDP 将达到 2132 亿元，年均增长率为 9.1%；牲畜将达到 1012 万头，年均增长率为 1.4%；农田灌溉面积减少到 771 万亩，林牧灌溉面积达到 154 万亩。

表 4-28　2020 年河西地区社会经济发展指标预测

水系	行政 分区	总人口 （万人）	城镇人口 （万人）	城镇化 率（%）	GDP（亿元）					工业总产 值（亿元）
					第一产业	第二产业		第三产业	总计	
						工业	建筑业			
石羊河	张掖	3.00	2.29	76.3	0.09	2.71	0.02	0.03	2.85	2.35
	金昌	50.52	32.37	64.1	13.51	156.93	16.71	76.76	263.91	452.59
	武威	184.27	81.62	44.3	57.01	107.65	16.1	226.46	407.22	346.13
	小计	237.79	116.28	48.9	70.61	267.29	32.83	303.25	673.98	801.07
黑河	张掖	162.71	68.49	42.1	77.52	152.76	16.49	169.64	416.41	175.9
	酒泉	60.24	40.86	67.8	29.73	57.36	12.44	80.35	179.88	64.97
	嘉峪关	24.37	22.66	93.0	2.50	393.12	9.03	101.88	506.53	578.45
	小计	247.32	132.01	53.4	109.75	603.24	37.96	351.87	1102.82	819.32
疏勒河	酒泉	55.33	33.39	60.3	21.1	184.57	8.93	139.51	354.11	361.2
	张掖	0.13	0.03	23.1	0.01	0.57	0.01	0.01	0.6	0.97
	小计	55.46	33.42	60.3	21.11	185.14	8.94	139.52	354.71	362.17
合计		540.57	281.71	52.1	201.47	1055.67	79.73	794.64	2131.51	1982.56

表 4-29 **2020 年河西地区农业灌溉发展规模预测** 单位：万亩

水系	行政分区	耕地面积	灌溉面积							鱼塘面积
			农田有效灌溉面积				灌溉林果地	灌溉草场	合计	
			水田	水浇地	菜田	小计				
石羊河	张掖	2.77	0	0.75	0.04	0.79	0	0	0.79	0
	金昌	134.1	0	70.02	7.06	77.08	9.48	1.64	88.2	0
	武威	489.4	0	182.27	45.16	227.43	33	1.05	261.48	0
	小计	626.27	0	253.04	52.26	305.3	42.48	2.69	350.47	0
黑河	张掖	383.15	0	193.79	15.63	209.42	49	3.5	261.92	2.07
	酒泉	123.31	0	97.88	28.47	126.35	18.3	5.11	149.76	1.14
	嘉峪	6.35	0	3.34	1.43	4.77	6.52	0	11.29	0.2
	小计	512.81	0	295.01	45.53	340.54	73.82	8.61	422.97	3.41
疏勒河	酒泉	218.9	0	102.83	22.18	125.01	22.97	3.49	151.47	1.35
	张掖	1.71	0	0.06	0.01	0.07	0	0	0.07	0
	小计	220.61	0	102.89	22.19	125.08	22.97	3.49	151.54	1.35
合计		1359.69	0	650.94	119.98	770.92	139.27	14.79	924.98	4.76

社会经济发展所需的水资源量，取决于社会经济发展指标的变化与节水潜力的大小。本章依据水利部计算公式测算河西地区各行业的节水潜力，是以可能达到的用水定额、水利用系数、节水器具普及率等指标为参照标准，根据现状指标计算最大的可能节水量。由于未考虑会经济发展指标的变化，其节水潜力分析数据未能反映社会经济发展的需水量。本节在综合考虑用水定额、用水效率、经济社会发展、产业结构与用水结构变化等因素的条件下，对河西地区未来不同水平年的需水量进行了预测。结果显示，2010 年、2020 年河西地区总需水量分别为 72.7305 亿 m^3、68.3844 亿 m^3（表 4-30 和表 4-31）。

表 4-30 **河西地区 2010 年需水量预测** 单位：亿 m^3

水系	地级行政区	生活			工业	建筑业及第三产业	农业	生态环境	合计
		城镇生活	农村生活	小计					
石羊河	张掖	0.0004	0.0016	0.0020	0.0357		0.0409	0.0010	0.0796
	金昌	0.0975	0.0976	0.1951	1.3635	0.0647	7.1048	0.2748	9.0029
	武威	0.2801	0.3380	0.6181	1.1562	0.0956	11.7091	1.0206	14.5996
	小计	0.3780	0.4372	0.8152	2.5554	0.1603	18.8548	1.2964	23.6821

续表

水系	地级行政区	生活			工业	建筑业及第三产业	农业	生态环境	合计
		城镇生活	农村生活	小计					
黑河	张掖	0.3181	0.3928	0.7109	1.2512	0.0746	20.1802	0.4362	22.6531
	酒泉	0.1813	0.1554	0.3367	0.6052	0.0358	8.0134	1.2857	10.2768
	嘉峪关	0.1261	0.0051	0.1312	1.3869	0.1000	0.4521	0.4954	2.5656
	小计	0.6255	0.5533	1.1788	3.2433	0.2104	28.6457	2.2173	35.4955
疏勒河	酒泉	0.1506	0.0336	0.1842	1.1910	0.0455	12.0664	0.0558	13.5429
	张掖	0.0001	0.0002	0.0003	0.0014		0.0083		0.0100
	小计	0.1507	0.0338	0.1845	1.1924	0.0455	12.0747	0.0558	13.5529
合计		1.1542	1.0243	2.1785	6.9911	0.4162	59.5752	3.5695	72.7305

表 4-31　河西地区 2020 年需水量预测　　　　　单位：亿 m³

水系	地级行政区	生活			工业	建筑业及第三产业	农业	生态环境	合计
		城镇生活	农村生活	小计					
石羊河	张掖	0.0004	0.0022	0.0026	0.0347		0.0307	0.0010	0.0690
	金昌	0.1372	0.1151	0.2523	1.6098	0.0788	2.8910	0.2692	5.1011
	武威	0.3762	0.3803	0.7565	1.5449	0.1950	10.7353	1.0583	14.2900
	小计	0.5138	0.4976	1.0114	3.1894	0.2738	13.6570	1.3285	19.4601
黑河	张掖	0.4859	0.1186	0.6045	0.9138	0.1118	14.7411	0.5810	16.9522
	酒泉	0.1735	0.0403	0.2138	0.2685	0.0533	12.5542	1.3839	14.4737
	嘉峪关	0.1403	0.0050	0.1453	1.6894	0.1484	0.4083	0.5262	2.9176
	小计	0.7997	0.1639	0.9636	2.8717	0.3135	27.7036	2.4911	34.3435
疏勒河	酒泉	0.1859	0.0405	0.2264	1.2664	0.0515	12.9281	0.0967	14.5691
	张掖	0.0001	0.0002	0.0003	0.0025		0.0089		0.0117
	小计	0.1860	0.0407	0.2267	1.2689	0.0515	12.9370	0.0967	14.5808
合计		1.4995	0.7022	2.2017	7.3300	0.6388	54.2976	3.9163	68.3844

根据《河西地区节水型社会建设规划》（2007 年）的分析预测，河西地区 2010年可供水量为 74.87 亿 m³。按现状节水水平测算，河西地区 2010 年需水量为 86.38亿 m³，缺水 11.51 亿 m³。通过加强节水措施，农业、工业、城镇生活、建筑业及第三产业节水 7.22 亿 m³，缩减农田灌溉面积 82.26 万亩后少引水量 4.43 亿 m³，

2010 年减少总用水量 11.65 亿 m³，总需水量由 86.38 亿 m³ 降低为 72.73 亿 m³，供需基本平衡[①]。减少总用水量中，石羊河流域减少 3.49 亿 m³，黑河流域减少 1.32 亿 m³，疏勒河流域减少 2.41 亿 m³。按行业节水量分析，减少总节水量中，农业节水 6.43 亿 m³，占总节水量的 89.1%；工业节水 0.69 亿 m³，占总节水量的 9.6%；城镇生活节水 0.03 亿 m³，占总节水量的 0.4%；建筑业及第三产业节水 0.06 亿 m³，占总节水量的 0.9%。2020 年，河西地区可供水量为 74.86 亿 m³，与 2010 年可供水量基本持平，但随着节水措施日益完善和用水效率的进一步提高，需水量将降低到 68.38 亿 m³。节约和减少的用水量一方面可满足经济社会发展的需要，另一方面可减少地下水开采量，增加生态环境用水。

4.7.2 石羊河流域水资源供需平衡分析

石羊河流域自东向西由大靖河、古浪河、黄羊河、杂木河、金塔河、西营河、东大河、西大河 8 条河流及多条小河组成，河流补给来源为山区大气降水和高山冰雪融水，产流面积为 1.11 万 km²，多年平均径流量为 15.60 亿 m³，流域地表水资源主要产于祁连山区（图 4-50）。按照水文地质单元，石羊河流域又可分为大靖河水系、六河水系及西大河水系 3 个独立的子水系。大靖河水系主要由大靖河组成，隶属大靖盆地，其河流水量在该盆地内转化利用；六河水系上游主要由古浪河、黄羊河、杂木河、金塔河、西营河、东大河组成，隶属于武威南盆地，其水量在该盆地内经利用转化，最终在南盆地边缘汇成石羊河，进入民勤盆地，石羊河水量在该盆地全部被消耗利用；西大河水系上游主要由西大河组成，隶属永昌盆地，其水量在该盆地内利用转化后，汇入金川峡水库，进入金川—昌宁盆地，在该盆地内全部被消耗利用。

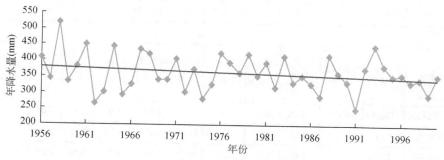

图 4-50 1956～2000 年石羊河流域山区降水量趋势图

① 全部为石羊河流域缩减的农田灌溉面积。为加快推进石羊河流域综合治理步伐，武威计划到 2010 年前关闭农业灌溉机井 3300 眼，缩减农田灌溉面积 82.26 万亩。

石羊河流域包括武威的古浪、凉州区、民勤全部及天祝部分，金昌的永昌及金川区全部，以及张掖肃南裕固族自治县和山丹的部分地区、白银景泰的少部分地区，流域共涉及 4 市 9 县。流域主要行政区分属武威、金昌两市。2008 年，武威、金昌两市总人口达 238.43 万人，其中农业人口为 144.64 万人，城镇人口为 93.79 万人，城镇化率为 39.34%；耕地面积为 650.74 万亩，农田有效灌溉面积为 368.33 万亩，GDP 为 402.35 亿元，工业增加值为 199 亿元，粮食总产量为 124.12 万 t。城镇人口主要集中于凉州区、金川区、河西堡镇及各县城关镇。由于流域人口增长速度过快，绿洲承载人口已高于 300 人 / km^2。石羊河流域水资源利用长期处于超载状态，水资源供需矛盾十分突出，总耗水量超过总水资源量，全流域地下水超采严重，尤以下游更为严重。根据《石羊河流域重点治理规划》（2007 年）的计算分析，石羊河流域现状水平年总毛需水量为 35.19 亿 m^3，总供水量为 28.80 亿 m^3，缺水量为 6.38 亿 m^3。供水结构中，水库供水（包括杂木渠首的供水量）量为 14.04 亿 m^3，地下水供水量为 14.76 亿 m^3，地下水占总供水量的 50% 以上；需水构成中，农业需水量为 31.66 亿 m^3，其他需水量为 3.53 亿 m^3（详见表 4-32）。在优先保障生活、工业和基本生态的配水次序下，缺水主要表现为农业灌溉缺水。

表 4-32 石羊河流域现状水平年供需平衡分析　　　　单位：亿 m^3

毛供需平衡											
水文单元	需水量				供水量			毛用水量				供需平衡
	农业	生活工业	生态	总需水量	水库供水量	井供水量	总供水量	农业	生活工业	生态	总用水量	农业缺水量
武威南盆地	20.12	1.10	0.79	22.01	9.72	7.47	17.20	15.31	1.10	0.79	17.20	-4.82
民勤盆地	5.99	0.18	0.20	6.36	1.19	5.17	6.36	5.99	0.18	0.20	6.36	0.00
西河水系	5.55	1.10	0.16	6.82	3.12	2.13	5.25	3.99	1.10	0.16	5.25	-1.57
合计	31.66	2.38	1.15	35.19	14.03	14.77	28.81	25.28	2.39	1.15	28.80	-6.39

净耗水平衡										
水文单元	水资源总量	外流域调入量	总计	农业耗水量	工业生活耗水量	生态耗水量	蒸发渗漏损失水量	总耗水量	盆地间水量交换		地下水蓄变量
									（出）	（入）	
武威南盆地	12.65	0.13	12.78	8.22	0.68	0.49	2.54	11.92	2.15	0.00	-1.29
民勤盆地	0.31	0.31	0.62	3.45	0.09	0.11	0.81	4.47	0.00	0.89	-2.96
西河水系	2.06	0.40	2.46	2.14	0.69	0.10	0.86	3.79	0.00	1.26	-0.07
合计	15.02	0.84	15.86	13.81	1.46	0.70	4.21	20.18	2.15	2.15	-4.32

资料来源：甘肃省水利厅和甘肃省发展和改革委员会，2007。

石羊河流域出山口以下水资源量为 15.02 亿 m³，外流域调水量为 0.84 亿 m³，两者之和为 15.86 亿 m³。在现状水平年，流域农业耗水量为 13.81 亿 m³，生活、工业和生态耗水量为 2.20 亿 m³，渠系输水蒸发渗漏损失水量为 4.21 亿 m³，总耗水量为 20.18 亿 m³，耗水量大于水资源量，地下水处于负均衡状态，全流域地下水超采量达 4.32 亿 m³。1981～2001 年，石羊河流域特别是民勤坝区地下水位呈明显下降趋势。经分析预测，在现状用水水平下，石羊河 2020 年进入民勤境内的水量将减少到 0.7 亿 m³ 以下。石羊河流域主要由 3 个水系、8 条支流组成，与民勤盆地相关的有东大河、西营河、金塔河、杂木河、黄羊河、古浪河 6 条河流。6 条河流在出山口以下均对应一个河水灌区，基本将出山径流全部引用。根据对应的河水灌区灌溉配水面积、综合净定额、灌溉水利用系数等计算分析各灌区灌溉引水量和渠首断面可调水量。由结算结果（表 4-33）可知，黄羊河、古浪河对应灌区人多、地多、水少，资源性缺水严重；红崖山水库出库断面是武威南盆地与民勤盆地之间水量交换的分界，红崖山水库出库水量加上民勤盆地的水资源总量 0.31 亿 m³ 与地表水不重复的地下水量，构成了支撑民勤盆地社会经济发展和生态环境的水资源总量（表 4-34）。根据多年实际观测资料，蔡旗断面与红崖山水库出库断面之间输水效率为 0.859。根据民勤蔡旗断面水量目标，以中游武威南盆地地下水采补平衡为控制条件，分析水资源供需平衡和地下水均衡状况，推算蔡旗断面水量，选择既能满足蔡旗水量目标、又能实现中游地下水采补平衡的水资源配置方案，供需平衡结果见表 4-35。从供需平衡结果可知，蔡旗断面河道来水量达到 1.08 亿 m³，加上西营专用输水渠输水量 1.1 亿 m³，民调水量 0.49 亿 m³，蔡旗断面总来水量达到 2.65 亿 m³ 以上，既实现了民勤蔡旗断面水量目标，也使中游地下水基本达到采补平衡。为实现民勤盆地地下水正均衡，使地下水浅埋区（埋深小于 3m）范围逐步扩大，需进一步在中游的黄羊、古浪、东河、清河灌区进行节水改造，节余水量通过东大河至蔡旗专用输水渠输向民勤。同时进行西河水系的灌区节水改造，缓解西河水系的水资源供需缺口，基本实现全流域社会经济与生态环境的可持续发展，流域水资源供需平衡有很大改善，缺水量从现状的 6.38 亿 m³ 降低到 2010 年的 2.5 亿 m³ 和 2020 年的 0.18 亿 m³。通过产业结构的调整和高效节水面积的扩大，农业需水将大幅下降，缺水程度从现状的 18.3% 将降低到 2010 年的 10.5% 和 2020 年的 0.9%，全流域可基本实现水资源的供需平衡（表 4-36）。

表 4-33 可调地表水量分析计算表

单位：万 m³

指标	东大河	西营河	金塔河	杂木河	黄羊河	古浪河
水库出库水量	30 986	36 607	13 533	23 753	12 207	6 004
渠首断面水量	27 887	32 946	12 180	21 378	10 986	5 404

续表

指标	东大河	西营河	金塔河	杂木河	黄羊河	古浪河
渠首引水量	23 737	19 159	7 850	16 825	12 511	12 551
渠首可调水量	4 151	13 787	4 330	4 553	-1 524	-7 148

资料来源：甘肃省水利厅和甘肃省发展和改革委员会，2007。

表 4-34　2010 年民勤盆地水资源供需平衡分析　单位：万 m³

需水量				供水量			毛用水量				供需平衡	
农业	生活工业	生态	总需水量	水库供水量	井供水量	总供水量	农业	生活工业	生态	总用水量	农业缺水量	地下水均衡值
26 224	2 352	3 221	31 797	22 930	8 867	31 797	26 224	2 352	3 221	31 797	0	45

资料来源：甘肃省水利厅和甘肃省发展和改革委员会，2007。

表 4-35　2010 年武威南盆地水资源供需平衡分析　单位：万 m³

需水量				供水量			毛用水量				供需平衡		蔡旗断面来水
农业	生活工业	生态	总需水量	水库供水量	井供水量	总供水量	农业	生活工业	生态	总用水量	农业缺水量	地下水均衡值	
112 637	17 404	8 014	138 055	88 177	41 785	129 961	104 543	17 404	8 014	129 961	-8 094	564	10 792

资料来源：甘肃省水利厅和甘肃省发展和改革委员会，2007。

表 4-36　2020 年石羊河流域水资源供需平衡分析表　单位：万 m³

水文单元	需水量				供水量			毛用水量				供需平衡
	农业	生活工业	生态	总需水量	水库供水	井供水	总供水量	农业	生活工业	生态	总用水量	农业缺水量
武威南盆地	93 264	23 028	8 300	124 592	82 159	41 899	124 058	92 730	23 028	8 300	124 058	-534
民勤盆地	25 755	3 202	3 135	32 092	23 456	8 636	32 092	25 755	3 202	3 135	32 092	
西河水系	18 756	18 516	1 850	39 122	22 842	14 992	37 834	17 468	18 516	1 850	37 834	-1 288
合计	137 775	44 746	13 285	195 806	128 457	65 527	193 984	135 953	44 746	13 285	193 984	-1 822

资料来源：甘肃省水利厅和甘肃省发展和改革委员会，2007。

4.7.3 黑河流域水资源供需平衡分析

黑河中游地表水、地下水转化频繁，灌区可供水量从上到下受上游灌区回归水量的影响不断加大，因此地表水可供水量的预测必须结合黑河中游地表水、地下水的转化特点，充分考虑技术经济因素、水资源开发利用模式与方案，同时应考虑黑河水量分配方案。《黑河流域水资源开发利用保护规划》（黄河勘测规划设计有限公司，2007）为模拟黑河中游地表水与地下水的转换规律，采用基于地下水有限元数值模型的二元结构水资源配置模型及 1960 年 7 月～2004 年 6 月的 44 年系列（该系列莺落峡多年平均天然径流量为 15.88 亿 m³），按照供水系统的组成，各单元自上而下进行水量平衡计算，得到不同水平年不同水资源开发利用方案的可供水量（表 4-37）。

表 4-37 黑河流域地表水可供水量预测表 单位：亿 m³

分区	现状水平	2015 年水平			
		方案 1	方案 2	方案 3	方案 4
上游	0.28	0.33	0.33	0.33	0.33
中游	13.22	12.85	13.35	12.85	13.35
山前灌区	4.01	4.29	4.29	4.29	4.29
干流灌区	9.21	8.56	9.06	8.56	9.06
下游	7.05	7.04	7.08	7.3	7.49
鼎新灌区	0.90	0.90	0.90	0.90	0.90
东风场区	0.60	0.60	0.60	0.60	0.60
额济纳旗	5.55	5.54	5.58	5.80	5.99
合计	20.55	20.22	20.76	20.48	21.17

资料来源：黄河勘测规划设计有限公司，2007。

《黑河流域水资源开发利用保护规划》（黄河勘测规划设计有限公司，2007）分析认为，对西北内陆河地表水和地下水多次转化组成的水文循环系统，地下水对天然生态发挥着积极的作用。但适度增加地下水开采量，将地下水储存资源转化为可利用资源量，遵循地下水以丰补歉的水文周期变化规律，发挥地下水的调节作用。地下水位控制在合理范围内，其下降幅度不引起现有植被覆盖度的降低、植被种群变迁、水质恶化和土地沙化等生态问题，可以减少水的无效蒸发损失量。根据地下水有限元数值模型的计算结果分析，现状水平黑河流域地下水可供水量为 5.26 亿 m³, 其中游为 4.45 亿 m³, 下游为 0.81 亿 m³; 2015 年流域地下水可供水量为 5.98 亿 m³, 其中游为 5.42 亿 m³, 下游为 0.56 亿 m³。

《黑河流域水资源开发利用保护规划》在对黑河流域人口及城镇化水平、GDP 与工业产值、牲畜数量发展、农业灌溉发展规模等社会经济发展指标进行预测的基础上, 对黑河流域生活、生产和生态环境需水量进行了预测, 据此计算出 2015 年黑河流域城市生活需水量为 0.35 亿 m³、农村生活需水量为 0.36 亿 m³、工业需水量为 1.11 亿 m³、农业灌溉需水量为 14.19 亿 m³、生态需水量为 18.55 亿 m³。黑河流域现状水平年和 2015 年需水量分别为 35.72 亿 m³ 和 34.55 亿 m³, 其中生活需水量分别为 0.53 亿 m³ 和 0.71 亿 m³, 生产需水量分别为 19.95 亿 m³ 和 15.30 亿 m³, 生态需水量分别为 15.24 亿 m³ 和 18.55 亿 m³ (表 4-38)。需水预测结果表明, 黑河流域通过节水改造、产业结构和农业种植结构调整, 总需水量由现状的 35.72 亿 m³ 减少到 2015 年的 34.55 亿 m³。从需水结构分析, 生活需水量所占比例由现状的 1.5%增加到 2015 年的 2.1%, 生产需水量所占比例由现状的 55.8%减少到 2015 年的 44.3%, 生态需水量所占比例由现状的 15.24%增加到 2015 年的 18.55%。

表 4-38 黑河流域不同水平年需水量

需水分类		现状水平		2015 年水平	
		需水量（亿 m³）	占总量比例（%）	需水量（亿 m³）	占总量比例（%）
生活		0.53	1.5	0.71	2.1
生产	农业	19.12	53.5	14.19	41.1
	工业	0.83	2.3	1.11	3.2
	小计	19.95	55.8	15.30	44.3
生态	人工生态	5.47	15.3	6.31	18.2
	天然生态	9.77	27.4	12.24	35.4
	小计	15.24	42.7	18.55	53.6
全流域		35.72	100.0	34.55	100.0

由上述分析可知, 黑河流域水资源总量为 28.24 亿 m³, 其中地表水为 24.76 亿 m³, 山前侧补水为 2.65 亿 m³, 降水补给量为 0.83 亿 m³; 现状总需水量为 25.91 亿 m³, 其中生活需水量为 0.54 亿 m³, 工业需水量为 0.83 亿 m³, 农业灌溉需水量为 19.11 亿 m³, 人工生态需水量为 5.47 亿 m³; 多年平均供水量为 17.66 亿 m³, 现状缺水量为 5.66 亿 m³, 缺水全部集中在中游农田和人工生态。与现状水平相比, 2015 年黑河流域水资源总量及构成没有变化, 总需水量为 22.32 亿 m³, 其中

生活需水量为 0.71 亿 m^3，工业需水量为 1.10 亿 m^3，农业灌溉需水量为 14.19 亿 m^3，人工生态需水量为 6.31 亿 m^3。根据不同水资源开发利用方案分析，2015 年方案 1~方案 4 的多年平均缺水量分别为 1.66 亿 m^3、1.16 亿 m^3、1.66 亿 m^3 和 1.16 亿 m^3，缺水率分别为 7.4%、5.2%、7.4%和 5.2%，进入额济纳旗的地表径流量分别为 5.53 亿 m^3、5.58 亿 m^3、5.80 亿 m^3 和 5.85 亿 m^3，缺水全部集中在黑河中游。

4.8　河西地区节水型社会建设面临的主要问题

　　节水型社会建设是建设资源节约型、环境友好型社会的重要组成部分，是破解我国水问题、应对水危机的重要战略举措。2002 年 3 月，水利部和甘肃省人民政府联合批准了《张掖市节水型社会建设试点方案》，张掖被确定为全国第一个节水型社会建设试点，标志着我国节水型社会建设试点工作正式启动。试点工作启动以来，在水利部的大力支持和科学指导下，张掖在制度建设、水权配置、水票运行、建立 WUA、水资源统一管理等方面进行了大胆探索和实践，初步形成了以水权改革、结构调整、总量控制、社会参与为主要内容的节水型社会建设基本框架和政府调控、市场引导、公众参与的节水型社会运行机制，有效地促进了水资源的合理配置和高效利用，节水型社会建设取得了明显成效。目前敦煌也已被列为国家节水型社会建设试点城市，酒泉被列为全国节水灌溉示范市，河西地区其他县（市、区）也被列为省级试点，甘肃省级节水型社会建设试点县（市、区）已覆盖了整个河西地区。同时，河西地区三大水系也相继成立了流域管理机构，城乡水务一体化进程明显加快，水资源管理的政策法规体系得到逐步完善。但也应当看到，河西地区在节水型社会建设仍面临着体制、机制、政策、科技、投入、管理及思想观念等方面的突出问题，水资源宏观配置不合理、节水灌溉面积小、田间灌水节水比例低以及相关法律法规不健全，影响到河西地区节水型社会建设的水平、质量和效果，也是今后进一步推进节水型社会建设的主要制约因素。河西地区节水型社会建设面临的问题主要表现在以下几个方面。

4.8.1　对节水型社会的内涵与建设体系理解不深入

　　节水型社会是人们在生活和生产过程中，在水资源开发利用的各个环节，贯穿对水资源的节约和保护意识，以完备的管理体制、运行机制和法制体系为保障，在政府、用水单位和公众的共同参与下，通过法律、行政、经济、技术和工程等措施，实现全社会用水的高效合理。甘肃河西地区特别是张掖通过节水型社会建设试点，虽然在水权制度建立、经济结构调整等方面进行了积极探索，取得了一定的成绩和经验，但总体来看，目前河西地区在节水型社会建设中仍存在对节水型社会的内涵及建设体系理解不充分等问题。在不少县区，重行政与工程措施，轻管理与宣传教育的问题仍较为突出，对资金、技术、市场、政策等影响经济结构调整的因素缺乏系统深入的分析，对经济手段的理解和运用仍较为肤浅和单一。特别是各地节水型社会建设规划的内容体系未能全面反映节水型社会建设的基本内容和要求，难以有效地发挥对节水型社会建设的指导作用。

4.8.2 节水灌溉面积小，节水工程技术措施应用不协调

河西地区节水的重点在农业。近年来，通过种植结构调整及一系列节水措施的推广，河西地区农业用水所占比例有所下降，但目前所占比例仍在80%以上。主要原因在于：河西地区特别是张掖、武威等传统农业大市农业种植面积大，节水灌溉面积小；节水工程技术中渠系输水节水所占比例高，田间灌水节水所占比例低；注重工程节水，忽视农艺节水，将节水农业等同于工程节水，把输送和灌溉过程中的节水作为主要的节水技术内容。2008 年，河西地区耕地总面积为1312.77 万亩，农田有效灌溉面积为980.57 万亩，节水灌溉面积为524.2 万亩。节水灌溉面积近年来虽有较快增长，但目前占有效灌溉面积的比例也仅为 53.5%。在节水工程技术应用方面，2008 年渠系输水节水（渠道防渗、管道输水）所占比例高达 85.5%，而喷灌、滴灌、垄膜沟灌等田间灌水节水所占比例不足 15%。目前，河西地区农业综合灌溉定额仍高达 627m³/亩，比全国平均水平高31%，灌溉水利用系数仅为 0.51。

4.8.3 水资源宏观配置不合理，生态环境保护目标脱离实际

由于缺乏深入系统的分析，政府部门乃至学术界在河西地区水资源配置与利用上存在两种极端倾向，要么过度强调发展经济而轻视生态环境保护，导致生态环境恶化及上下游用水矛盾加剧；要么违背自然规律过度强调生态用水，造成水资源的不合理配置与严重浪费。例如，黑河流域分水方案规定，当黑河上游来水量为 15.8 亿 m³ 时，中游要向下游新增下泄量 2.55 亿 m³，达到 9.5 亿 m³ 的分水目标，而留给中游的耗水指标仅为 6.3 亿 m³。分水方案实施后，位于黑河下游的东居延海连续 5 年碧波荡漾，最大水域面积达到 42km²，超过了 20 世纪 50 年代的水平，下游河岸生态环境已恢复到 80 年代水平，而处于中游的张掖水资源短缺的矛盾更加突出，可利用人均水资源量降为 1250m³、亩均水资源量为 511m³，分别为全国平均水平的 57%、29%。因此，应充分论证黑河调水方案与分水曲线的

合理性，制定切合实际的生态环境保护目标，在水资源配置上遵循自然规律，根据区域社会经济发展与自然地理特征，科学分析和合理配置生态用水量，有效地平衡生产、生活与生态用水的关系。

4.8.4　节水型社会建设规划与相关发展规划不协调

节水型社会建设规划是建设节水型社会的基础性工作。《节水型社会建设规划编制导则》（水利部水资源管理司，2008）要求："规划编制要与经济社会发展规划、城市规划、生态环境规划、流域综合规划、水资源综合规划以及其他相关规划成果相协调和衔接"。但实际情况是，由政府不同部门主导编制的（如土地利用规划、产业发展规划、城镇体系规划、生态建设规划等）相关规划，由于其视角及主导思想的局限与差异，其编制并未充分体现节水型社会建设的要求，甚至脱离当地的水资源承载力的实际，相关规划与节水型社会建设规划之间矛盾重重，节水型社会建设规划难以与其他规划相协调。特别是目前节水型社会建设规划主要是由水利部门来制定和实施，由于长期以来形成的部门分割等现实原因，部门之间衔接协调不够甚至各行其是，节水型社会建设规划的落实具有很大的难度。

4.8.5　管理体制不顺，流域管理机构协调管理能力不强

目前，河西地区在水资源监督管理方面仍存在部门分割、行业分治、统一组织和协调不力等突出问题。在一些县市，分级管理的职能与范围界定非常模糊，形成一些地方未进行管理，一些地方重复管理。例如，张掖在 1987 年黑河草滩庄枢纽建成后成立了黑河干流管理总站，按照原行署有关会议精神，张掖甘州区原有的总口水管所应随之撤销，但至今总口水管所依然存在，两单位相距不过百米，共同履行相同或相近的职能，造成黑河干流水资源由市、区两级水利部门分割管理，机构重叠，职能交叉，管理脱节，极不利于水资源的统一管理。总体来看，虽然河西三大水系均已成立了流域管理机构，但尚未完全实现水资源的统一管理与调度，流域管理机构仍缺乏强有力的协调管理能力。

4.8.6　水计量设施缺乏，节水工程配套程度低

张掖节水型社会建设的成功经验，主要在于积极推进以水权为中心的用水制度改革，其核心是实施总量控制和定额管理。而总量控制和定额管理的实施，必然要求相应的配套工程和设施的支撑。总体来看，河西地区目前在节水配套工程

与设施方面存在以下突出问题：①骨干水利工程不足，干流缺乏调蓄工程。平原水库多系利用自然洼地建造，水库多而小，库容低，蓄水浅（平均蓄水深度仅为2m左右），防渗处理差，导致水库蒸发、渗漏损失十分严重，水库水量利用率仅为50%～60%，个别水库水量利用率还达不到20%。同时，由于河道缺少骨干工程约束，河床宽浅，汊沟交织，水流分散，水量蒸发渗漏损失大，水耗严重。根据2000～2004年15次"全线闭口、集中下泄"调水资料分析，15次闭口期正义峡下泄水量为17.5亿m^3，哨马营水量为12.4亿m^3，水量损失5.1亿m^3，损失率高达30%。②引水口门多，渠系紊乱，水量计量监测设施缺乏。以黑河中游为例，黑河近期治理实施前，黑河中游有直接从干流取水的引水口门65处，2001～2003年黑河近期治理工程合并废除19处，但目前引水口门仍有46处。由于缺乏科学规划，较近的同岸引水口门相距仅400～500m，且大部分口门没有永久性控制设施，河渠不分。据调查，目前46处引水口门中有控制设施的仅有5处，不仅数量少，而且年久失修，损坏严重，调水期间难以正常闭口，而灌溉期又无法满足灌区的正常引水要求。每次黑河干流实施"全线闭口、集中下泄"前，当地政府都要组织发动群众对无控制设施的口门临时封堵。集中下泄调水结束后，为保证灌区正常引水，又要拆除清障。同时，由于引水口门及灌区各级渠道缺乏水量监控计量设施，无法进行引水总量控制，直接影响到水资源的优化配置和科学管理。引水无法进行准确计量，水权也难以得到可靠保证。此外，黑河中游渠系十分紊乱，为引水方便，抬高引水水位，引水口多设在距灌区较远的干渠上游，导致渠道输水距离过长，个别渠段甚至出现三堤两渠并行，这种小流量长距离的输水，加大了水量的蒸发渗漏损失。③渠道衬砌率不高，田间配套程度低。由于受资金短缺等因素的制约，河西地区渠道衬砌率和田间配套工程总体上仍处在较低水平。在黑河水系中游，干渠现状平均衬砌率仅为57.5%，斗农渠平均衬砌率仅为36.4%。石羊河水系田间斗农渠现状衬砌率不足50%；张掖市现状田间配套面积占有效灌溉面积的比例仅为51.5%，高新节水面积占有效灌溉面积的比例只有18.2%。在黑河流域，虽然2004年启动实施的黑河流域综合治理工程使项目区水利基础设施得到明显改善，2009年项目区干、支、斗渠衬砌率分别达到70%、60%、50%，渠系水利用率由治理前的59%提高到64%。但对非项目区来说，由于建设资金缺乏，工程配套程度依然较低。河西地区在节水配套工程方面存在的突出问题，给总量控制、定额管理、水资源配置及水权保障带来了诸多困难。因此，必须着力研究解决节水配套工程的建设资金，尽快建立水资源监控系统、取水计量设施和水资源调度管理信息系统等硬件设施，推进水利工程管理体制改革步伐，为落实水资源总量控制和定额管理创造条件。

4.8.7 水价形成及补偿机制不完善

由于统一的水资源管理体制和运行机制尚未形成，河西地区水价特别是地下水的供水价格较低，水价构成中水资源费偏低，严重影响到河西地区各行业节水的积极性。例如，武威市地下水的水资源费仅为 0.15 元/m³，加上机电井折旧和运行管理费，水价也仅为 0.25 元/m³。而城市自来水供水成本价为 1.6 元/t，新的水价又普遍高于其成本价，加之部分企业污水处理再利用成本较高（约为 1.1 元/t），污水处理设施投入大，导致企业使用成本较低的地下水，影响到企业节水的积极性。在农业用水方面，水价太低，水资源费、农业水费不能足额征收，直接造成了目前普遍存在的高效节水农业发展内在动力不足，农业种植结构调整缓慢，节水产业发展落后，节水技术难以推广普及。例如，张掖市农业灌溉用水的平均水价，地表水和地下水分别仅为 0.081 元/m³ 和 0.01 元/m³。同时，由于水管单位和供水企业管理体制落后，职责不清，水价形成机制与水价构成不合理，水价补偿机制和补偿渠道不顺，供水企业的运行成本得不到合理补偿，维修运行费用不足，严重影响到供水企业的正常运行和职能的发挥。在水利建设资金投入渠道单一的背景下，管理体制的落后和水价补偿机制的缺陷，不但造成水利工程和城市管网老化失修，漏损率难以有效地降低，而且也造成水计量设施缺乏建设资金，计量设施的不足又进而导致计量水价、超额累进加价、居民阶梯式水价、季节水价等科学的节水价格机制难以有效地实施。

此外，河西地区水价提高的客观需要与群众、企业承受能力偏低的矛盾十分突出。由于水价调整涉及面广，既要反映水资源的紧缺程度，又要考虑补偿水利工程和供水企业的成本，还要兼顾用水企业、农户和居民的承受能力，水价调整面临诸多困难和挑战。特别是在社会经济发展仍相对落后的河西地区，由于农民和居民收入水平较低，承受能力弱，农业水价长期低于成本，给水价调整带来很大难度。如何建立和完善水价补偿机制，理顺水价与财政补偿之间的关系，彻底解决供水企业"事业单位、企业化管理"，责、权、利不明确，经营性亏损和政策性亏损相混淆等突出矛盾，是河西地区水价调整工作面临且必须着力解决的重点问题。

4.8.8 产业结构调整面临诸多挑战

产业结构调整是河西地区节水的重要内容和途径，但目前河西地区在产业结构调整方面仍面临市场、资金、技术等因素的巨大挑战，结构调整缺乏诸多要素的支撑。农业是河西地区的主导产业，也是河西地区的耗水大户。节水型社会试点建设以来，河西地区十分重视产业结构和农业种植结构的调整，产业结构和农业种植结构得到明显优化。张掖三产业比由 2000 年的 42∶29∶29 调整为 2008 年的 29∶38∶33，武威三产业比也由 2000 年的 35∶29∶36 调整为 2008 年的 23∶37∶40。但总体来看，河西地区特别是武威、张掖两市第二、第三产业发展明显滞后，农业产业化进程缓慢。在农业内部结构调整方面，河西地区近年来着力培育肉牛、玉米制种、马铃薯、设施农业等特色优势产业，在产业化龙头企业的带动下，农业种植结构明显优化，农业用水效率和效益得到明显提升，但近年来农业种植结构调整的难度越来越大，农业产业化层次和水平仍然较低，大多数企业以初级加工为主，企业分散，规模偏小，层次较低，产业链条短，终端产品科技含量低，市场开拓力度不够，营销手段单一，对产业的带动能力不强。

区域产业结构和城市化水平的提高，可以有效地减轻农业和土地对水资源的压力。但由于河西地区特别是农业大市第二、第三产业发展滞后，农业产业化进程缓慢，不仅削减了第二、第三产业发展减轻水资源压力的功能，也直接影响城市化过程的顺利推进和城市化水平的提高。在蔬菜产业发展方面，目前河西地区仍存在以下突出问题：一是优势产业区域还不够集中，蔬菜种植品种多而杂，专业化程度与生产的组织化程度还比较低。二是产品质量与市场要求还有一定的距离。受信息滞后等因素的影响，河西地区乃至甘肃生产的蔬菜品种普遍存在与市场要求不相一致的现象，不仅影响产品销售渠道的开拓，而且影响产品的销售价格。例如，由于河西地区蔬菜外销运距相对较远，外销企业收购要求厚皮西红柿，而大面积生产的仍为薄皮西红柿。甘肃陇兴农产品有限公司自 2002 年起在张掖甘州区建设了保鲜库，主要经营以甘蓝为主的东调蔬菜，市场要求甘蓝的大小为 1～1.5kg，经过宣传，2006 年落实的基地面积达到 1 万亩，但由于品种和栽培密度不合理，产区大部分农户生产的甘蓝在 3kg 以上。三是产业化程度不高，蔬菜运销企业带动能力不强，多数企业规模偏小、技术落后、布局分散，加工、储藏、保鲜能力不足。例如，张掖甘州区现有 15 家脱水蔬菜加工企业，但由于加工工艺落后，大部分处于停产和半停产状态。

4.8.9　节水技术研发与推广缺乏相关要素支撑

由于缺乏相关激励政策的扶持，投入严重不足，目前河西地区在节水技术和节水设备的研发与推广方面缺乏内在动力，节水总体水平低、规模小、进度慢。在农业节水领域，河西地区通过实施渠道防渗、管道输水、喷灌、滴灌、微灌、分渠轮灌、垄膜沟灌、垄作沟灌、膜下滴灌、覆膜抑蒸等节水工程与技术措施，农业节水近年来取得了明显成效。据张掖水务部门统计，与试点前相比，张掖农田灌溉亩均节水 45.8m³，农田灌溉年节水量可达 4.8 亿～5.8 亿 m³，相当于张掖现状用水量的 1/6。但目前农业节水领域仍存在许多突出问题。主要表现在：一是农业节水技术创新能力薄弱，科研与应用脱节，现有的技术多在生产上可行，但经济上未必合理。例如，由于节水设施及节水器具价格偏高，用水户难以进行节水更新和改造；又如垄作沟灌、垄膜沟灌等节水技术亩节水可达 150m³ 以上，但其在麦类、玉米、油菜等低产值作物上的经济效益并不明显，直接影响了节水新技术的推广和普及，导致农业节水仍以常规技术为主，高新节水所占比例较小。二是农业节水只注重单项技术，缺乏节水技术的综合集成，导致单一技术的推广出现困难。三是注重工程节水，忽视农艺节水，将节水农业等同于工程节水，把输送和灌溉过程中的节水作为主要的节水技术内容。四是由于管理体制不顺，水利部门与农业部门配合协调不够，节水灌溉农业和旱作节水农业相分离，制约了节水农业的全面发展。五是节水农业技术重简单引进，轻自主开发，产业化程度低，整体配套性差，喷、微灌设备及节水作业农机具难以满足需求。在工业节水领域，由于投入不足，节水技术研发能力不强，很多节水改造项目难以实施和推广。目前工业节水仍以冷却用水为主，洗涤用水、工艺用水等环节的技术仍很落后。此外，节水技术培训、技术服务、技术推广等环节十分薄弱，严重影响到节水工作的顺利开展。

4.8.10　法律法规不健全，WUA 发展面临诸多问题

目前河西地区促进节水型社会建设的相关法律法规仍不健全，缺乏严格的用水管理制度和废污水排放管理制度，节水执法和监督管理薄弱，水权交易及水权保障仍缺乏相关法律法规的支撑，难以有效地规范经济社会用水活动。WUA 是河西地区水权制度改革的产物，行使与承担着斗渠以下水利工程管理、维修和收缴水费、水量配置、调处水事纠纷、管理渠系内部水量交易及田间工程管理维护等权利与义务。WUA 的建立，促进了水资源管理的民主参与，调动了全社会参与节水型社会建设的积极性，体现了水权分配的公正、公平、公开和透明。张掖WUA 已为水权制度的运行和促进节水型社会建设发挥了重要作用，但 WUA 在运行和管理过程中也面临许多突出问题。表现在协会的发展面临相关立法缺失、协会地位不明确等诸多法律问题，严重影响到协会自身的建设和发展。协会的主体地位不明确，还必然导致协会的权利与义务不明晰；在监督层面管理层面，民政、水利、水务、灌区管理单位等许多部门参与协会的监督管理，往往造成监督主体之间监督内容交叉重复甚至推诿扯皮。监督机制的不健全，直接影响到政府对协

会的监督和管理。在一些地方，实施协会与村委会分开，虽然客观上促进了村务公开，减少了搭车收费等现象，但也造成 WUA 与村委会之间的关系难以理顺。由于不能进入协会，一些村干部对 WUA 的工作不支持，甚至唱反调。目前 WUA 在运行和管理过程中仍面临着协会地位不明确、权利与义务不明晰、监督管理机制不健全、工作报酬无法落实等突出问题，严重影响到协会的建设、发展及工作人员的积极性。

第 5 章 | 促进节水型社会建设的思路与对策

　　自 2002 年我国第一批节水型社会建设试点工作启动以来,我国已先后 4 批在全国范围内进行节水型社会建设试点工作,有效地推动了全国节水型社会建设工作的开展。试点地区水资源利用效率和效益显著提高,节水制度建设逐步完善,节水管理能力不断加强,节水实践创新发展取得新突破,各地积极探索各具特色的节水型发展模式并取得了良好效果。试点以来,全国累计推进 100 个国家级节水型社会试点、200 余个省级节水型社会试点、69 个国家级节水型城市和近 100 个省级节水型城市的建设,推动一大批节水型企业、单位、居民小区和节水教育基地载体建设,带动和引领各地区各行业节水工作。试点地区万元 GDP 用水量和万元工业增加值用水量年均下降 9%以上,远高于同期全国平均水平。但应当看到,我国水资源形势依然十分严峻,用水效率仍然不高,仍存在节水立法及政策制度尚不完善、已有法规执行难度大、节水职责不明确、节水内生动力不足、节水设施水平有待提升以及节水监管能力仍需加强等一系列问题。新时期,我国节水型社会建设的推进,应在立足我国水资源形势的基础上,坚持和遵循五大发展理念,贯彻落实适应经济发展新常态等一系列决策政策,落实"节水优先"方针,大力推进生态文明建设。按照"实行最严格的水资源管理制度,以水定产、以水定城、建设节水型社会"等要求,准确把握节水型社会建设的新内涵、新要求,提高用水效率,推动绿色发展,保障国家水安全。

5.1　基本思路与对策

5.1.1　深化体制改革,健全水资源管理体制机制

　　(1) 建立和完善水资源统一管理体制。节水型社会管理体制建设的主要内容是进行水资源管理体制改革,建立和完善水资源统一管理体制,由地方水行政主管部门统筹城乡涉水行政事务。应针对目前水资源管理中存在的部门分割、机构

重叠、管理脱节、统一组织和协调不力、水资源管理混乱等突出问题，加大机构调整和改革力度，调整和改革水资源管理机构，撤并相关机构和单位，整合和强化水资源统一管理机构的职能，进一步明确职责，理顺关系，加强各部门的衔接与协调，为水资源的统一管理提供组织保障。通过统一管理的方式，强化区域水资源统一管理和监督，实行水源联合调度、水量与水质统一管理，充分协调流域上下游之间的利益关系，最终达到水资源可持续利用的目标。同时，应建立和完善流域管理与区域管理相结合的水资源管理体制和运行机制，强化流域管理机构的协调管理能力，根据相关法律法规，明确流域管理的法律地位，明确流域管理机构的职能职责，合理划分事权，有效地行使取水许可管理、水资源调配、水价管理、用水定额管理及污水排放许可管理等管理职能，严格取、用、排水的全过程管理。

（2）健全部门协作机制。节水型社会建设工作的实施依靠高效的组织管理体系，需要各政府部门在节水工作开展过程中科学划分职能职责，避免出现空白管理地带，部门之间资源共享，做到统一指挥、分工明确、科学有效地协作机动配合；应构建以节水型社会建设领导小组为协调与决策层、节约用水办公室为执行与管理层、咨询委员会为咨询与顾问层、公众互动协会为监督与参与层的四位一体的节水型社会建设管理体制，建立和完善政府调控、市场引导、公众参与的节水型社会管理体制，围绕用水和排污总量控制与定额管理、公共利益的维护和水资源保护、水权水市场建设、节水激励与处罚、公众知情与意愿表达、决策参与和民主监督等方面开展制度设计；应科学制定国民经济和社会发展规划，有效地协调节水型社会建设规划与相关规划的关系。节水型社会建设规划的制定既要注重与相关规划的有机衔接和协调统一，更要坚持原则，保证其作用与价值，避免对相关规划的无原则妥协与协调，也要完善规划的内容体系，增强规划的系统性与完整性。同时，在规划制定过程中应广泛征求不同部门和专家的意见，重视"申请—审查—批复—实施"等各个环节，形成完整规范的规划编制和实施程序。在规划内容方面，应加强对水资源利用评价、水资源配置与实时调度、流域生态与社会经济需水预测分析、行业定额标准及水资源管理信息化等内容的定量分析，切实发挥规划对节水型社会建设的指导作用。

（3）加快推进水价改革，建立合理的水价形成机制。水价是水资源管理的主要经济杠杆。水资源的稀缺性决定了水的价值，为保护有限的水资源，应根据地区水资源条件和经济发展水平，加大水资源费征收力度，合理调整水资源费征收标准，完善水资源费的征收程序，完善排污收费制度，调整扩大污水处理费的征收范围，建立合理的水价形成机制。水价包括基础水价、生活用水阶梯式水价和非生活用水超定额累进加价 3 种形式，基础水价是实施阶梯水价和超定额累进加价的基础。制定合理的水价政策，能有效促进节约用水，提高用水效率和效益，对水资源的优化配置起着十分重要的作用。目前我国尚未将水价作为真正促进节水的经济调节机制，其对节约用水和促进水资源优化配置作用未充分发挥。面对日趋严重的水资源危机，如何确定科学合理且有较强可操作性的节水水价，实现节约用水、缓解水资源供需矛盾的目标，是目前节水型社会建设工作中亟待解决的问题。科学合理的节水水价应按照补偿成本、合理收益、优质优价、公平负担的原则，在统一管理的前提下兼顾各地区不同行业的特点分类定价。水价改革的目标是建立科学合理的水价形成机制，建立和完善水价补偿机制，保障水管部门的正常运行，彻底解决水管部门"事业单位、企业化管理"的现状及运行、管理、维护费用不足等突出问题。水价的改革应立足水资源短缺的现实，综合考虑水利工程和供水成本、用水户承受能力及水价构成中水资源费偏低等因素，扩大水资源费征收范围、提高水资源费征收标准，通过水价调整、阶梯水价及"超用加价，节约奖励"等制度的实施，调动各行业节水的主动性与积极性。同时，应规范水费的征收、管理与使用，积极推进末级渠系水价改革，规范末级渠系水价构成和收费秩序，实行"终端水价"制度。

（4）建立节水型社会建设的多元化投入机制。节水型社会建设需要稳定、可靠的资金保障。建设资金的来源，一靠国家投入的增加，二靠体制机制的改革与完善。政府应及时制定和调整相关政策，以直接投入、补贴、贴息、减免税费等配套措施，建立和调控节水型社会建设市场，引导和建立国家、地方、社会参与的多元化、多渠道投融资机制，有效地解决节水配套工程建设资金不足的问题。同时，加快水务管理体制改革步伐，建立和完善水价补偿机制，有效地管理和合理使用水费，保障水利工程与节水配套设施的基本维护管理费用。节水型社会建设多元化投入机制的建立，包括中央财政、民间投资和银行融资等多元化的节水投资渠道，争取从每年的基本建设、技术改造资金及水利建设基金、城市建设 3 项费用中切块用于节水型社会建设，使节水改造有稳定的资金来源，对节水技术开发和重点节水项目建设给予资金支持。通过征收水资源费、超定额用水水价加价以及社会捐助等途径建立稳定的节水发展基金，用于支持节水新技术、新工艺的研究开发推广和节水政策研究。此外，水管单位应严格控制人员，约束成本，重点解决 WUA 的运行经费和田间工程的维修养护费用，建立工程维修养护专项资金，每年提取一定比例的水费用于水利工程维修，严格资金管理，确保水利工程的安全运行。

（5）建立促进节水型社会建设的长效机制与绩效考核机制。考核对节水型社会建设和水资源管理制度的落实起着非常重要的促进和推进作用，但目前考核指标设置的科学性与系统性、考核管理体制的合理性、监测手段和水平下用水效率等考核指标的准确性与公平性等问题，依然制约着评估考核的水平和考核机制的完善。因此，应在广泛调研的基础上，遵循科学、实用及简明的原则，筛选一些能反映节水工作效率且综合性较强、涵盖面广的指标作为主要指标，构建由综合评价指标、行业用水评价指标和节水管理评价指标组成的节水型社会建设考核评价体系，通过一系列量化指标来衡量用水效率和效益，综合考核各地区、各行业及用水户节水工作的效率和成果，使考核体系能真正发挥作用。在指标制定中，指标体系的设立要充分体现科学性、代表性和可操作性，要针对不同地区、不同行业、不同生产部门提出不同的考核目标和内容，充分体现地区之间、行业之间、部门之间的实际，使考核情况能够反映实际情况。节水型社会建设的激励机制包括补偿、奖励和惩罚等内容。国家或地方政府应根据节水的实际情况，建立和完善节水激励政策，综合运用价格、财税、金融等手段调节用水需求，加大对节水工程与节水技术改造项目的政策倾斜与支持力度。对国家鼓励发展的节水技术与设备，应在其开发、研制、生产和使用的各个环节给予政策和支持。对节水产品予以政策上倾斜，对完成节水指标的用户给予适当的奖励，对没有完成的用户给予适当的惩罚。通过考核机制和奖惩机制的建立、完善和有机结合，推动节水型社会建设各项措施的落实。

河西地区在未来发展中，应将节水型社会建设纳入当地的社会经济发展规划之中，制定节水技术研发与推广的扶持政策，完善节水补偿政策与补偿机制，形成节约用水的内部驱动机制与外部的激励机制。同时，建议将节水型社会建设工作纳入各级政府的考核内容，从经济、体制、政策、技术、社会、环境等多个层面选取一定的定量与定性指标，建立节水型社会建设绩效考核指标体系，对节水型社会建设的水平、质量与效果进行考核评价，以此激励各级政府对节水型社会建设工作的组织领导。节水型社会建设绩效考核指标体系的设计应体现综合性，涵盖节水管理、生活用水、生产用水、生态指标等方面，遵循系统全面、体现层次、相对独立、定性与定量相结合、综合性与单项性相结合的基本原则，可在参考水利部制定的《节水型社会建设评价指标体系（试行）》（2005 年）的基础上，从中选择或增补适合本地区的指标。

（6）建立和完善节水型社会建设的公众参与机制。公众参与水资源管理是落实最严格水资源管理制度的必然要求。目前，我国在公众参与水资源管理方面仍存在许多突出问题，表现在节水型社会建设相关制度信息和水资源信息供给不足、公众参与决策机制不畅、公众参与能力不强等方面。长期以来，水资源信息分散于水利、城建、环境保护、卫生等部门，有效的整合性不够，公开的全面性不足，公众了解的渠道不多。有的信息由于专业性太强，公众难以理解，公众与政府掌握的水资源信息不对称，公众参与只凭零散信息，难免形成片面认识。尤其在某个水污染问题成为公众关注焦点后，再被动地发布相关信息，易使公众产生政府"应付"和"掩盖问题"等猜疑，使部分地方政府公信力下降，公众对真实的信息和科学的决策反而持否定态度；在许多地方，公众参与水资源管理仅仅是一种形式，在政策制定、实施及后评估过程中，政府部门与公众还缺少对话协商的渠道和机制，公众参与决策的渠道不畅，尚未形成制度化的参与机制；公众缺少对水资源相关问题的理性思考，参与能力与参与水平较低，活动较少，在一定程度上影响了水资源决策公众参与的有效性。因此，应创新公众参与节水型社会建设和水资源管理的机制，建立政府部门与公众的对话协商机制，建立"政府部门—取用水户—公众"的复合管理模式。具体而言，一是应加快公众参与节水型社会建设和水资源管理的立法，修订完善现有法规制度，通过法律制度的完善对参与主体、方式、内容、结果等进行顶层设计，规范公众参与的机制，完善事前、事中、事后的参与机制，明确公众参与水资源管理的程序性权利，规定公众参与的方式和程序，将实践中形成的成熟有效的机制转化为法制规范；二是提升公众参与节水型社会建设和水资源管理的意识与能力，保障教育培训和宣传的经费投入，完善教育培训机制，创新教育培训形式，提升公众法律法规、水资源情势、水资源管理、节水常识与技术等方面的知识与认识，鼓励和引导 WUA 等社会组织的发展，使其成为联系政府与公众的桥梁；三是完善对话协商机制，通过构建更为开放的公众参与平台和途径，健全公众参与、专家论证和政府部门依法决策相结合的民主决策机制，保障公众参与节水型社会建设和水资源管理的重大决策；四是建设水资源信息数据共享平台，收集和整合相关信息，建立包含水资源信息发布、举报受理、公众互动等内容的一体化信息化平台，定期发布环境信息，引导公众关注环境问题，提出各方的观点，并通过公众信箱、热线电话、电子邮件来接收公众关切的问题，健全舆情监测机制，及时回应公众关切；五是健全水资源管理的政府考核和行政问责机制，构建水行政执法与公众监督、舆论监督、司法监督相结合的水资源监管体系。同时完善公益诉讼机制，为公众参与提供司法保障。

5.1.2　建立和完善水权制度，加强节水型社会制度体系建设

完善的制度是节水型社会建设成功的关键。节水型社会制度体系包括水资源总量控制与定额管理相结合的有偿使用制度、水功能区管理制度、取水许可制度、水权交易制度等，对节水型社会建设中合理配置水资源，制定相关政策等都具有重要的意义。

（1）建立和完善水权制度。水权制度有利于实现水资源的高效利用与优化配置，可以有效地减少水资源配置过程中的交易成本，有利于实现水资源可持续利

用。各地可根据本区域的水资源条件和开发利用现状，从初始水权的确定、水权转换程序、水权转换的组织实施和监督管理等方面，制定水权管理和水权交易办法，不断完善政府主导的水权交易机制，鼓励水权由低用水效率领域向高用水效率领域转移。随着我国水权交易市场的逐步完善，今后的主要任务是逐步建立符合区域实际的水权交易制度、交易规则和规范交易行为。允许水权拥有者通过水权交易市场，将其节约的水有偿转让给其他用户，提高全社会的水商品意识，培育和发展水市场，形成合理利用市场配置水资源的有偿使用制度。为保证水权的实施，在市场经济条件下，通过确立宏观的总量指标和微观的定额指标，把水权落实到每一用水单元。

（2）构建完善和规范的节水型社会法律制度体系。制度建设是节水型社会建设的核心，通过法律制度、政策法规、管理办法、实施细则等制度法规体系的建立和创新，构建完善和规范的节水型社会建设的制度体系，为节水型社会建设的提供坚实可靠的制度法规保障。在各种制度安排中，法律具有更加基础和核心的地位。我国进行节水型社会建设试点以来，各试点城市和地区不断补充、修改和完善水资源保护、开发、利用的相关法律和规章制度，为节水型社会建设提供必要的法制保障。特别是 2006 年 1 月颁布的全国《取水许可和水资源费征收管理条例》，增加了对水资源费征收管理的规定，专章规定了水资源费征收使用管理，细化了水资源计量收费的有偿使用制度，增设了流域管理体制，落实了"区域与流域管理相结合"的管理思想。但整体来看，我国节水型社会建设的法律制度体系与节水型社会建设要求还有较大差距。表现在：①一是节水法律文件繁多，节水立法规范烦琐。与国外的节水立法相比，我国节水立法属于典型的政府主导型，节水立法的实质内容不仅体现在为数众多的节水法律、行政法规、部门规章、地方性法规和地方规章之中，还体现在数量庞大、对节水立法影响深远的各级政府规划、指导意见、工作通知等法律文件中。政府主导型节水立法的长期发展使我国节水法律文件数量繁多、节水立法规范烦琐且大量重复，正式的节水立法分散在为数众多的法律、行政法规、部门规章、地方性法规和规章之中。同时，我国与节水相关的单行法的制定往往带有应急性，导致整个法律体系连贯性不够，各个单行法之间相互重复、相互矛盾和抵触。全国性的专门节水立法只有建设部颁布的《城市节约用水管理规定》，其调整范围局限于城市节水立法，节水立法效力位阶仅止于部门规章。②农村节水立法缺乏，城乡统一的节水立法体例尚未建立。在法律层面上，2002 年修订《中华人民共和国水法》只有第八条、第二十三条和第五十条明确提到农村节水和农业节水问题，并且只是原则性规定发展节水型农业、限制耗水量大的农业项目，但是在部门规章层面上，《城市节约用水管理规定》作为全国唯一的专门性节水立法，却将农村和农业节水问题排除在外。③节水法律责任体系亟待完善。重行为规则设定，轻法律责任设定是我国立法普遍存在的现象。2002 年修订的《中华人民共和国水法》用较大篇幅规定了节水法律原则、制度和措施，但只有 3 个条款设定了节水法律责任（顾向一，2008）。

为进一步加强和规范节水型社会建设工作，依法保障水权及水市场的正常运行，促进节水型社会建设健康有序开展，应尽快建立和完善与节水型社会建设相配套的法律法规和政策体系，将节水型社会建设工作纳入法制化轨道。一是尽快制定和出台全国节水条例和水资源管理条例，加大节水法律监督力度，有效地保障节水原则和节水制度的贯彻和推广。二是进一步完善节水法规体系，在《中华人民共和国水法》确定的建立节水型社会的原则性规定以及一些配套的法规的基础上，建立完备的节水型社会的法律体系。加快城乡一体化的节水立法体系，发展节水型工业、农业和服务业，创建节水型单位、社区、家庭、灌区，建立节水型社会，健全节约用水社会化服务体系。三是在节水立法中进一步明确节水法律制度、节水措施和节水法律责任，共同构成立法主干内容，为依法用水、治水和节水提供法律保障，将节水型社会建设纳入法制化轨道。河西地区节水型社会法制体系建设，应尽快建立和完善相关法律法规，特别是尽快制定和完善节水管理条例、水权交易及水权保障等相关法律法规体系，制定和完善各类节水器具、设备的技术标准，建立节水产品认证制度和市场准入制度，规范节水产品市场秩序，强化节水产品的质量管理。

5.1.3 大力推动产业结构优化升级，建立与节水型社会相适应的经济结构体系

不同城市和地区应立足当地水资源条件和承载力，科学合理地制定区域发展战略，逐步调整经济结构和产业布局，建立与区域水资源条件和承载力相适应的经济结构体系。在制定区域社会经济发展规划时要充分考虑水资源条件，合理分配生活用水、生态用水、工业用水和农业用水，切实做到"因地制宜，量水而行，以水定产业，以水定发展"。

河西地区的产业结构调整，应在把握国家产业政策导向的基础上，以水资源合理配置与可持续利用为核心，根据国内外市场需求的变化，进一步优化三产业结构和各次产业内部结构，发挥比较优势，发展特色产业，培育主导产业。应继续优化种植业结构，加强农业节水技术的应用与推广，积极采用农业高新技术，大力推广设施农业、高效农业与生态农业，重点发展制种业、优质瓜果蔬菜、酿

酒原料（葡萄和啤酒大麦）、花卉业、商品饲草、畜牧养殖业等特色优质农牧业，形成区域特色鲜明的节水高效农牧业体系。同时，应积极扶持培育农产品精深加工龙头企业，延长农业产业链，提高节水农业效益，带动节水农业发展。在蔬菜产业发展上，应充分发挥河西地区的气候资源优势，在扩大高原夏菜生产规模及提高蔬菜产品质量的同时，加快新品种的引进、开发和推广，推进蔬菜产业向优势区域集中，进一步提升蔬菜产业的专业化与市场化水平。集成创新是农业科技成果应用于农业生产最直接最有效的途径，因此应加快蔬菜生产技术的集成创新，使先进实用技术尽快转化为现实生产力。同时，应强化对龙头企业的引导和扶持力度，加快信息网络建设，充分发挥企业在蔬菜产业发展中的带动作用。同时，应建立和完善节水激励政策，制定综合运用价格、财税、金融等手段调节用水需求、促进产业结构调整的政策法规。河西地区工业的发展应以培育企业技术创新能力和提高生产技术水平为核心，有效地降低单位产值耗水量，严格禁止高耗水、高污染项目，严格控制工业用水量的增长；应立足区域第三产业发展严重滞后的现状，以扩大总量、优化结构、拓宽服务领域、提高服务水平为目标，积极改造传统服务业，大力促进信息、金融、技术、商贸、旅游等现代服务业的发展。目前，河西地区实施的"以水定产业、以水定结构、以水定规模、以水定灌溉面积"的政策措施，虽然在一定程度上促进了产业结构的调整和优化，但应进一步加强对政策、市场等要素的研究分析，建立政策导向与市场导向有机结合的产业结构调整机制。

5.1.4 加强工程技术体系建设，加快水资源管理信息化步伐

引进、研发和推广符合区域实际的新技术、新工艺和新设备，是节水型社会建设的基本要求和趋势。发达国家在工业节水、农业节水和生活节水等领域都非常重视节水新工艺、新技术的运用，主要依靠科技力量推动节水型社会建设，如美国的喷灌非充分灌溉技术，以色列的农业节水技术等。我国建设节水型社会深入推进，必须建立与水资源优化配置相适应的节水工程和技术体系，为节水制度建设和经济结构调整提供必要的技术和工程保障。在农业节水方面，应以提高用水效率和效益为核心，通过建立示范、技术创新、宣传培训、财政补贴等途径和手段，积极开展节水示范项目建设，加强节水科研、节水技术成果转化与推广应用，重点实施工艺节水、废（污）水回收利用、喷（滴）灌、智能型控制系统等节水技术措施改造。加大工程建设的资金投入，发展规模化农业节水工程，全面推行节水灌溉工程，提高农业用水的效率，推动农业节水快速发展。应针对干流调蓄能力不足、水计量设施缺乏等现实问题，加强蓄水工程、引提供水工程、引

排水工程的建设与改造，加快骨干水利工程建设步伐，大力推进大中型灌区的续建配套和节水改造，加强农田水利基础设施和供水水源地的建设，配套完善用水计量设施、水资源监控设施与调度管理信息系统，逐步建立设施齐备、配套完善、调控自如、配置合理的水资源管理基础设施。在工业节水方面，应针对工业发展及其用水特点，加大节水技术改造，加强治污工程建设，防止水资源污染和水质恶化。同时，应通过对电力、石化、冶金、机电、食品、医药、汽车、烟草、建材等各类企业用水特征的系统分析，积极探索和推广包括管理制度、生产工艺、技改措施和再生水回用等内容的综合节水示范项目，以技术进步提升节水能力。在生活用水方面，应大力加强引水供水能力建设，推广和普及节水器具，加强城乡常规和备用水源地建设，增强城乡供水安全保障，完善城乡在缺水期和发生水污染事件时的水资源调度应急预案，科学调度水资源。国家、地方和工业企业应加强工业节水、自动监测控制、农业节水灌溉、中水回用等先进实用技术的研究，通过将重大节水科技创新项目列入科技发展计划等途径和手段，加大科技投入力度，加快节水科技发展，大力开发节水新材料、新技术、新工艺；应加快水资源管理信息系统建设，提升计量、监控和调度的信息化水平，实现水文、水质数据自动采集、传输、处理和预报，形成实时监控网络；加大对节水技术研发、节水工程与节水技术改造项目的政策倾斜与支持力度，对国家鼓励发展的节水技术与设备，应在其开发、研制、生产和使用的各个环节给予政策和支持。

5.1.5　重视节水宣传教育，加强节水文化和行为规范体系建设

节水宣传教育和节水文化建设是节水型社会建设的重要内容之一。通过节水宣传教育，不仅可以提高公众对水资源情势的认识，强化节水意识，掌握节水知识和技能，改变传统的认知水平和思维方式，而且可以提高公众参与节水型社会建设的积极性和主动性，将水资源保护和可持续利用的理念自觉渗透到日常生产生活之中。从社会现实来看，我国公众对水资源开发利用仍存在诸多认知上的误区，如认为地球上的水资源是无限的、水是无价值的自然资源、技术的进步会处理一切等，这些认知误区直接影响着节水型社会建设的成效和深入发展。因此，在节水宣传教育方面，应充分利用广播、电视、报刊、互联网等各媒体，采取专题文艺晚会、知识竞赛、节水成果展览、公益广告、墙报标语等多种形式进行节水宣传教育，不断提高公众对水资源忧患意识和节约意识，动员全社会力量参与节水型社会建设；应加强节水知识技能培训，普及节水知识，加强学校节水教育，使中小学生从小养成节水的行为习惯。节水文化是人们在开发利用和保护水资源，实行计划用水、节约用水过程中形成的关于水的精神祈求、价值观念和行为方式

的综合，是建设节水型社会的一种内在动力（刘七军，2009）。因此，应积极探索节水宣传教育的新途径和新方法。通过各种形式的宣传教育，逐步培育和构建全社会的节水文化、节水行为规范和社会价值观，实现对水资源在认识上和利用方式上的根本转变，形成节约用水的良好社会氛围和社会行为规范。

5.2　国家节水型社会建设"十三五"规划解读

2017 年 1 月，国家发改委、水利部、住房和城乡建设部联合发布了《节水型社会建设"十三五"规划》（简称《规划》）。《规划》在全面分析节水型社会建设取得的成效、存在的问题和面临的形式的基础上，提出了"十三五"期间节水型社会建设的指导思想，基本原则、规划目标、重点任务和重点领域，提出了节水型社会建设的区域布局和主要发展方向，从节水型社会建设机制建设和完善的视角，提出了"十三五"期间节水型社会建设的组织实施的对策和措施，是"十三五"时期我国节水型社会建设的行动纲领[①]。

5.2.1　《规划》的背景

"十二五"时期，党中央国务院相继出台了关于实行最严格水资源管理制度、保障国家水安全等一系列决策部署，推动一批节水供水重大水利工程项目建设。习近平总书记提出了"节水优先、空间均衡、系统治理、两手发力"的新时期水利工作方针，从观念、意识、措施等各方面把节水放在优先位置。全面推进以水资源管理体系、经济结构体系、工程技术体系、行为规范体系等"四大体系"为重点的节水型社会建设工作，节水制度建设逐步完善，节水管理能力不断加强，节水设施建设取得重大进展，节水实践创新发展取得新突破。各地积极探索各具特色的节水型发展模式，华北地区突出总量控制，西北能源化工基地推进水权转换，东南沿海经济发达地区推行清洁生产，东北地区节水增粮，南方丰水地区节水减排。节水技术由单一设施、单一技术使用向用水系统集成优化、智能化方向发展，海水淡化和海水直接利用规模持续扩大，城镇再生水、建筑中水利用能力不断提升，分区计量和压力调控等供水管网检漏损控制技术稳步推广，水资源利用效率和效益显著提高，基本完成"十二五"规划确定的主要目标和任务。但我国水资源形势依然十分严峻，用水效率仍然不高，仍存在节水制度尚不完善、节水内生动力不足、节水设施水平不高、节水监管能力和节水理念意识不强等许多

---

① 国家发改委、水利部、住房和城乡建设部.节水型社会建设"十三五"规划，2017年1月。

问题。

新时期，党中央、国务院提出全面建成小康社会、坚持五大发展理念、适应经济发展新常态等一系列决策方针政策。未来 5 年是全面建成小康社会的决胜阶段，是大力推进生态文明建设、转变发展方式的重要战略机遇，也是落实"节水优先"方针、破除国家水安全制约瓶颈的重要时期。国家"十三五"规划纲要明确提出"实行最严格的水资源管理制度，以水定产、以水定城，建设节水型社会"等要求。必须准确把握节水型社会建设的新内涵、新要求，增强忧患意识、责任意识，尊重规律、尊重实际，强化城市建设管理，集中力量着力调整用水结构、提高用水效率，促进经济发展方式加快转变，推动绿色发展，破解水资源水环境制约问题，保障国家水安全，推进生态文明建设。

为贯彻党中央、国务院提出的一系列新的决策方针政策，贯彻落实《中华人民共和国国民经济和社会发展第十三个五年（2016～2020 年）规划纲要》文件精神，由国家发改委、水利部、住房和城乡建设部组织编制了《节水型社会建设"十三五"规划》。

5.2.2 《规划》的主要内容

《规划》全文分为 6 个部分。一是现状与形势，对"十二五"时期节水型社会建设在节水制度、节水管理能力、节水设施和节水实践创新等方面取得的成效进行了全面总结和深入分析；分析指出，"十二五"时期我国水资源利用效率和效益显著提高。在 GDP 提高 46%的发展背景下，用水量仅增长 1.3%，以用水微增长保障了社会各行业高速发展，全国万元 GDP 用水量下降 31%，万元工业增加值用水量下降 35%，农田灌溉水有效利用系数提高到 0.532。规划也对目前我国节水型社会建设中面临和存在的用水效率、节水制度、节水内生动力、节水设施、节水监管能力和节水理念意识等问题进行了深入分析。二是总体思路，紧密结合新时期国家发展战略、总体布局和发展理念，提出了以水资源可持续利用促进经济社会可持续发展的基本思路。三是重点任务，提出了制度建设、内生动力发展、科技创新、监管考核等"十二五"时期节水型社会建设的重点任务。四是重点领域，提出了农业高效节水、工业节水和转型升级、城镇节水和非常规水源利用等节水的重点。五是区域布局，根据我国不同地区的水资源禀赋、水资源和生态环境的压力负荷，未来区域水资源需求、节水潜力以及区域水资源调配和可持续发展对节约用水的要求，按照东北、华北、西北、西南、华中、东南六大区，分区确定节水型社会建设的重点方向和任务。六是组织实施，重点强调通过机制的健全和完善推进新时期节水型社会建设。

5.2.3 指导思想与总体目标

规划紧密结合新时期我国社会经济发展的基本趋势和战略方针，紧紧围绕统筹推进"五位一体"总体布局和协调推进"四个全面"战略布局，牢固树立创新、协调、绿色、开放、共享发展理念，提出坚持节水优先方针，充分发挥政府的引导作用和市场调节作用，强化水资源承载力刚性约束，严控水资源消耗总量和强度，提升全社会节水意识，把节水贯穿于经济社会发展和生态文明建设全过程，大力提高水资源利用效率和效益，以水资源可持续利用促进经济社会可持续发展的指导思想。

《规划》分两个层次提出了"十三五"时期全国节水型社会建设的目标。

一是总体目标，提出了全国北方 40%以上，南方 20%以上的县级行政区达到节水型社会标准。并从"控总量、提效率、健体制、强能力、增意识"5 个方面对总体目标进行了分解和说明。例如，在控总量方面，提出全国用水总量控制在 6700 亿 m³ 以内，非常规水源利用量显著提升；在提效率方面，提出万元 GDP 用水量、万元工业增加值用水量较 2015 年分别降低 23%和 20%，农田灌溉水有效利用系数提高到 0.55 以上；在健体制方面，提出水资源管理制度进一步完善，节水约束与考核机制逐步优化，水权水价水市场改革取得重要进展；在强能力方面，提出要使水资源监控能力显著提高，城镇和工业用水、农业灌溉用水计量率分别达到 85%、70%以上，用水计量准确度、可靠性显著提升。

二是分领域目标，提出了"十三五"时期全国节水型社会建设在农业节水、工业节水和城镇节水 3 个方面的具体目标。农业节水领域的目标主要指向节水灌溉工程建设，提出节水灌溉工程面积要达到 7.0 亿亩左右，节水灌溉率达到 63%；新增高效节水灌溉面积 1.0 亿亩，高效节水灌溉率达到 31%；大中型灌区和井灌区节水措施全覆盖；缺水地区大型及重点中型灌区达到国家节水型灌区标准要求；在工业节水领域，不仅提出用水效率指标的要求，而且对工业园区的用水标准提出要求。提出万元工业增加值用水量要降低 20%，规模以上工业企业用水定额和计划管理实现全覆盖，缺水地区的工业园区要达到节水型工业园区标准要求；在城镇节水方面的要求进一步提高，突出了对供水管网漏损率、城市再生水利用率和新建公共建筑和新建小区的用水要求，提出城市公共供水管网漏损率控制在 10%以内，缺水城市再生水利用率达到 20%以上，新建公共建筑和新建小区节水器具全覆盖，地级及以上缺水城市全部达到国家节水型城市标准要求。

5.2.4　重点任务与重点领域

《规划》制定和提出了"十三五"时期节水型社会建设的 5 项重点任务，包括制度建设、内生动力、科技创新、监管考核等方面。制度建设主要突出了强化水资源承载力的刚性约束（包括建立水资源承载力监测预警机制、探索实行耕地轮作休耕制度、调整种植结构、落实主体功能区规划、优化城镇空间布局和发展规模等）、建立健全规划和建设项目水资源论证制度、严格用水定额管理、强化行业和产品用水强度控制等内容；节水内生动力主要强调了推进合同节水管理、实施水效领跑者行动、完善水资源有偿使用制度、积极探索建立水权水市场制度、建立用水产品水效标识制度、严格节水市场准入和监管等方面；科技创新主要包括鼓励节水产业发展、攻关研发前瞻技术、推广示范适用技术、建设节水创新示范区、支持节水产业发展（包括发展节水工业、建立生产加工基地、提升节水产品设备市场竞争力等）、完善节水标准体系；强化监管考核主要强调了健全节水法规和考核制度、加快计量监控能力建设两个方面；与以往不同，《规划》在节水宣传教育中除继续强调传统宣传方式和强化公众参与之外，提出了"洁水"宣传教育。

《规划》的第 4 部分是"十三五"时期节水型社会建设的重点领域，涉及农业节水、工业节水、城镇节水、非常规水源利用 4 个方面。农业节水重点领域包括优化配置农业用水、加快节水灌溉工程建设和技术推广、积极推广农业和生物技术节水措施、实施养殖业节水和积极推进农村节水。其中农村节水结合我国新型城镇化和新农村建设的实际，提出要以县级行政区域为单元，实施农村污水处理统一规划、统一建设、统一管理，推动农村节水行动，实施集中供水和污水处理工程，保障农村饮用水安全，推广使用节水器具。工业节水重点领域包括优化高耗水行业空间布局、推进高耗水工业结构调整、加大高耗水行业节水改造力度、建设节水型园区和节水型企业几个方面，紧密结合我国经济发展和产业结构调整的战略要求。例如，优化高耗水行业空间布局明确提出，要推动火电、钢铁、造纸等高耗水行业沿江、沿海布局，促使已有高耗水项目转移搬迁；严格控制黄淮海平原、西北地区等资源型缺水地区发展造纸工业及灌溉型造纸原料林，引导和鼓励造纸产能向水资源丰富的南方地区转移；西北、华北等地区新建电厂应优先利用非常规水源，鼓励采用空气冷却技术；推动高耗水企业向工业园区集中，推广串联式循环用水布局。在高耗水工业结构调整中，明确提出要按照推进供给侧结构性改革、化解过剩产能的总体部署，依法依规淘汰高耗水行业中用水超出定额标准的产能，促进产业转型升级，引导钢铁、石油和化工、电力、煤炭、造纸、纺织、食品等高耗水行业的既有产能向高效节水方向调整。《规划》也特别强调要加大高耗水行业节水改造力度，实施重点用水企业水效领跑者引领行动，推进水效对标达标，实行强制性节水用水措施与标准，完善国家鼓励类和淘汰类工业用水工艺、技术和设备目录，加快对钢铁等高耗水企业实施节水工艺改造。

《规划》提出的城镇节水重点领域包括推进城镇供水管网改造、推广节水器具使用、加强服务业节水和推进节水型城市建设等内容。除继续强调城镇供水管网改造、推广节水器具使用等内容之外，对服务业节水也提出了明确的要求。例如，提出要合理限制高耗水服务业用水，对洗浴、洗车等行业实行特种用水价格，强制要求使用节水产品，对非人体接触用水强制实行循环利用，缺水地区严禁盲目扩大用水景观、娱乐的水域面积，推广建筑中水应用，面积超过一定规模的新建住房和新建公共建筑应当安装中水设施等。这些规划内容和要求，充分考虑和结合了我国快速城镇化背景下城镇用水需求不断增长的客观实际，反映了新时期我国城镇节水的新变化、新特点、新内容和新要求。

《规划》也将非常规水源利用列为"十三五"节水型社会建设的重点领域，提出要推进非常规水源利用，构建多元用水格局。一是加大雨洪资源、海水、中水、矿井水、微咸水等非常规水源开发利用力度，实施再生水利用、雨洪资源利用、海水淡化工程，把非常规水源纳入区域水资源统一配置；二是以缺水及水污染严重地区城市为重点，促进再生水利用，加大污水处理力度，提高再生水利用率；三是结合海绵城市建设，推动雨水集蓄与利用，指出应在有条件的山丘区大力推广雨水集蓄利用，发展集雨节灌；四是以沿海地区高耗水行业为重点，大力发展海水直接利用和海水淡化；五是加大矿井水和苦咸水利用，提出大水矿区、缺水矿区矿井水的利用方向和建设重点，明确提出新建煤炭开采项目要尽量利用矿井水作为工业用水，推进饮用苦咸水水质改良工程，建立苦咸水改良产业体系。

5.2.5　区域布局与组织实施

根据我国不同地区的水资源禀赋，水资源和生态环境的压力负荷，未来区域水资源需求、节水潜力以及区域水资源调配和可持续发展对节约用水的要求，《规划》按照东北、华北、西北、西南、华中、东南六大区，分区确定了节水型社会建设的重点方向和任务。提出东北地区是我国重要的原材料、装备制造业基地和粮食生产基地，区域水资源分布不均，应着力提高用水效率；华北地区是我国政治文化中心和小麦主产区，区域水资源严重紧缺，应以结构调整促进节水；西北地区是我国重要的能源基地和生态屏障区，区域水资源短缺，生态环境十分脆弱，水资源利用效率和效益低，生产与生态环境用水矛盾尖锐，应以水定发展；西南地区经济社会发展相对滞后，区域水资源丰沛，水资源开发利用率，耕地灌溉率较低，水土资源开发利用潜力较大，应促进人水和谐；华中地区河湖众多，水网密布，水资源相对丰富，灌排设施基础较好，但降水时空分配不均，灌溉水利用效率不高，水污染问题突出，且未来水资源需求增长较快，应促进节水减排；东南沿海地区是我国改革开放和现代化建设的先行地区，区域水资源丰沛，水土资源总体较为匹配，但水污染问题突出，部分地区未来用水增长空间有限，应节水治污并重。

《规划》的组织实施突出强调了机制建设，提出通过部门协作机制、评估考核机制、节水奖励机制、多元投入机制和公众参与机制的建立健全和完善，保障"十三五"时期节水型社会建设各项目标任务的落实和实现。例如，在多元投入机制的建立中，提出加大社会投资引导力度，积极引进民营资本投资节水领域，大力推广合同节水、公私合营等模式，研究建立节水奖励基金，逐步形成多元化的投入机制；在评估考核机制建设中，提出引入第三方评估机制；在节水奖励机制建设中，提出完善节水财税奖励机制，健全节水器具财政补贴政策，完善节水税收金融优惠政策等对策措施。节水财税奖励机制、多元化投入机制和第三方评估机制的建立和完善，必将对未来节水型社会建设发挥巨大的促进作用。

参 考 文 献

安娟. 2008. 节水型社会建设评价方法研究—以济源市为例. 安徽农业科学, （03）: 1212~1214

蔡甲冰, 刘钰, 雷廷武等. 2004. 精量灌溉决策定量指标研究现状与进展. 水科学进展, 15（4）: 531~537

蔡守秋, 吴贤静. 2005. 论节水型社会的法律框架. 中国水利, （13）: 50~52

蔡守华, 张展羽, 张德强. 2004. 修正灌溉水利用效率指标体系的研究. 水利学报, 35（5）: 111~115

曹璐, 刘小勇, 张洁字等. 2015. 国外水价现状分析及启示. 中国水利, （21）: 55~57

柴方营, 李友华, 于洪贤. 2005. 国外水权理论和水权制度. 东北农业大学学报（社会科学版）, 3（1）: 20~22

柴兆明. 2000. 永昌县春小麦喷灌节水效益研究. 甘肃农业大学学报, 35（3）: 326~330

车娅丽, 徐慧, 龚李莉等. 2014. 基于 PSR 模型和主成分分析法的节水型社会建设评价. 水电能源科学, 32（7）: 124~127

陈丹, 陈菁, 张捷等. 2005. 灌区农业水价研究的条件价值评估法. 节水灌溉, （5）: 2~4

陈锋. 2002. 水权交易的经济分析. 浙江大学硕士学位论文

陈菁, 陈丹, 代小平等. 2008. 基于利益相关者理论的灌溉水价改革研究, 节水灌溉, （9）: 40~43

陈康宁, 王建华, 赵勇等. 2012. 地方节水型社会制度体系的框架, 中国水利, （5）: 22~26

陈隆亨, 曲耀光. 1992. 河西地区水土资源及其合理开发利用. 北京: 科学出版社

陈伟, 郑连生, 聂建中. 2005. 节水灌溉的水资源评价体系. 南水北调与水利科技, 3（3）: 32~34

陈伟. 2000. 梨树微喷灌的节水试验分析. 节水灌溉, （3）: 28~35

陈晓燕, 陆桂华. 2002. 国外节水研究进展. 水科学进展, 13（4）: 526~532

陈易, 安子琴, 姜小川等. 2011. 基于完全成本定价模型的大连市水价研究. 水利经济, 29（3）: 42~45, 52

陈莹, 赵勇, 刘昌明. 2004. 节水型社会评价研究, 资源科学, 26（6）: 83~89

陈勇机. 2009. 发展水循环经济的思路与对策. 西安邮电学院学报, 14（4）: 102~108

陈玉民. 1995. 中国主要作物需水量与灌溉. 北京: 水利电力出版社

陈智渊, 徐胜利, 李慧琴等. 2006. 从田间水利用系数测定谈田间灌溉节水潜力. 内蒙古水利, 108（4）: 31~32

陈庆秋. 2004. 珠江三角洲城市节水减污研究. 中山大学博士学位论文, 149~152

程国栋，肖洪浪，李彩芝等. 2008. 黑河流域节水生态农业与流域水资源集成管理研究领域. 地球科学进展，（7）：661~665

程国栋. 2002. 承载力概念的演变及西北水资源承载力应用框架. 冰川冻土，24（4）：361~367

褚俊英，秦大庸，杨柄. 2008. 我国节水型社会建设的区域模式分析. 人民黄河，30（10）：6~8

褚俊英，秦大庸，杨柄. 2008. 我国节水型社会建设效果的调查分析. 节水灌溉，（7）：27~30

褚俊英，王灿，王琦等. 2003. 水价对城市居民用水行为影响的研究进展. 中国给水排水，19（11）：32~35

丛日颖，刘磊. 2005. 灌区渠道防渗的节水技术. 水利科技与经济，11（2）：109~112

崔远来，董斌，李远华等. 2007. 农业节水灌溉评价指标与尺度问题. 农业工程学报，23（7）：1~7

崔远来. 2000. 非充分灌溉优化配水技术研究综述. 灌溉排水，19（1）：66~70

崔建远. 2002. 水权与民法理论及物权法典的制定. 法学研究，（3）：37~62

代俊峰，崔远来. 2008. 灌溉水文学及其研究进展. 水科学进展，19（2）：294~300

迪南. 2003. 水价改革与政治经济—世界银行水价改革理论与政策. 石海峰译. 北京：中国水利水电出版社

董文虎. 2001. 浅析水资源水权与水利工程供水权. 中国水利，（2）：33~34，32

董辅祥，董欣东. 2000. 城市与工业节约用水理论. 北京：中国建筑工业出版社

杜威漩. 2006. 国内外水资源管理研究综述. 水利发展研究，（6）：17~35

杜伊，王晓燕，李方园. 2017. 利益相关者参与流域水环境管理的研究. 环境科学与管理，42（4）：1~6

段爱旺，信乃诠，王立祥. 2002. 节水潜力的定义和确定方法. 灌溉排水，（6）：18~25

段爱旺，信乃诠，王立祥. 2002. 西北地区灌溉农业的节水潜力及其开发. 中国农业科技导报，（4）：50~54

范黎，王舒曼. 2002. 水资源市场化的经济分析及实现途径——东阳、义乌的水权交易引发的思考. 云南地理环境研究，14（1）：31~36

樊胜岳. 1998. 河西地区经济与环境协调发展研究. 北京：中国环境科学出版社

方凯，李树明. 2010. 甘肃省农民用水者协会绩效评价. 华中农业大学学报（社会科学版），（2）：76~79

方创琳，乔标. 2005. 水资源约束下西北干旱区城市经济发展与城市化阈值. 生态学报，25（9）：2413~2422

封志明. 2004. 资源科学导论. 北京：科学出版社

冯广志. 2002. 用水户参与灌溉管理与灌区改革. 中国农村水利水电，（12）：1~5

冯业栋，李传昭. 2004. 居民生活用水消费情况抽样调查分析. 重庆大学学报（自然科学版），27（4）：154~158.

冯耀龙，崔广涛，王安源.2003. 我国水市场机制建立的分析探讨. 河北水利水电技术，（4）：9～12

付湘，陆帆，胡铁松.2016. 利益相关者的水资源配置博弈. 水利学报，47（1）：38～43

傅晨.2002. 水权交易的产权经济学分析——基于浙江省东阳和义乌有偿转让用水权的案例分析. 中国农村经济，（10）：25～29

傅春，胡振鹏，杨志峰等.2001. 水权、水权转让与南水北调工程基金的设想. 中国水利，（02）：29～30，5

傅春，胡振鹏.2000. 水利工程产权管理中激励机制的建立. 当代财经，（9）：69～72

傅春，胡振鹏，杨志峰等.2001. 水权、水权转让与南北水调工程基金的设想. 中国水利，（02）：29～30，5

傅国斌，于静洁，刘昌明等.2001. 灌区节水潜力估算的方法及应用. 灌溉排水，20（2）：24～28

高传昌，吴平.2005. 灌溉工程节水理论与技术. 郑州：黄河水利出版社

高传昌，张世宝，刘增进.2001. 灌溉渠系水利用系数的分析与计算. 灌溉排水，20（3）：50～54

高峰，许建中.2003. 我国农业水资源状况与水价理论分析. 灌溉排水学报，（12）：27～29

高前兆，李福兴.1991. 黑河流域水资源合理开发利用. 兰州：甘肃科学技术出版社

高阳，杨小柳，冯喆.2011. 节水型社会建设的民意研究. 水利经济，29（2）：6～11

龚安国，蒋吉.2007. 节水型社会的制度建设研究. 水利科技与经济，13（10）：712～714

顾向一.2008. 我国节水立法模式选择探讨. 河海大学学报（哲学社会科学版），10（3）：64～68

关良宝，李曦，陈崇德.2002. 农业节水激励机制探讨. 中国农村水利水电，（9）：19～21

甘肃省水利厅，2007.《河西地区节水型社会建设规划》

郭姣姣，薛惠锋.2016. 基于 DEA 模型的水利基础设施投资经济效益分析. 财会月刊，（33）：84～87

郭平.2005. 建立水权市场的三项制度性准备. 水利科技与经济，11（2）：65～68

郭巧玲，冯起，杨云松.2007. 黑河中游灌区可持续发展水价研究. 人民黄河，29（12）：65～66，68

郭善民，王荣.2004. 农业水价政策作用的效果分析. 农业经济问题，24（7）：41-44

郭晓东，陆大道，刘卫东等.2013. 节水型社会建设背景下区域节水措施及其节水效果分析. 干旱区资源与环境，27（7）：1～7

郭晓东，陆大道，刘卫东等.2013. 节水型社会建设背景下区域节水影响因素分析. 中国人口 •资源与环境，23（12）：98～104

韩洪云，赵连阁.2001. 节水农业经济分析. 北京：中国农业出版社

韩美，张丽娜.2002. 城市水价研究的理论与实践——以济南市自来水价研究为例. 自然资源学报，17（4）：457～462

韩青.2004. 农户灌溉技术选择的影响因素分析. 中国农村经济，（1）：63～69

郝亚光，姬生翔.2013. 回顾与展望：近十年我国农民用水者协会研究述评. 华中农业大学学报

（社会科学版），（5）：121～126

贺骥，刘毅，张旺. 2005. 松辽流域初始水权分配协商机制研究. 中国水利，（9）：16～18

何宝银，刘学军. 2009. 宁夏节水型社会建设成效与经验. 人民黄河，31（5）：13～14

胡和平，彭祥. 2005. 博弈论视角下节水型社会制度建设的基本内涵、组成结构与基本表征. 中
　　国水利，（13）：53～55

胡继连，葛颜祥. 2004. 黄河水资源的分配模式与协调机制——兼论黄河水权市场的建设与管理.
　　管理世界，（8）：43～52

胡继连，周玉玺，谭海鸥. 2003. 小型农田水利产业组织问题研究. 山东社会科学，24（2）：29-32

胡建勋. 2008. 河西地区水资源短缺现状分析及可持续利用措施研究. 地下水，（02）：29～31，56

胡玥琳，刘永功. 2007. 探索不同模式的农民用水者协会——以北京市村级农民用水者协会为例.
　　山西水利，（2）：66～67

胡鞍钢，王亚华. 2003. 以体制创新建设节水型社会. 瞭望新闻周刊，（43）：26～29

胡鞍钢，王亚华. 2003. 中国如何建设节水型社会——甘肃张掖"节水型社会试点"调研报告.
　　www.h2o-china.com

胡振鹏，李武. 2009. 农民水利协会的合作机制研究. 自然资源学报，（2）：185～191

黄河勘测规划设计有限公司. 2007. 黑河流域水资源开发利用保护规划

黄建才. 2004. 节水型社会是解决水危机的必然选择. 水利科技与经济，10（3）：157～158

黄河. 2000. 水市场的特点和发展措施. 中国水利，（12）：15～16

黄锡生. 2004. 论水权的概念和体系. 现代法学，（4）：134～138

黄辉. 2010. 水权：体系与结构的重塑. 上海交通大学学报（哲学社会科学版），18（3）：24～29

黄齐东. 2015. 中国环境社会学：借鉴西方与挑战未来. 学术界，（9）：58～69

黄乾，彭世彰. 2005. 北方地区节水灌溉现状简述. 水资源保护，21（2）：12～15

侯春梅，张志强，迟秀丽. 2006.《联合国世界水资源开发报告》呼吁加强水资源综合管理. 地
　　球科学进展，21（11）：1211～1214

贾绍凤，张杰. 2011. 变革中的中国水资源管理. 中国人口·资源与环境，21（10）：102～106

贾绍凤，王国，夏军，等. 2003. 社会经济系统水循环研究进展. 地理学报，58（2）：255～262

姜楠，梁爽，谷树忠. 2005. 水权交易中的比较优势及我国水权交易制约因素分析. 水资源与水
　　工程学报，16（1）：24～27

姜楠，梁爽，谷树忠. 2005. 中国产业间水权交易潜力及制约因素初步分析. 资源科学，27（5）：
　　90～95

姜文来. 2000. 水权及其作用探讨. 中国水利，（12）：13～14

姜文来. 2003. 农业水价承载力研究. 中国水利，（6）：41～43

姜志群. 1997. 中国与荷兰水资源管理组织功能和运作比较. 治淮，（12）：50～51

焦雯珺，闵庆文，李文华. 2015. 基于ESEF的水生态承载力：理论、模型与应用. 应用生态学

报，26（4）：1041～1048

金海，姜斌，夏朋. 2014. 澳大利亚水权市场改革及启示. 水利发展研究，（3）：78～81

金剑锋. 2008. 简谈精英决策与民主问题. 中共成都市委党校学报，（2）：22～24

康绍忠，李永杰. 1997. 21世纪我国节水农业发展趋势及其对策. 农业工程学报，（4）：1～7

柯礼丹. 2002. 全国总用水量向零增长过渡期的水资源对策研究. 中国水利，（3）：22～24

李岱远，高而坤，吴永祥等. 2017. 基于网络层次分析法的节水型社会综合评价. 水利水运工程
  学报，（2）：29～37

李光丽，霍有光. 2006. 政府在现代水权制度建设中的作用. 水利经济，（2）：58～61

李浩. 2012. 水权转换市场的建设与管理研究. 泰安：山东农业大学

李焕雅，祖雷鸣. 2001. 运用水权理论加强资源的权属管理. 中国水利，（4）：17～18

李利善，邵远亮，张开华. 2002. 完善公益性水利工程融资及补偿机制的探讨. 农业技术经济，
  （3）：2～4

李凌. 2005. 相关利益主体的互动对参与式灌溉管理体制发育的影响. 中国农业大学硕士学位
  论文

李佩成. 1982. 认识规律、科学治水. 山东水利科技，（1）：18～21

李琼，游春. 2007. 民间协会的集体行动——以"管水协会"为例的分析. 农业经济问题，（7）：
  41～45

李世明，程国栋，李元红，等. 2002. 河西走廊水资源合理利用与生态环境保护. 郑州：黄河水
  利出版社

李树斌. 2014. 庆阳市节水型社会建设做法与经验. 甘肃农业，（3）：53～54

李希，田宝忠. 2003. 建设节水型社会的实践与思考. 北京：中国水利水电出版社

李小云. 2001. 参与式发展概论：理论－方法－工具. 北京：中国农业大学出版社

李晓西，范丽娜. 2005. 节水型社会体制建设研究，中国水利，（13）：69～71

李柏山，粟颖，周培疆，等. 2015. 汉江流域水资源供需平衡及其承载力研究. 环保科技，（1）：
  36～41

李兴江. 2005. 内陆河流域建设节水型社会的理论与实践——以甘肃省张掖市为例. 兰州大学
  学报（社会科学版），（2）：83～88

李周，包晓斌. 2009. 资源库兹涅茨曲线的探索：以水资源为例. 水资讯网. http://info. cik3d.
  net/ ?actian-viewnews-itemid-52546

李燕玲. 2003. 国外水权交易制度对我国的借鉴价值. 水土保持科技情报，（4）：12～15

李洋，王辉. 2004. 利益相关者理论的动态发展与启示. 天津财经学院学报，24（7）：32～35

李友生，高虹，任庆恩. 2004. 参与式灌溉管理与我国灌溉管理体制改革. 南京农业大学学报：
  社会科学版，（4）：33～38

李原园，刘戈力，高弋绢. 2004. 水市场与水权交易. 水利规划与设计，（2）：9～12

李原园，张国良，许新宜. 2000. 面向可持续发展的西北水利发展战略问题. 水利规划，（2）：11～15

廖梓龙，郭中小，徐晓民，等. 2012. 包头市节水型社会建设效果评估. 人民黄河，34（11）：104～110

林兵. 2007. 西方环境社会学的理论发展及其借鉴. 吉林大学社会科学学报，47（3）：94～98

林国富. 2013. 莆田创建全国节水型社会建设示范区初探. 水利科技，（4）：63～66

刘丹，严冬，张乾元等. 2004. "节水型社会"建设模式选择研究. 中国农村水利水电，（12）：19～21，24

刘晓君，李颖. 2004. 博弈论在城市水资源定价中的应用. 河北工业大学学报，33（4）：41～44

刘海英. 2008. 广东农田水利基础设施现状及其管理体制改革. 华南农业大学学报（社会科学版），7（1）：38～44

刘文，黄河. 2003. 全国节水型社会建设试点：一场深刻革命的尝试. 水利发展研究，（6）：4～7

刘红梅，王克强，郑策. 2006. 公众参与水资源管理研究综述. 生态经济，（8）：28～31

刘洪先. 2002. 国外水权管理特点辨析. 水利发展研究，2（6）：1～3，17

刘七军. 2009. 节水型社会建设的基础理论研究及展望. 水资源与水工程学报，20（2）：43～47

刘其武. 2001. 漳河灌区用水户参与式灌溉管理的实践与探索. 节水灌溉，（6）：32～33

刘群昌，杨永振，刘文朝等. 非工程措施的节水潜力分析. 中国农村水利水电，2003（2）：16～19

刘卫先. 2014. 对我国水权的反思与重构. 中国地质大学学报（社会科学版），14（2）：75～84

刘文兆，上官周平，范兴科. 1999. 确定农田灌溉定额的三种优化目标的比较. 水利学报，（7）：65～69

刘戈力. 2002. 对节水问题的再认识. 水利规划设计，（3）：7～9

刘文政，朱瑾. 2017. 资源环境承载力研究进展：基于地理学综合研究的视角. 中国人口·资源与环境，27（6）：75～86

刘莹. 2004. 关于水权交易市场相关问题的探讨. 中国水利，（9）：6～8

刘真，刘平贵. 2002. 我国北方水资源及其可持续利用. 地下水，（2）：63～64

陆大道. 2009. 用"调适"的观点处理好经济社会发展用水和生态系统用水. 中国水利，（19）：26～27

陆益龙. 2009. 节水型社会核心制度体系的结构及建设河海大学学报（哲学社会科学版），11（3）：45～49

卢清萍. 1999. 关于我国水资源的水质、水量问题的博弈分析. 华侨大学学报（哲学社会科学版）. 增刊：124～128

罗金耀，魏金耀. 1990. 灌溉渠系优化设计方法的研究. 水利学报，（6）：32～40

罗兴佐. 2007. 税费改革前后农田水利制度的比较与评述. 改革与战略，（7）：93～95

罗玉丽，何宏谋，章博. 2007. 灌区节水量与可转换水权研究. 水资源管理，（19）62～65

马忠玉，蒋洪强. 2006. 我国水循环经济若干理论问题及其发展对策. 中国地质大学学报（社会科学版），（3）：12～13

孟志敏. 2000. 水权交易市场——水资源配置的手段. 中国水利，（12）：11～12

孟俊良. 2013. 北京节水型社会建设公众参与途径研究. 水利发展研究，（7）：54～57

苗波，江山. 2004. 水之权力与权利（上）. 水利发展研究，4（2）：16～22

倪细云，文亚青. 2011. 农田水利基础设施建设的影响因素：陕西437户样本. 改革，（10）：85～92

牛晓帆，安一民. 2003. 交易成本理论的最新发展与超越. 云南民族学院学报（哲学社会科学版），20（1）：79～83

彭文启. 2013. 流域水生态承载力理论与优化调控模型方法. 中国工程科学，15（3）：33～43

裴丽萍. 2001. 水权制度初论. 中国法学，（2）：90～101

钱蕴壁，李英能，杨刚等. 2002. 节水农业新技术研究. 郑州：黄河水利出版社

钱焕欢，倪焱平. 2007. 农业用水水权现状与制度创新. 中国农村水利水电，（5）：138～141

乔西现. 2016. 黄河水资源统一管理调度制度建设与实践. 人民黄河，38（10）：83～87

清华大学21世纪发展研究院，中国科学院联合课题组. 2002. 水权和水市场：水管理发展新趋势. 经济研究参考，（20）：2～8

邱源. 2016. 国内外水权交易研究述评. 水利经济，34（4）：42～46

全新丽. 2003. 全国节水型社会建设试点情况调研报告。http://www. h2o-china. com/news/17231. html

R. 科斯著·盛洪，陈郁译. 1994. 论生产的制度结构［M］. 上海：上海三联书店

冉茂玉. 2000. 论城市化的水文效应. 四川师范大学学报（自然科学版），（4）：108～111

阮本清，梁瑞驹，王浩等. 2001. 流域水资源管理. 北京：科技出版社

沙景华，王倩宜，张亚男等. 2008. 国外水权及水资源管理制度模式研究. 中国国土资源经济，（1）：35～37

沈大军，余旭东，张萌. 2016. 水权交易条件研究. 水利水电技术，47（9）：117～121

沈菊艳，黄宝全，王景雷. 2005. 农田灌溉用水管理体制和运行机制改革势在必行. 水利发展研究，（4）：32～35

沈荣开，杨路华，王康. 2001. 关于以水分生产率作为节水灌溉指标的认识. 中国农村水利水电，（5）：9～11

沈荣开，张瑜芳，杨金忠. 2001. 内蒙河套引黄灌区节水改造中推行井渠结合的几个问题. 中国农村水利水电，（2）：16～19

沈小谊，黄永茂，沈逸轩. 2003. 灌区水资源利用系数研究. 中国农村水利水电，（1）：21～24

沈逸轩，黄永茂，沈小谊. 2005. 年灌溉水利用系数的研究. 中国农村水利水电，（7）：7～8

沈振荣，汪林，于福亮等. 2000. 节水新概念：真实节水的研究与应用. 北京：中国水利电力出

版社

施国庆，庞进武，王友贞.2002.水利工程建设与农民收入相关性分析.中国农村经济，（04）：34～39

石玉波.2001.关于水权和水市场的几点认识.中国水利，（2）：31～32

帅启富，李文如，姜纯伟.2011.节水型社会建设"榆林模式"的创建与思考.水利发展研究，（11）：26～30

水利部水资源管理司.2008.节水型社会建设规划编制导则

水利部.2005.农村水利技术术语.北京：中国水利水电出版社

水利部农村水利司编.1998.节水灌溉技术标准选编.北京：中国水利水电出版社

司建宁.2013.宁夏节水型社会建设的思路与做法.中国水利，（23）：31～33，42

宋华龙，程国栋.2008.西部生态新问题要靠科学发展解决.科学时报，11.24

宋伟，高春艳.2007.渠道防渗的节水效果与经济效益分析.吉林水利，（6）：35～41

宋序彤.2005.我国城市用水发展和用水效率分析.中国水利，（13）：40～43

苏青，施国庆.2001.水权研究综述.水利经济，（4）：3～11

苏孝陆.2004用水户协会在灌区体制改革中的地位.水利经济，（3）：5～6

陶瑾.2011.东莞市构建七大体系扎实推进节水型社会建设.中国水利，（19）：36～38

田娟，郭宗楼，姚水萍.2005.灌区灌溉管理质量指标的综合因子分析.水科学进展，16（2）：284～288

唐曲.2008.国内外水权市场研究综述.水利经济，26（2）：22～25

汪富贵.1999.大型灌区灌溉水利用系数的分析方法.武汉水利电力大学学报，32（6）：28～31

汪国平.2011.农业水价改革的利益相关者博弈分析.科技通报，27（4）：621～624

汪生金.2010.国外水价管理制度对我国水价改革的启示.中国城市经济，（11）：77～78

汪恕诚.2000.水权和水市场——谈实现水资源优化配置的经济手段.中国水利，（11）：6～9

汪恕诚.2005.水权管理与节水社会.中国水利，（5）：6～8

王德勇.2008，浅论灌区节水潜力和节水效益.甘肃科技，24（16）：75～78

王芳.文化.2006.自然界与现代性批判——环境社会学理论的经典基础与当代视野.南京社会科学，（12）：23～29

王宏江，冯耀龙，等.2003.水交易形式及合理交易额的确定分析.水利发展研究，（2）：41～46

王福波.2011.论我国节水工作的制度性缺陷及其克服路径.西南大学学报（社会科学版），37（3）：93～97

王福田，孙梅英，马素英.2007.节水自律机制与主要影响因素分析.南水北调与水利科技，5（3）：75～77.

王浩，阮本清，沈大军.2003.面向可持续发展的水价理论与实践.北京：科学出版社

王浩，党连文，汪林等.2006.关于我国水权制度建设若干问题的思考.中国水利，（1）：28～30

王浩，秦大庸，王建华等. 2003. 黄淮海流域水资源合理配置. 北京：科学出版社

王浩，王建华，陈明. 2002. 我国北方干旱地区节水型社会建设的实践探索——张掖市首个试点城市的经验. 中国水利，（10）：140～144

王会肖，刘昌明. 2000. 作物水分利用效率内涵及研究进展. 水科学进展，11（1）：99～104.

王金霞，黄季焜. 2002. 国外水权交易的经验及对中国的启示. 农业技术经济，（5）：56～62

王景雷，吴景社，齐学斌等. 2002. 节水灌溉评价研究进展. 水科学进展，13（4）：521～525

王雷，赵秀生，何建坤. 2005. 农民用水户协会的实践及问题分析. 农业技术经济，（1）：36～39

王旺多. 2005. 河西水资源与发展节水农业的策略探讨. 西北民族大学学报（哲学社会科学版），（1）：49～53

王亚华. 2003. 我国建设节水型社会的框架、途径和机制. 中国水利，（10）A 刊：15～18

王亚华. 2007. 中国治水转型：背景、挑战与前瞻. 水利发展研究，7（9）：4～9

王万山. 2004. 浅议国外的水权交易与水权市场. 水利经济，22（4）：17，59

王亚华，舒会峰，吴佳喆. 2017. 水权市场研究述评与中国特色水权市场研究展望. 中国人口·资源与环境，27（6）：87～100

王新，李晓南. 2009. 公众参与节水型社会建设的对策探讨. 学术论丛，44（11）：56～58

王修贵，张乾元，段永红. 2005. 节水型社会建设的理论分析. 中国水利，（13）：72～75

王修贵，陈丽娟，陈述奇. 2012. 节水型社会建设试点后评价研究. 水利经济，30（2）：6～10

王亚华. 2005. 水权解释. 上海：上海人民出版社

王阳，张朕. 2016. PPP 模式在农村水利基础设施建设中运用的可行性分析. 中国农村水利水电，（6）：143～145

王英，王宝卿. 2004. 渠道防渗节水效果浅析. 节水灌溉，（1）：35～37

王玉冲，张艳红，宋伟. 1998. 地面灌溉畦田规格、田间水利用系数及灌水均匀度. 河北水利科技，19（4）：21～28

王钰. 2004. 关于精英决策的制度分析. 山东省经济管理干部学院学报，5（63）：98～99，100

魏淑艳. 2006. 中国的精英决策模式及发展趋势. 公共管理学报，3（3）：28～32

吴季松. 2002. 现代水资源管理概论. 北京：中国水利水电出版社

吴戈. 2014. 我国水利基础设施建设投入分析和政策建议. 经济研究参考，（27）：61～65

吴普特，冯浩. 2003. 我国北方地区节水农业技术水平及评价. 灌溉排水学报，22（1）：26～32

鲜雯娇，徐中民，邓晓红. 2014. 灌区农业完全成本水价研究——以张掖市甘州区灌区为例. 冰川冻土，36（2）：462～468

肖国兴. 2004. 论中国水权交易及其制度变迁. 管理世界，（4）：51～60

萧代基，刘莹，洪鸣丰. 2004. 水权交易比率制度的设计与模拟. 经济研究，2004（6）：69～77

邢相勤，李世祥. 2006. 中国水价研究的若干进展. 理论月刊，（12）：71～74

邢鸿区，徐金海. 2006. 水权及相关范畴研究. 江苏社会科学，（4）：162～168

徐成波. 2010. 我国农民用水户协会的运行形态及其思考. 中国水利，（5）：21～24

徐方军. 2001. 水资源配置的方法及建立水市场应注意的一些问题. 水利水电技术，（8）：6～9

徐国东，刘长才. 1999. 节水农业中存在的问题及解决办法. 中国农村水利水电，（11）：18～19

徐海洋，杜明侠，张大鹏. 2009. 基于层次分析法的节水型社会评价研究. 节水灌溉，（7）：31～33

徐家常. 1998. 博乐垦区发展喷灌节水农业效果评价. 新疆农垦经济，（2）：49～51

徐梓曜，王寅，刘云杰等. 2017. 农业水权市场综合框架体系及案例分析. 水利经济，35（4）：38～45，54

徐春晓，李云玲，孙素艳. 2011. 节水型社会建设与用水效率控制，中国水利，（23）：64～72

杨丽霞. 2005. 山西省各类灌区渠道防渗的节水潜力与工程量估算. 山西水利科技，156（2）：78～79

杨瑞龙，周业安. 2000. 企业的利益相关者理论及其应用. 北京：经济科学出版社

杨晓荣，梁勇. 2007. 城市居民节水行为及其影响因素的实证分析——以银川市为例. 水资源与水工程学报，18（2）：44～47

杨晓霞，迟道才. 2006. 国内外水权水市场的比较研究. 沈阳农业大学学报（社会科学版），8（2）：352～354

杨念. 2003. 区域经济中博弈论在节水灌溉中的应用研究. 节水灌溉，（3）：4～5，33

叶敬忠. 2005. 参与式林业规划过程中的利益相关群体分析. 绿色中国，（24）：43～46

尹云松，糜仲春. 2004. 建立水权市场对农村发展的影响及其应对措施. 农业经济问题，（7）：45～47

游进军. 2005. 以色列的高效水资源利用. 水利发展研究，（3）：57～59

俞雅乖. 2012. "一主多元"农田水利基础设施供给体系分析. 农业经济问题（月刊），（6）：55～60

袁进琳，叶建桥，姜丙洲等. 2006. 宁夏节水型社会经济结构体系建设. 中国水利，（9）：4～6

查日华. 2014. 安徽省铜陵市节水型社会建设试点经验总结. 人民长江，45（17）：34～37

曾群. 2006. 国外水资源管理与可持续发展研究对我国的启示. 资源环境与发展，（4）：18～21

曾玉珊，陆素艮. 2015. 我国水权交易模式探析. 徐州工程学院学报（社会科学版），30（4）：66～71

张爱胜，李锋瑞，康玲芬. 2005. 节水型社会：理论及其在西北地区的实践与对策. 中国软科学，（10）：26～32

张兵，王翌秋. 2004. 农民用水者参与灌区用水管理与节水灌溉研究——对江苏省皂河灌区自主管理排灌区模式运行的实证分析. 农业经济问题，（3）：48～52

张勃，郝建秀，李太安等. 2003. 关于河西地区生态经济发展的几个问题. 草业科学，20（11）：36～39

张庆华, 徐学东, 王艳艳. 2008. 政府在农民用水协会建设与运行中的资金支持. 水利经济, 26 (2): 4~6

张勃, 李吉均. 2001. 河西地区黑河流域水资源空间组合与优化利用研究. 盐湖研究, 9 (1): 36~42

张德震, 陈西庆. 2003. 我国城市居民生活用水价格制定的思考. 华东师范大学学报 (自然科学版), (2): 81~85

张福, 单果金. 2002. 浅谈张掖地区黑河流域灌区节水改造技术措施. 甘肃农业, 190 (5): 47~49

张国祥. 1998. 以色列节水灌溉考查报告. 山西水利科技, 24 (3): 18~22

张建斌, 刘清华. 2013. 水权交易制度相关研究综述. 财经理论研究, (3): 13~19

张建国. 2008. 21 世纪初期山西农业节水目标及节水潜力分析. 黑龙江水专学报, 35 (3): 27~29

张林波, 李文华, 刘孝富等. 2009. 承载力理论的起源、发展与展望. 生态学报, 29 (2): 878~888

张陆彪, 刘静, 胡定寰. 2003. 农民用水户协会的绩效与问题分析. 农业经济问题, (2): 29~33

张伟, 吴必虎. 2002. 利益主体理论在区域旅游规划中的运用以四川省乐山市为例. 旅游学刊, (4): 63~68

张惠芳. 2014. 我国可交易农业水权制度现状分析——以西北地区为例, 江西农业学报, 26 (5): 113~115

张小君, 钟方雷, 徐中民. 2012. 世界观差异对公众参与水资源管理的影响研究——以黑河中游甘州区为例. 中国农村水利水电, (10): 53~57, 64

张艳红. 2001. 喷灌节水增产效果的探讨. 河北永利水电技术, (2): 10~12

张耀先, 张建国, 王林英. 2003. 旱地农业高效用水技术措施. 中国水土保持, (11): 34~35

张熠, 王先甲. 2015. 节水型社会建设评价指标体系构建研究. 中国农村水利水电, (8): 118~120, 125

赵海莉, 梁炳伟, 张志强. 2015. 农户对节水型社会建设的参与意愿研究——以黑河流域张掖市为例. 开发研究, (6): 45~49

赵明, 舒春敏. 2003. 我国城市供水状况及节水对策 [J]. 干旱区资源与环境, (1): 32~36

赵海林, 赵敏, 毛春梅. 2003. 水权理论与我国水权制度改革初论. 生态经济, (10): 59~61

赵文杰, 唐丽霞, 刘鑫淼. 2016. 利益相关者视角下农村水资源管理模式实证分析. 节水灌溉, (2): 75~78, 83

赵莹, 毛广元, 王诗俊. 2009. 乌海市黄河巴音陶亥灌区工程节水潜力. 内蒙古水利, 120 (2): 17~18

郑通汉. 2002. 可持续发展水价的理论分析——二论合理的水价形成机制. 中国水利, (10): 38~42

郑菲菲. 2016. 我国水权交易的实践及法律对策研究——以东阳义乌、漳河、甘肃张掖、宁夏的

水权交易为例. 广西政法管理干部学院学报，25（1）：84～89

郑华平，刘刚. 2004. 河西水资源与农业产业结构调整的战略思考. 兰州大学学报（社会科学版），32（2）：119～124

郑忠萍，彭新育. 2005. 我国水市场研究述评. 华南理工大学学报（社会科学版），7（1）：24～27

中国灌溉排水发展中心. 2007. 全国现状灌溉水利用系数测算分析报告. 北京：中国灌溉排水发展中心

钟玉秀. 2001. 对水权交易价格和水市场立法原则的初步认识. 水利发展研究，（4）：14～16

周和平. 1997. 甜菜喷灌节水高效技术研究. 节水灌溉，（3）：15～19

周景博. 2005. 中国城市居民生活用水影响因素分析. 统计与决策，（6）：75～76

周维博. 1997. 西北地区水资源开发方略与发展高效节水农业途径. 西北水资源与水工程，（8）：1～6

周维博. 2001. 西北地区的农业灌溉与节水途径. 水利水电科技进展，（21）：2～4

周玉玺，胡继连，周霞. 2002. 基于长期合作博弈的农村小流域灌溉组织制度研究. 水利发展研究，（5）：9～12

周霞，胡继连，周玉玺. 2001. 我国流域水资源产权特性与制度建设. 经济理论与经济管理，（12）：11～15

朱海彬，任晓冬. 2015. 基于利益相关者共生的跨界流域综合管理研究——以赤水河流域为例. 人民长江，46（12）：15～20

朱厚华，艾现伟，朱丽会等. 2017. 节水型社会建设模式、经验和困难分析. 水利发展研究，（4）：33～35

朱水成. 2008. 精英决策模式下的公民参与研究. 理论探讨，5（144）：156～158

朱一中，夏军. 2006. 论水权的性质及构成. 地理科学进展，（01）：16～23

Bauer C J. 1997. Bringing water markets down to earth: the political economy of water rights in Chile, 1976-1995. World Development, 25：639～656

Bjornlund H. , Mckay J. 2002. Aspects of water markets for developing countries: experiences from Australia, Chile, and the US. Environment and development economics, 7（4）：769～795

Burt C M, Clemmens A J, et al. 1997. Irrigation performance measures: Efficiency and uniformity. Irrig and Drain Engrg, ASCE, 123（6）：423～442

Drooger S P, Geoffk. 2001. Estimating productivity of water at different spatial scales using simulation modeling. Colombo：IWMI, Sri Lanka：16

Falkenmark M, Rockstrom J. 2004. Balancing Water for Humans and Nature—the New Approach in Ecohydrology . London Sterling：Earth Scan：1～247

Guerra L C, Bhuiyan S I, Tuong T P, et al. 1998. Producing more rice with less water from irrigated systems. Colombo：IWMI，Sri Lanka：24

Harris J M，Kennedy S. 1999. Carrying capacity in agriculture：global and regional issues. Ecological Economics，129（3）：443～461

Hart W E，Skogerboe G V，et al. 1979. Irrigation performance：An evaluation. J Irrig and Drain Engrg，ASCE，105（3）：275～288

Hearne R R. 1998. Institutional and organizational arrangements for water markets in Chile. Markets for water，Springer US：141～157

Jensen M E. 1977. Water conservation and irrigation systems. Proceedings of the Climate-Technology Seminar. Colombia：208～225

Joel E. Cohen. 1995. How many people can the earth support? NewYork：W. W. Norton & Company

Keller A A，Keller J. 1995. Effective efficiency：A water use efficiency concept for allocating fresh water resources. Winrock International：Water Resources and Irrigation Division，VA，19

Keller A A，Seckler D W，Keller J. 1996. Integrated water resource systems：Theory and policy implications. Colombo：IWMI，SriLanka：14

Lankford B A. 2006. Localising irrigation efficiency. Irrigation and Drainage，55：345～362

Mccartney M P，Lankford B A，Mahoo H. 2007. Agricultural water management in a water stressed catchment：Lessons from the RIPARWIN Project. Colombo：IWMI，Sri Lanka，46

Meier R L. 1978. Urban carrying capacity and steady state considerations in planning for the Mekong Valley Region. Urban ecology，3（1）：1～27

Meinzen～dick R S. 1998. Groundwater markets in Pakistan：institutional development and productivity impacts. Markets For Water. Springer US，207～222

Molden D，Sakthivadivel R，et al. 1998. Indicators for comparing performance of irrigated agricultural systems. Colombo：IWMI，Sri Lanka：29

Molden D. 1997. Accounting for water use and productivity . Colombo：IWMI，Sri Lanka：16

National Research Council. 2001. Assessing the TMDL Approach to Water Quality Management. Washington DC：National Academy Press

National Research Council. 2001. Interim review of the Florida Keys carrying capacity study. Washington D C：National Academy Press

Perry C J. 1999. The IWMI water resources paradigm-definitions and implications. Agricultural Water Management，40：45～50

Rijisberman，et al. 2000. Different approaches to assessment of design and management of sustainable urban water system. Environment Impact Assessment Review，129（3）：333～345

Rosegrant M W，Binswanger H P. 1994. Markets in tradable water rights：potential for efficiency gains in developing country water resource allocation. World development，22（11）：1613～1625

S. 克伦，朱晓红，孙远. 2009. 欧盟水框架指令下斯洛文尼亚水资源管理的创新. 水利水电快报，30（9）：22～33

Sawunyama T，Senzanje A，Mhizha A. 2006. Estimation of small reservoir storage capacities in Limpopo River Basin using geographical information systems（GIS） and remotely sensed surface areas: Case of Mzingwane catchment. Physics and Chemistry of the Earth，31（15）：935～943

Seidl I，Tisdell C A. 1999. Carrying capacity reconsidered: from Malthus' population theory to cultural carrying capacity. Ecological Economics，31（3）：395～408

Shah T. 1993. Groundwater markets and irrigation development . Oxford University Press

Simpson L，Ringskog K. 1997. Water markets in the Americas. World Bank Publications

Simpson L. D. 1994. Are'water markets' aviable option?. Finance and development，31（2）：30～32

Varis O，Vakkilainen P. 2001. china's 8 challenges to water resources management in the first quarter of the 21st Century . Geomorphology，41：93～104

Wahl R W. 1989. Markets for federal water: subsidies，property rights，and the Bureau of Reclamation. Washington DC: Resources for the Future

Wei Y，Langford J，Willett I R，et al. 2011. Is irrigated agriculture in the Murray Darling Basin well prepared to deal with reductions in water availability?. Global environmental change，21（3）：906～916

Wolter S W. 1992. Influences on the efficiency of irrigation water use. The Netherlands: International Institute for Land Reclamation and Improvement Publications: 150

Zoebl D. 2006. Is water productivity a useful concept in agricultural water management. Agricultural Water Management，84：265～273